U0117906

Logic for Dummies

逻辑学入门

[美] 马克·泽拉雷利　著

韩　阳　译

山西出版传媒集团　山西人民出版社

谨以此书献给Mark Dembrowski，
衷心感谢他一如既往的支持、鼓励和指导

目　录

导　读 001

第一部分　逻辑概论

第1章　何为逻辑? 013

发现逻辑视角 014

  弥合从这里到那里的距离 015

  理解因果关系 015

  不止如此 018

  存在本身 019

  一些逻辑关联词 019

建立合乎逻辑的论证 020

  生成前提 021

  用中间步骤弥合差距 021

  形成结论 022

  判断论证是否有效 022

  认识省略推理 023

使用思维定律简化逻辑结论 023

  同一律 024

排中律 024

矛盾律 025

将逻辑学与数学相结合 026

数学有益于理解逻辑学 026

逻辑学有助于理解数学 027

第2章　逻辑学的发展：从亚里士多德到计算机 028

古典逻辑学——从亚里士多德到启蒙运动 ... 029

亚里士多德创立了三段论逻辑 030

欧几里得的公理和定理 034

克律西波斯和斯多葛派 035

逻辑学发展的停滞 036

现代逻辑学——17、18和19世纪 037

莱布尼茨与文艺复兴 038

向形式逻辑发展 039

20世纪以来的逻辑学 044

非古典逻辑 045

哥德尔证明 046

计算机时代 047

寻找终极疆域 048

第3章　为了论证 049

逻辑的定义 050

剖析论证结构 051

追求有效性 053

论证案例研究 055

有冰激凌的星期天 056

菲菲的叹息 056

逃离纽约 057

不满的雇员 058

逻辑不是什么 059

思维与逻辑 060

现实——多么深奥的概念！ 061

可靠性的可靠程度 063

演绎法和归纳法 064

修辞学问题 066

说到底，这是谁的逻辑？ 069

选一个数字（数学） 069

带我飞向月球（科学） 070

开机或关机（计算机科学） 071

向法官陈情（法律） 071

探寻生命的意义（哲学） 072

第二部分　形式语句逻辑（SL）

第4章　形式问题 075

观察语句逻辑的形式 076

语句常量 077

语句变量 078

真值 078

五个语句逻辑运算符 079

认识否定 080

展示"和"的作用 083

深入了解"或" 085

疑虑渐起 088

更多疑虑 091

为什么说语句逻辑类似于简单算术 094

　　值的内涵和外延 094

　　准确替换 096

　　括号使用说明 097

在翻译中迷失 098

　　易行之路——将语句逻辑翻译为自然语言 099

　　难行之路——将自然语言翻译为语句逻辑 102

第5章　命题求值 108

真值最重要 109

　　认识语句逻辑求值 110

　　叠加其他方法 113

形成命题 115

　　区分子命题 115

　　确定命题的范围 117

　　重点：寻找主运算符 119

语句逻辑命题的八种形式 122

重新认识求值 124

第6章　运用表格：利用真值表对命题求值 127

全部列表：蛮力破解的乐趣 128

初学者的第一个真值表 129

　　创建真值表 130

　　填写真值表 132

　　阅读真值表 136

真值表的实际应用 137

　　处理重言命题和矛盾命题 137

判断语义是否等价 138

保持一致 140

用有效性进行论证 142

组合各个部分 145

连接重言命题和矛盾命题 146

将语义等价与重言命题联系起来 147

将不一致性与矛盾命题联系起来 148

将有效性与矛盾命题联系起来 149

第7章 走捷径：创建快速表 152

放下真值表，认识新朋友：快速表 154

快速表使用概述 155

提出策略假设 156

填写快速表 157

解读快速表 158

反驳假设 158

制定策略 160

重言命题 161

矛盾命题 161

偶真命题 162

语义等价和语义不等价 162

一致性和不一致性 163

有效性和无效性 163

用快速表聪明（而非勤奋）地工作 164

认识六种最容易处理的命题 165

处理四种相对较难的命题 168

应对六种困难的命题 171

第8章　真理长在树上 175

认识真值树的使用方法 176

分解语句逻辑命题 176

用真值树解决问题 179

表示一致性或不一致性 180

验证有效性或无效性 183

区分重言命题、矛盾命题和偶真命题 187

重言命题 187

矛盾命题 192

偶真命题 195

验证语义是否等价 196

第三部分　语句逻辑中的证明、句法和语义

第9章　你究竟要证明什么？ 203

弥合前提与结论之间的鸿沟 204

对语句逻辑使用八条蕴涵规则 206

→规则：肯定前件和否定后件 207

&规则：连接和简化 211

∨规则：加法和选言三段论 215

双重→规则：假言三段论和构造性二难 219

第10章　机会平等：运用等价规则 223

区分蕴涵与等价 224

把等价规则看成双刃剑 224

将等价规则作为整体的一部分应用 225

认识十条有效的等价规则 225

    双重否定律（DN） 226

    换质换位律（Contra） 227

    蕴涵律（Impl） 228

    提取律（Exp） 231

    交换律（Comm） 232

    结合律（Assoc） 233

    分配律（Dist） 235

    德摩根定律（DeM） 238

    恒真律（Taut） 240

    等价律（Equiv） 241

第11章　运用条件证明和间接证明大胆假设 245

用条件证明假设前提 246

    认识条件证明 247

    调整结论 250

    叠加假设 253

间接思考：利用间接证明完成论证 255

    认识间接证明 255

    短结论的证明 257

将条件证明与间接证明相结合 259

第12章　综合运用：巧妙解决各类证明 261

简单的证明：依靠直觉 262

    观察问题 262

    把简单的内容写下来 264

    清楚何时该放手 266

中等难度的证明：知晓何时使用条件证明 267

    三种友好形式：$x \rightarrow y$、$x \vee y$ 和 $\sim(x \mathbin{\&} y)$ 268

两种不太友好的形式：$x \leftrightarrow y$ 和 $\sim(x \leftrightarrow y)$ 270

三种不友好的形式：$x \& y$、$\sim(x \lor y)$ 以及 $\sim(x \to y)$ 272

困难的证明：遇到难题时的解决之道 273

在直接证明和间接证明之间谨慎选择 273

从结论倒推 275

深入认识语句逻辑命题 279

分解长前提 284

巧妙地进行假设 287

第13章　我为人人，人人为我 289

运用五个语句逻辑运算符 290

裁员——一个真实的故事 292

多数人暴政 293

叛乱 294

进退两难 295

谢费尔的天才竖线 296

故事的寓意 298

第14章　句法方面的技巧和语义方面的考量 300

你是赞成还是反对？ 301

认识合式公式 303

放宽规则 305

区分合式公式与非合式公式 305

语句逻辑与布尔代数的比较 307

阅读符号 308

数学运算 310

认识半环和其他事项 311

探索布尔代数的语法和语义 312

第四部分　量词逻辑（QL）

第15章　用质量体现数量：量词逻辑入门 317

　量词逻辑概览 319

　　使用个体常量和属性常量 319

　　融入语句逻辑运算符 323

　　认识个体变量 324

　用两个新运算符表达数量 325

　　认识全称量词 326

　　表达存在 327

　　通过论域创建语境 328

　区分命题和命题形式 331

　　确定量词的范围 332

　　认识约束变量和自由变量 333

　　认识命题和命题形式之间的区别 334

第16章　量词逻辑翻译 337

　翻译直言命题的四种基本形式 338

　　"所有是"和"有些是" 339

　　"有些非"和"所有非" 342

　认识基本形式的替代性翻译 344

　　用∃翻译"所有是" 345

　　用∀翻译"有些是" 346

　　用∃翻译"有些非" 347

　　用∀翻译"所有非" 348

　识别伪装的语句 349

　　识别"所有是"语句 349

　　识别"有些是"语句 350

識別"有些非"語句..350

識別"所有非"語句..351

第17章 運用量詞邏輯進行証明..353

在量詞邏輯中應用語句邏輯規則..354

比較語句邏輯和量詞邏輯中相似的語句........................354

將八條蘊涵規則由語句邏輯轉移到量詞邏輯中........356

在量詞邏輯中運用語句邏輯的十條等價規則................359

用量詞否定（QN）轉換命題..360

量詞否定入門..361

將量詞否定應用於証明..363

認識四條量詞規則..364

簡單規則1：全稱列舉（UI）..366

簡單規則2：存在概括（EG）..369

不太容易的規則1：存在列舉（EI）..373

不太容易的規則2：全稱概括（UG）..379

第18章 良好的關係和積極的同一性..387

認識關係..388

定義和運用關係..389

連接關係表達式..390

使用帶有關係的量詞..391

運用多個量詞..393

用關係寫証明..395

識別同一性..399

認識同一性..401

利用同一性寫証明..402

第19章 培育大量树 405

　将真值树知识应用于量词逻辑 406

　　运用语句逻辑中的分解规则 406

　　添加UI、EI和QN 408

　　多次使用UI 411

　非终结真值树 416

第五部分　逻辑学的现代发展

第20章 计算机逻辑 423

　早期计算机 424

　　巴贝奇设计了初代计算机 424

　　图灵和他的通用图灵机 425

　现代计算机 429

　　硬件和逻辑门 429

　　软件和计算机语言 432

第21章 大胆的命题：非古典逻辑 435

　拥抱更多的可能性 436

　　三值逻辑 437

　　多值逻辑 439

　　模糊逻辑 441

　进入新模态 445

　将逻辑提升到更高的等级 447

　超越一致性 449

　实现量子飞跃 451

　　量子逻辑简介 451

骗术游戏 452

第22章 悖论和公理系统 455

在集合论中构建逻辑学 456

准备就绪 456

悖论带来的麻烦：集合论中的缺陷 458

通过《数学原理》寻求解答 459

为语句逻辑创建公理系统 461

一致性和完备性的证明 463

语句逻辑和量词逻辑的一致性和完备性 464

利用希尔伯特计划使逻辑和数学形式化 465

哥德尔不完备定理 467

哥德尔定理的重要性 467

哥德尔的证明 468

思考这一切的意义 470

第六部分 来自作者的"十大"榜单

第23章 十大逻辑学名言 475

第24章 十大逻辑学家 477

第25章 逻辑学考试通关的十个提示 483

致谢 488

关键词表 489

导读

每一天，你都会运用到逻辑——我敢说你甚至都没意识到。我们不妨举例说明，以下就是几个你会运用到逻辑的场景：

✓ 计划晚上跟朋友出去玩

✓ 向老板请假或要求加薪

✓ 在几件喜欢的衬衫中选出要买的那一件

✓ 向孩子们解释为什么写完作业才能看电视

在上述各种情况中，你都需要用逻辑解释自己的想法，让对方从你的角度看待问题。

就算你并不总是按照逻辑行事，逻辑也自然而然存在着——至少对人类来说如此。这个星球上有各种各样的生物，有些生物比人类体型更大、数量更多且速度更快、性情更凶猛，但人类之所以能长存不衰，逻辑是很重要的原因之一。

由于逻辑已经融为你生活的一部分，所以只要留心观察，你会看到逻辑随时随地都在发挥作用（或*没能*发挥作用）。

本书旨在说明逻辑是如何顺理成章地出现在日常生活中的。一旦理解这一点，你就可以从某些思维模型中提炼其本质。逻辑赋予你工具，你可以借此利用已知的内容（前提）进行下一步工作（结论）。逻辑也能帮助你发现论证中的缺陷——要么是不可靠之处，要么是隐含的假设，或单纯是思维不清晰的地方。

关于本书

逻辑学由来已久——已有两千多年的历史，且会继续存在下去。（古往今来）太多人都对逻辑有所思考，在此方面著书立说，因此要想找到学习的入手点其实并不容易。但你不用担心，我写这本书的时候就已经考虑到了你的顾虑。

如果你正在学习逻辑学入门课程，那么本书可以扩充你的知识量。几乎所有你在课堂上学到的知识，本书都会利用很多循序渐进的例子进行浅显易懂的解读。此外，如果你只是对逻辑感兴趣，想简单了解一下，本书也不失为不错的入门之选。

2 《逻辑学入门》适合所有想学习逻辑的人——内容涉及逻辑是什么，它从何而来、因何出现，甚至包括它可能的发展方向。如果你正在学习逻辑学课程，就会发现自己所学的知识点在本书中通过许多典型案例（这些也都是你的教授希望你深入探究的问题）得到清晰的阐释。通过这本书，我会概述逻辑的不同形式，为你奠定坚实的知识基础。

    逻辑学是同时在数学和哲学两个不同院系进行授课的少数学科之一。逻辑学之所以会被分别纳入两个看似不同的范畴有其历史原因：逻辑学由亚里士多德创立，并由哲学家发展了若干世纪。但在大约150年前，数学家们发现其工作越来越抽象，逻辑就成了研究数学不可或缺的工具。

    两大学科的重叠带来的重大成果之一就是形式逻辑。它借用哲学逻辑中的种种观念，并将之应用于数学框架中。形式逻辑通常会作为纯粹的计算（即数学）内容，在哲学系教授。

    动笔完成本书的过程中，我试图平衡逻辑学涉及的这两个学科。整体而言，本书以逻辑学开始的领域——哲学——为起点，在其被应用的领域——数学——结束。

本书中的惯例用法

    为帮助读者更好地理解本书内容，我们将使用以下惯例：

√ *斜体字*表示强调，或用于提示文本中定义的新词汇、新术语。此外，在等式中，*斜体字*表示变量。

√ **加粗**文本表示编号列表中的关键词，也表示等式和表格中的真值 **T** 和 **F**，在真值表和快速表的运算案例中还表示刚刚添加的信息。此外，它还用于表示语句逻辑（SL）中的18条推理规则和量词逻辑（QL）中的5条推理规则。

✓ 阅读栏，即用虚线标识出来的文本。其中包含很多有意思的内容，但对理解本章节或本主题并非不可或缺。

✓ 小括号会用于整个命题，而不再使用小括号、大括号和中括号的组合。请看下例：

$$\sim((P \vee Q) \rightarrow \sim R)$$

选读内容

如果你能坐下把这本书一页不落地读一遍，我当然会非常高兴。但人总要面对现实：现在没人有这么多时间。对于本书的内容，你看多少页取决于你对逻辑的了解程度，也取决于你对逻辑想了解到什么程度。

不过，你可以跳过所有带有"专业知识"标识的部分。这部分内容虽然有趣，但通常非常专业，跳过也无妨。其次，你也可以跳过阅读栏的内容。这些内容常常会涉及一些奇特的或历史性的知识，但并不影响理解章节其他内容。

对读者的预设

以下是我们对读者的预设：

✓ 你想学习更多逻辑学知识，无论是因为正在学习相关课程，还是只是出于好奇。

✓ 你可以区分常识的真假，例如"乔治·华盛顿是第一任总统"和"自由女神像在塔拉哈西"。

✓ 你可以理解简单的数学方程式。

✓ 你已经掌握了非常简单的代数知识，如解方程 $7 - x = 5$ 中的 x。

本书结构

本书包括六大部分。尽管每一部分都建立在前几部分的基础之上，但本书整体上仍以模块化的方式安排。因此，你可以根据自己的需要跳过部分内容。例如，在讲解新主题时，如果涉及基础知识，我会提示你回到基础知识所在的章节。如果你现在只需要了解某个主题，那可以翻看目录——它们会带你找到你需要的内容。

以下是本书内容概览：⁴

第一部分：逻辑概论

什么是逻辑？说某种思维合乎逻辑或不合逻辑究竟是什么意思？你如何判断是否有逻辑？第一部分主要就是回答这些问题（以及更多问题）。本部分的章节主要探讨逻辑论证的结构，说明什么是前提、什么是结论，并追溯从希腊人到瓦肯人①的各种形式逻辑的发展历程。

第二部分：形式语句逻辑

第二部分主要是带你认识形式逻辑。形式逻辑也被称为符号逻辑，使用自己的一套符号系统，用于替代英语等自然语言中的语句。形式逻辑的一大优势在于可以便捷、清晰地表达自然语言中冗长且复杂的逻辑语句。

你会认识语句逻辑（简称SL）以及构成这种逻辑形式的五个逻辑运算符。我还会展示自然语言与语句逻辑的互译。最后，我会教你如何利用三种简单的工具来判断一个命题的真假：真值表、快速表及真值树。

第三部分：语句逻辑中的证明、句法和语义

跟所有逻辑菜鸟一样，我想你也很想知道如何写出语句逻辑形式的证明——没错，就是那些讨人厌的形式论证，通过推理规则把一组前提与结论联系起来。不过，你很幸运。在这部分，你会学到写证明的内涵与外延。你还会学到如何写条件证

---

① 瓦肯人是科幻电视剧《星际迷航》中的一种外星人，以信仰严谨的逻辑和推理、去除情感的干扰闻名。

明与间接证明，以及如何使用各种证明策略尽可能高效地破解证明。

你还可以从更广阔的视角学习语句逻辑，从句法和语义两个层面对其进行考查。

你会学到如何从一串看起来像命题的符号中分辨出命题。此外，我还会讲解如何利用语句逻辑中的逻辑运算符构建有一个或多个输入值和一个输出值的真值函数。由此，你会看到语句逻辑在用最少的逻辑运算符表达所有可能的真值函数方面的广泛用途。

第四部分：量词逻辑

如果想了解更多关于量词逻辑（简称QL）的内容，本书完全可以满足你：这一部分可以说是一站式学习导读。量词逻辑不仅包含语句逻辑的全部内容，也会在几个重要方面有所延伸。

本部分会说明量词逻辑如何通过将一个自然语言命题分解为更小的部分，进而表达比语句逻辑所能表达的更为复杂的细节。此外，我还会介绍两个量化运算符，它们可用于表达更多种类的命题。最后，我会阐述如何将此前你已经了解的关于证明及真值树的知识应用于量词逻辑。

第五部分：逻辑学的现代发展

细究逻辑学在20世纪的诸多发展，你会清晰地看到逻辑的力量和精妙之处。在这一部分，你会看到逻辑在计算机发明方面的作用。我会讨论以看似不合逻辑的前提为基础的后古典逻辑，其变式如何能在描述现实世界事件时保持一致性和有效性。

此外，我会说明悖论对逻辑核心内容的重大挑战。悖论迫使数学家运用公理系统厘清逻辑中的所有模糊之处。最终，悖论还启发了一位数学家，将悖论本身作为证明逻辑有其局限性的方式。

第六部分：来自作者的"十大"榜单

这一部分比较轻松，主要包括不同主题的"十大"榜单：引人入胜的名言、著名的逻辑学家以及贴心的考试通关提示。

6

本书使用的图标

本书会使用四个图标分别突出表示不同类型的信息：

该图标表示你需要知道的关键信息。继续学习之前，请确保你已经完全理解这部分的内容！

该图标提示有关解决问题的简便方法的有用信息。若你正在学习逻辑学课程，请一定要试试。

不要跳过带有这一图标的部分！它们会提示你想要避免的常见错误。附有这个图标的段落会提示你此处有陷阱，以免你行差踏错，落入陷阱之中。

这一图标提示你本部分内容很有意思，但并不是必读性的。它们是一些细节内容，你可以根据自己的兴趣选择阅读或跳过。

从何处开始阅读

如果你已经有一定的逻辑学基础，且已经掌握了第一部分的内容，那就可以根据自身需要选择你的学习起点。每一部分都以之前的部分为基础，所以如果你能够完全理解第三部分的内容，那或许就不用花时间学习第一部分和第二部分（当然，你想复习一下也可以）。

如果你正在学习逻辑学课程，那就应该仔细阅读第三部分和第四部分——甚至可以尝试合上本书，在脑海中重现章节中的各个证明。在学习的过程中发现自己有没学会的内容，总比在考试时焦头烂额要好！

如果你没有正式选修逻辑学课程——没有教授、没有考试，也不用挂记期末成绩——而只想了解逻辑学的基本知识，那或许可以跳过第三部分和第四部分的论证细节，或者只是简单浏览一下。即便如此，你仍然可以在没有太大压力的前提下，学到相当多的逻辑学知识。

　　如果你继续学习到第四部分和第五部分，就说明你大概已准备好应对进阶内容了。要是你迫不及待想了解更丰富深入的逻辑学知识，可以阅读第22章。这一章会讲到逻辑悖论，很多有趣的内容会让你大开眼界，无比烧脑。祝你学习之旅一路顺风！

第一部分

逻辑概论

想笑就笑吧，反正我教逻辑学的时候不穿幸运袜子就不舒服。

在本部分……

　　我来猜一下，你刚开始第一节逻辑学课程，但距离第一次测验还有不到48小时，所以你手忙脚乱，迫不及待要学习逻辑学的各个方面。或许，你也没有手忙脚乱，只是想找到灵感，深化对逻辑学的理解。无论如何，你选择本书是对的。

　　本部分会让你对逻辑学的内容有初步了解。第一章会概述你一直以来对逻辑的运用（无论你是否意识到），通过已知的事实深化对世界的认识。第二章介绍了逻辑学的历史，以及多个世纪以来逐渐得以创立的逻辑类型。最后，如果你已经迫不及待，那就翻开第三章，了解逻辑论证的基本结构。此外，第三章还会介绍几个重要概念，比如前提和结论等，并解释如何验证论证的有效性和可靠性。

第1章

何为逻辑？

本章提要

- 从逻辑出发认识世界
- 运用逻辑构建有效论证
- 运用思维定律
- 认识数学与逻辑之间的关系

你我都生活在一个不合逻辑的世界。要是不信，你可以看看晚间新闻，或者听听酒吧隔壁桌的人正在讨论的事。当然，更好的方法也有，就是跟你岳父岳母一起过个周末。

很多人的思维和行为都不合逻辑，你又为何要与众不同？跟其他人一样不合逻辑地行事不是更明智吗？

好吧，有意识地不讲逻辑应该不是最好的选择。首先，故意不讲逻辑怎么可能称得上明智？其次，如果你已经打开了这本书，那很可能你天生就不应该不讲逻辑。实话实说，有些人能在混乱中茁壮成长（至少这种人宣称如此），但有些人就做不到。

在本章中，我会介绍逻辑的基本知识，说明逻辑如何应用于日常生活。此外，我还会讲到一些对学习逻辑学非常关键的词汇和观点。最后，我会简明扼要地介绍逻辑学与数学之间的关联。

发现逻辑视角

就算没有意识到，其实你也已经掌握了不少关于逻辑学的知识。实际上，你心里早就有了逻辑探测装置。不相信吗？那就用这个快速测试看看你是不是个有逻辑的人：

问：用瓦片搭狗窝需要多少煎饼？

答：23个，因为香蕉里面没骨头。

10　　如果你觉得上面的回答不太符合逻辑，这可是个好兆头，说明你最起码走在通往逻辑的大路上。为什么？因为如果你能发现不合逻辑的内容，就说明你肯定对逻辑是什么有一定的认识。

在这一部分，我会从你已经了解的逻辑学相关内容开始（尽管你可能并没有意识到），为你之后学习逻辑学打好基础。

弥合从这里到那里的距离

大多数孩子天生就有好奇心。他们总想知道每一件事情为*什么*如此，而每得到一个"因为"，他们就又会想到一个"为*什么*"。举例来说，以下是孩子们常问的问题：

为什么太阳在早上升起？

为什么我必须去上学？

为什么你一转钥匙汽车就发动了？

为什么人们明知道可能会被关进监狱还要犯法？

仔细思考一下，其中有一个巨大的谜团：即使听上去确实不合理，但给人的感觉却是好像应该如此。

孩子们自小就能感觉到，自己不明白的事情，背后必然有答案。而且，他们会想："如果我在这里，答案在那里，那我怎样才能到达那里？"（通常，他们的方法是缠着父母解答更多的问题。）

从这里到那里——从一无所知到有所理解——是逻辑学出现的主要原因之一。逻辑学源于人类理解世界的内在需求，而且人们希望尽可能多地理解世界，进而掌控世界。

理解因果关系

理解世界的方法之一是留心原因与结果之间的联系。

从孩子成长为成年人的过程中，你会逐渐拼凑出一个事件如何会引起另一个事件。通常，原因与结果之间的联系会通过*如果语句*表达。请看以下举例：

　　如果我任由最喜欢的球滚到沙发底下，那么我就够不着它了。

如果我在爸爸回家之前写完了所有作业，那么他就会在晚餐之前跟我玩接球游戏。

如果我这个夏天自己练习，那么到了秋天，教练就会选我进足球队。

如果我一直耐心地、有信心地邀请她一起出去，那么她最终会答应的。

理解如果语句的作用方式是学习逻辑学的重要一环。

分析如果语句

　　每个如果语句都由两个被称为*子语句*的较短语句组成：*前述语句*，由"如果"引起；*后述语句*，由"那么"引起。以下是如果语句的例子：

如果现在是下午五点，那么该回家了。

在上述语句中，作为前述语句的子语句为：

现在是下午五点

作为后述语句的子语句是：

该回家了

请注意，子语句本身也是完整的语句。

将如果语句串联起来

在很多情况下，一个如果语句的后述语句是另一个如果语句的前述语句。在这种情况下，你会得到一连串的结果，也就是希腊人所谓的"*Sorites*"，即"*连锁结构*"。请看下例：

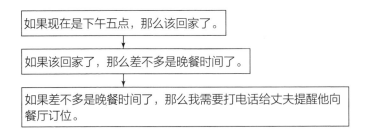

在这种情况下，你可以把如果语句联系起来，组成新的如果语句：

如果现在是下午五点，那么我需要打电话给丈夫提醒他向餐厅订位。

更复杂的情况

12

随着生活经验的积累，你可能会发现，因果关系变得越来越复杂：

如果我让最喜欢的球滚到了沙发底下，那么我就够不着它，除非我大喊大叫引来奶奶帮我拿出来，不过如果我第二次这样的话，那么她就会生气，把我抱回高脚椅上。

如果我夏天自己练习，但是没有刻苦到膝盖剧痛，那么到了秋天，教练就只会在如果有位置的情况下选我进足球队，但是如果我没有练习，那么教练就不会选我。

不止如此

当你开始理解这个世界，你会逐渐对它有很多一般性判断。例如：

所有的马都很温驯。

所有男生都很蠢。

学校里的每个老师都出来抓我了。

电话铃声每次响起，都是找我姐姐的。

有了"所有"和"每"这类词，你可以将事物归类，组成集合（物体的组）以及子集合（某个组内的小组）。举例来说，你说"所有的马都很温驯"时，你的意思是"所有的马"这个集合包含在"所有温驯的事物"这个集合之中。

存在本身

你也会通过弄清楚什么*存在*和*不存在*来认识世界。比如：

我的老师里，有些非常好。

学校里至少有一个女孩喜欢我。

象棋俱乐部里没有人可以赢我。

根本就没有火星人。

像"*有些*""*有*"以及"*这里有*"等词语表达的是集合的重合，也就是交集。举例来说，你说"我的老师里，有些非常好"时，你要表达的是"你的老师"这个集合与"好的事物"这个集合有交叉重合的部分。

同样，像"*没有*""*无*"以及"*根本没有*"这类词表达的是集合之间没有重合。比如，你说"象棋俱乐部里没有人可以赢我"时，你要表达的是在"象棋俱乐部所有成员"这个集合以及"所有能赢你的象棋棋手"这个集合之间没有重合之处。

13

一些逻辑关联词

如你所见，当你开始连接逻辑时，有些词语会经常出现。常见的词语包括：

如果……那么……	而且	但是	或者
不	除非	虽然	每
所有	每次	每一个	有
存在	一些	没有	无

仔细研究这些词语是逻辑学的重要工作之一，因为当你这样做，就会逐渐理解这些词如何让你通过不同方式对世界进行分类（从而更好地理解它）。

建立合乎逻辑的论证

遇到某种情况或问题，要是人们说"讲逻辑吧"，那他们的意思通常是"让我们按照下列步骤操作"：

1.厘清已知的真实情况。

2.思考一段时间。

3.找到最佳行动方案。

用逻辑学术语表达，以上就是构建*逻辑论证*的三个步骤。论证包括首先提出的一组前提，以及最后得到的一个结论。很多时候，前提和结论会通过一系列中间步骤联系在一起。在之后的几个小节中，我会按照你遇到上述内容的顺序逐一讲解。

生成前提

*前提*是关于事物的事实：是你已知（或坚信）为真实的陈述。在很多情况下，写下一组前提，就相当于向解决问题迈出了第一大步。

举例而言，假设你是学校董事会成员，现在需要你决定的是，是否赞成建造将在九月启用的新教学楼。大家对这个项目都充满期待，但打了几个电话后，你拼凑出以下事实，也就是前提，即：

该项目资金三月才能到位。

工程公司收到款项后才会开工。

整个工程需要至少八个月才能完工。

目前，你只有一组前提。但将它们综合在一起考虑，你就会更接近最终成果——你的逻辑论证。在下一部分，我会讲解如何将前提结合在一起。

用中间步骤弥合差距

有时候，论证只是一组前提加上之后的一个结论。不过，在很多情况下，论证也包括几个*中间步骤*，用于说明如何从前提逐渐推导出结论。

还是用上一小节建造教学楼的例子，你应该已经知道了以下内容：

根据前提，我们三月才能向建筑公司付款，所以他们至少要到八个月后，也就是十一月才能完工。但是，学校要在九月开学。因此……

"*因此*"这个词就是结论的引导词，标记着最后一个步骤的起点。我们将在下一小节讨论。

形成结论

*结论*是你论证的结果。如果你把中间步骤写得很清晰，那么结论肯定也会非常明显。之前建学校的例子就是如此，即：

教学楼在开学前无法完工。

如果结论不够明显或者说结论不合理，那么可能是论证出现了问题：或许是论证无效，或许是你遗漏了某些需要补充的前提。

15

判断论证是否有效

构建论证之后，你需要判断论证是否*有效*，也就是说它是否是好的论证。

要想验证论证的有效性，我们可以假设所有前提均为真，然后看看能否自然而然地从中得出结论。如果可以自动得出结论，那么你就能确定这是有效的论证。反之，论证就是*无效的*。

认识省略推理

建造教学楼的例子中，论证或许是有效的，但你可能会有一些疑问。比如，如果有新的可用的资金来源，那建筑公司可能会提前开工，或许教学楼就能在九月前完工。这样一来，我们可以说这个论证有一个隐藏的前提，也就是*省略推理*（enthymemes）：

该项目没有其他资金来源。

关于现实情况的逻辑论证（与数学或科学论证相比），几乎总有省略推理存在。因此，对论证中省略推理的认识越清晰，就越有可能保证论证的有效性。

发现现实世界论证中的隐藏前提或许更需要借助*修辞学*的内容。修辞学研究的是如何让论证更清晰、更有信服力。我会在第三章讲解修辞学以及其他论证结构的细节。

使用思维定律简化逻辑结论

哲学家伯特兰·罗素指定了三条思维定律作为理解逻辑的

基础。这些定律的基本理念都源自在公元前三百多年创立了古典逻辑学的亚里士多德。(关于逻辑学历史的更多内容，请参阅第2章。)

三条思维定律都非常简单，易于理解。但重点在于，你要知道，有了这些法则，就算你并不熟悉别人正在讨论的现实情况，也能对命题得出合乎逻辑的结论。

16

同一律

*同一律*表达的是，每个个体事物都与其本身相同。例如：

苏珊·萨兰登是苏珊·萨兰登。

我的猫伊恩是我的猫伊恩。

华盛顿纪念碑是华盛顿纪念碑。

就算对现实情况一无所知，你仅仅从逻辑上也能看出，上述陈述都是真实的。同一律要说明的是，"*X*是*X*"这种形式的表述肯定都是真的。换言之，世间万物都与其本身相同。在第19章，你会了解到这一定律在逻辑学方面的应用。

排中律

*排中律*表达的是，每个表述不是真就是假。

举例来说，我们可以思考以下两个语句：

我叫马克。

我叫阿尔杰农。

同样，即使对现实情况一无所知，你从逻辑学的角度也能看出来，这两个语句不是真的就是假的。排中律的存在说明不会有第三种可能——换言之，语句不可能部分为真，部分为假。此外，在逻辑学方面，每个语句要么完全真实，要么完全虚假。

有鉴于此，我很开心第一条陈述为真，也庆幸第二条陈述为假。

矛盾律

*矛盾律*表达的是，给定一个陈述及其反面，那必然其中一个为真，另一个为假。例如：

17

我叫阿尔杰农。

我不叫阿尔杰农。

即使你不知道我叫什么，仅从逻辑上你也能肯定，两个表述中一个是真，一个是假。换言之，矛盾律的存在说明，我不可能在叫阿尔杰农的同时，又不叫阿尔杰农。

将逻辑学与数学相结合

在本书中，我会多次使用数学中的例子来证明观点。（不用担心——本书涉及的数学知识都是小学五年级之前的。）数学和逻辑学之所以可以相辅相成，原因有二，我会在以下部分讲解。

数学有益于理解逻辑学

纵观本书，我在讲解逻辑学的同时，有时候会需要使用明显为真或明显为假的例子证明观点。事实证明，数学方面的例子非常适合，因为在数学中，一个命题永远都是要么为真，要么为假，没有任何灰色地带。

此外，有的时候，关于世界的随机事实或许更为主观，也可能有待讨论。我们可以看看以下两种陈述：

乔治·华盛顿是一位伟大的总统。

《哈克贝利·费恩历险记》是一本很差劲的书。

在上述例子中，大多数人可能会认同第一句话为真，第二句话为假，但实际上，两种陈述的真假确实存在争议。现在，我们再看以下两种陈述：

数字7比数字8小。

数字5是一个偶数。

显然，第一个陈述为真，第二个陈述为假。这是无可争议的。

逻辑学有助于理解数学

如我在本章之前讲到的，逻辑学依靠的思维定律（比如排中律）源于黑白分明的思维。既然如此，可以这么说，数学是最黑白分明的。即使你认为历史、文学、政治和艺术等领域更有趣，但这些学科中存在很多灰色地带。

逻辑学是数学的基础，如同一栋房子的地基。如果你对数学与逻辑学之间的关系感兴趣，可以看看第22章，它的主要内容是，数学从被称为*公理*的明显事实开始，之后运用逻辑学的内容形成有趣且复杂的结论，也就是*定理*。

第 2 章

逻辑学的发展：从亚里士多德到计算机

本章提要

● 认识逻辑学的基础

● 了解古典逻辑学和现代逻辑学

● 思考 20 世纪的逻辑学

说到人类究竟有多么不合逻辑，你可能会惊讶。多年以来，逻辑学取得了长足发展。在前提和结论的广阔世界中，有以下逻辑学分支：

布尔逻辑	现代逻辑	量词逻辑
古典逻辑	多值逻辑	量子逻辑
形式逻辑	非古典逻辑	语句逻辑
模糊逻辑	谓词逻辑	三段论逻辑
非形式逻辑	命题逻辑	符号逻辑

看到这些逻辑学分支，你或许突然就有了一种冲动：干脆

完完全全做个感性的人，逻辑让瓦肯人去研究好了。好消息是，你很快就会发现，上述很多分支都非常相似。只要熟悉了其中几种，理解其他的就容易多了。

那么，所有的逻辑分支是如何出现的？其实，说来话长——确切而言，这个过程历经两千多年。我知道，把两千多年的演变史塞进一个章节有些困难，但不用担心，因为我会先带你了解最重要的细节。现在，做好准备，我们开始简短的历史课吧。

古典逻辑学——从亚里士多德到启蒙运动

几乎所有的大发现都有古希腊人参与，逻辑学也不例外。举例来说，泰勒斯和毕达哥拉斯就将逻辑学论证应用于数学，而苏格拉底和柏拉图则将类似的推理形式应用于哲学命题。但是，古典逻辑学真正的创立者是亚里士多德。

我在这个部分所说的*古典逻辑学*，指的是相对于*现代逻辑学*而言的逻辑学。关于现代逻辑学的内容，我会在本章稍后讨论。但是，古典逻辑学也可以指最标准的逻辑学分支（即本书主要讲到的内容），与*非古典逻辑学*（也就是第21章的内容）相对应。逐渐深入的过程中，我会尽力做到叙述清晰。

亚里士多德创立了三段论逻辑

在亚里士多德（公元前384—前322年）之前，人们只是凭感觉在数学、科学和哲学等领域应用逻辑论证。例如，假定所有数字不是奇数就是偶数，那如果你能证明某个数字不是偶数，就一定能确定它是奇数。希腊人非常善于使用这种分而治之的方法。他们通常将逻辑学作为考察世界的工具。

然而，亚里士多德是第一个认识到这个工具本身也可以被研究、被发展的人。在关于逻辑学的六篇著作中——之后集合成册，即《工具论》（*Organon*，也就是"*工具*"的意思）——他分析了逻辑论证的诸多功能。亚里士多德希望，自己全新的整理可以使逻辑学成为一种思想工具，帮助哲学家们更好地理解世界。

亚里士多德认为，哲学的目标是成为科学知识，同时认为这种科学知识的结构是合乎逻辑的。他以几何学为模型，认为科学包括证明、推理的证明、命题的推理以及术语的陈述等方面。所以，在《工具论》中，他采用倒叙的方式安排章节：第一部分《范畴篇》关乎术语，第二部分《解释篇》关乎陈述，第三部分《前分析篇》关乎推理，第四部分《后分析篇》涉及证明。

《工具论》的第三部分《前分析篇》直接探讨了亚里士多德所谓的*三段论*。这种经过精心设计的论证结构，看起来具有不容辩驳的有效性。

三段论背后的理念非常简单——事实上，就是因为太过简单，所以在亚里士多德注意到它之前，哲学家和数学家们一直都认为它的存在理所当然。在三段论中，前提和结论联系在一起的方式就是，如果你认可前提为真，那么就必然也要认可结论为真——无论实际论证内容来自何处。

例如，以下是亚里士多德最著名的三段论：

前提：

人都会死。

苏格拉底是个人。

结论：

苏格拉底会死。

下面的论证在形式上与上面的论证相似。这种论证的形式，而非其内容，保证了论证的无可争议。一旦你认可前提为真，那么之后得出的结论同样为真。

前提：

所有的小丑都很吓人。

波波是个小丑。

结论：

波波很吓人。

直言命题的归类

亚里士多德主要关注他所谓的*直言命题*。直言命题就是表述物或人的范畴的简单命题。家具、椅子、鸟、树、红色的东西、梅格·瑞恩的电影以及以字母T开头的城市，都是表示范畴的例子。

根据排中律（我在第1章提到过），所有东西要么属于某一特定范畴，要么完全不属于那个范畴。例如，"红色的椅子"属于"家具""椅子"和"红色的东西"的范畴，但不属于"鸟""树""梅格·瑞恩的电影"或"以字母T开头的城市"的范畴。

亚里士多德将直言命题分为以下两种类型：

全称命题：这些命题说明的是整个类别。以下是全称命题的例子：

所有的狗都是忠诚的。

这个命题将两个类别联系在一起，说明包含在"狗"这个范畴内的一切事物也同样包含在"忠诚的事物"这个范畴之内。你可以将之当作一般性陈述，因为它告诉你忠诚是狗的普遍特征。

特称命题：这些命题说明在某个范畴内至少存在一个这样的事物。以下是特称命题的例子：

有些熊是危险的。

这个命题告诉你，在"熊"这个范畴内，至少有一个属于"危险的事物"这个类别。这个命题之所以为特称命题，是因为它告诉你，至少有一头熊是危险的。

认识逻辑方阵①

重点牢记

逻辑方阵——亚里士多德为研究直言命题而设计的工具——将四种在三段论论证中经常出现的直言命题的基本形式加以整理。这四种形式以全称命题和特称命题的肯定及否定形式为基础。

亚里士多德将四种命题类型编制成类似于表2-1这样的简单表格。亚里士多德以其最著名的命题——"人都会死"——为例。不过，我在以下表格中的举例，灵感则来源于正在睡觉的我的猫。

表2-1　逻辑方阵

		肯定形式		否定形式
全称形式	A	所有的猫都在睡觉 不存在一只不睡觉的猫。 没有猫不在睡觉。 每只猫都在睡觉。	E	没有猫在睡觉。 所有猫都没在睡觉。 没有猫在睡觉。 不存在一只在睡觉的猫。
特称形式	I	有些猫在睡觉。 并不是所有的猫都不在睡觉。 至少有一只猫在睡觉。 存在一只在睡觉的猫。	O	并非所有的猫都在睡觉。 有些猫没有在睡觉。 至少有一只猫没有在睡觉。 并非每只猫都在睡觉。

从上表可以看出，每种类型的命题都表达了猫这个范畴与睡觉的事物这个范畴之间的不同关系。在自然语言中，每种类型的命题都可以通过不同方法表达。我在表格中列出了几种，

23

————————

① 又译为"对当方阵"。

但其实表达方式还有很多。

亚里士多德注意到了这些命题类型之间的关系。这些关系中，最重要的就是对角单元格中*相互矛盾*的那些。在相互矛盾的关系中，一个命题为真，另一个命题为假。

我们以表2-1中**A**和**O**的命题为例。显然，如果此时此刻，世界上的所有猫都在睡觉，那么**A**就为真，**O**就为假，反之则**O**为真，**A**为假。同样，我们来看**E**和**I**这两个命题。如果世界上的每只猫都醒着，那么**E**为真，**I**为假，反之则**I**为真，**E**为假。

如果你想知道，那我可以告诉你，用于表示肯定形式的**A**和**I**据说来自拉丁语单词*Aff**I**rmo*，表示"我肯定"。同样，表示否定形式的**E**和**O**据说来自拉丁语单词*n**E**g**O***，表示"我否定"。至于是谁先将这些字母用于指代这些含义的尚且不清楚，但肯定不是亚里士多德，因为他使用的是希腊语，而非拉丁语。

欧几里得的公理和定理

虽然从严格意义上说，欧几里得（约公元前325—前265年）并不是逻辑学家，但他对逻辑学的贡献不可否认。

欧几里得在几何学方面成绩斐然，所以为了纪念他的贡献，这一学科被称为*欧几里得几何*。在逻辑学方面，他最伟大的成就就是将几何原理合乎逻辑地整理为*公理*和*定理*。

欧几里得从五条公理（也被称为"公设"）出发，即他认为简单且不言自明的真命题。以公理为起点，他借助逻辑学证明了*定理*——也就是更为复杂、更为隐晦的真命题。通过这种方式，他成功地仅通过五条公理就合乎逻辑地证明了大量几何学的内容。时至今日，数学家们还在使用公理和定理这种命题逻辑结构。有关这一主题的更多内容，可以参阅第22章。

欧几里得还使用了一种*间接证明*的逻辑方法。使用这种方法时，你要先对自己想证明的内容的反面进行假设，接着证明从这一假设会得出明显错误的结论。

例如，在侦破谋杀案时，警探可能会这样推理："如果是管家杀的人，那他晚上7点到8点之间必然要在家。但是，同一时间段，有目击者在距离城市二十英里外的地方见到了他，所以他那段时间不可能在家。因此，不是管家杀的人。"

间接证明也被称为"*反证法*"或"*归谬法*"，也就是拉丁语 *reduced to an absurdity* 所表达的"回到谬论"的方法。关于间接证明运用的更多内容，请翻到第11章。

克律西波斯和斯多葛派

亚里士多德的后继者们对其直言命题的三段论逻辑进行了继承和发展，与此同时，另一希腊哲学流派斯多葛派则采用了另一种方法。他们关注的是*条件命题*，也就是使用"*如果……那么……*"这种形式的命题。例如：

如果西边有云聚集，那么就会下雨。

斯多葛派中，最引人注目的逻辑学家是克律西波斯（公元前279—前206年）。他利用"如果……那么……"这种形式的命题对论证进行了研究。例如：

前提：

如果西边有云聚集，那么就会下雨。

云在西边聚集。

结论：

会下雨。

当然，亚里士多德派的方法与斯多葛派的方法之间存在着联系。二者都会关注这样一组前提，作为前提的命题如果为真，那么前提之间会通过迫使结论为真的方式联系在一起。不过，两个学派之间的摩擦导致在接下来一个多世纪的时间里，它们都分别独立发展，好在随着时间的推移，它们最终合并为一门统一的学科。

逻辑学发展的停滞

在古希腊时期之后，逻辑学进入了相当长的停滞时期，其间，只出现过零星几次复兴。

纵观罗马帝国时期和欧洲中世纪时期，在长达一千多年的时间里，逻辑学一直为人所忽视。亚里士多德关于逻辑学的著作偶尔会被翻译，且有译者添加注解，但很少有人撰写关于逻辑学的原创文章。

在公元后的一千年里，阿拉伯世界对逻辑学的贡献较为突出。无论是基督教哲学家还是巴格达的穆斯林哲学家，都在持续翻译和评注亚里士多德的著作。阿维森纳（980—1037年）对此有所突破，开始研究涉及频次的逻辑概念，比如*总是*、*有时*和*从不*等。

12世纪时，人们对逻辑学，特别是论证中的缺陷——*逻辑谬误*——再次产生了兴趣。这方面的研究工作始于亚里士多德的《辩谬篇》。当时，天主教的影响力在欧洲不断扩大，而神学家们部分采纳了有关逻辑谬误的研究成果。在接下来的几个世纪中，哲学家们坚持对语言和论证问题进行研究，因为这些也与逻辑学相关。

此外，作为七大人文学科之一，逻辑学也是当时各个大学的核心课程。（我猜你很想知道其他六大人文学科，它们是：语法、修辞、算术、几何、天文学和音乐。）

现代逻辑学——17、18和19世纪

在欧洲，随着信仰时代在16世纪和17世纪逐渐让位于理性时代，在探究宇宙本质方面，思想家们的态度也愈发乐观。

尽管科学家们（如艾萨克·牛顿）和哲学家们（如勒内·笛

卡尔）仍旧信仰上帝，但也会在教会的教义之外，探求上帝的宇宙是如何运作的。他们在这一过程中发现，世界运行的很多奥秘——如苹果掉落、月球在太空中的运动等——都可以通过数学进行机械性解释和预测。随着科学思想的兴起，逻辑学作为推理的基础工具，地位逐渐上升。

莱布尼茨与文艺复兴

戈特弗里德·莱布尼茨（1646—1716年）是欧洲文艺复兴时期最伟大的逻辑学家。和亚里士多德一样，莱布尼茨也发现，逻辑学是认识世界不可或缺的工具。作为第一个将亚里士多德的工作向前推进了一大步的逻辑学家，莱布尼茨将逻辑命题转化为符号，进而可像操作数字和方程那样来操作逻辑命题。这是对*符号逻辑*第一次粗浅的尝试。

通过这种方式，莱布尼茨希望逻辑学可以将哲学、政治学甚至宗教转化为纯粹的计算，进而提供可靠的方法，客观地解答生活中的所有谜题。在《发现的艺术》（1685年）中，他写下了一段名言：

> 纠正推理的唯一方式就是使之如数学家的推理一样具体，这样我们才能一眼发现自己的错误。此外，如果众人起了纷争，我们也大可简单地说："不用多说，我们来计算一下就知道谁对谁错了。"

可惜，他将生活所有领域转化为纯粹计算的梦想无人承继。因为他的想法远远领先于所处的时代，所以这些想法的重要性在当时没有得到认可。莱布尼茨去世之后，他的有关将逻辑学作为符号运算的著作被束之高阁近200年。等这些作品重见天日时，逻辑学家们已经掌握了那些观念，并早已有所超越。由此可见，在逻辑学发展的这一关键阶段，莱布尼茨的影响力远未达到应有的水平。

向形式逻辑发展

在大多数情况下，逻辑学的研究都是*非形式的*——也就是说，不会用符号代替文字——这一情况一直持续到19世纪初。从莱布尼茨开始，数学家和哲学家们已经为常见的逻辑概念设计了众多符号。然而，通常而言，这些体系都缺少全面的计算和运算方法。

19世纪末期，数学家们发展出了*形式逻辑*——也叫作*符号逻辑*——也就是用可运算的符号代表单词和命题。在形式逻辑方面，有三大主要贡献者，分别是乔治·布尔、格奥尔格·康托尔和戈特洛布·弗雷格。

布尔代数

布尔代数以其发明者乔治·布尔（1815—1864年）的名字命名，是第一个将逻辑作为一种运算的完备系统。正因如此，布尔代数被认为是形式逻辑的先驱。

布尔代数使用了数值和常用的加法及乘法运算，在这一方面，它与标准算术相似。然而，与算术不同的是，布尔代数只会使用两个数值：0和1，分别代表*假*和*真*。例如：

设 A ＝托马斯·杰斐逊写了《独立宣言》

设 B ＝帕里斯·希尔顿写了《美国宪法》

由于第一个命题为真，第二个命题为假（谢天谢地！），所以你可以说：

$A = 1$，且 $B = 0$

在布尔代数中，加法表示的是"或"，因此以下命题：

托马斯·杰斐逊写了《独立宣言》或帕里斯·希尔顿写了《美国宪法》。

可以被翻译为：

$A + B = 1 + 0 = 1$

由于布尔方程最终得1，所以上述命题为真。同样，乘法表示的是"*且*"，所以以下命题：

托马斯·杰斐逊写了《独立宣言》且帕里斯·希尔顿写了《美国宪法》。

可以被翻译为：

$$A \times B = 1 \times 0 = 0$$

在这种情况下，布尔方程得0，因此命题为假。

如上所述，数值运算与算术非常相似，只不过数字背后的含义纯粹是逻辑。

有关布尔代数的更多内容，请参阅第14章。

康托尔的集合论

由格奥尔格·康托尔在19世纪70年代创立的*集合论*是形式逻辑的另一大基础，与布尔代数相比，其影响范围和作用都更大。

广义上看，*集合*就是一系列可能有共同点或可能没有共同点的物体。以下是几个例子：

{1、2、3、4、5、6}

{蝙蝠侠、神奇女侠、蜘蛛侠}

{非洲、凯利·克拉克森、十一月、史努比}

这种简单的结构在描述逻辑学的重要核心思想方面非常有效。以下面这个命题为例：

美国各州里，所有名称包含字母z的，都以字母A开头。

这一命题可以通过确定"名称包含字母z"和"名称以字

28

母 A 开头"的集合来验证。以下是两个集合：

集合1：{Arizona}

集合2：{Alabama，Alaska，Arizona，Arkansas}

你会发现，第一个集合中的每个项目也包含在第二个集合中，因此，可以说，第一个集合是第二个集合的*子集*，所以原命题为真。

弗雷格的形式逻辑

戈特洛布·弗雷格（1848—1925年）创立了第一个真正的形式逻辑系统。其实，他创立的是一个内嵌在另一个系统中的逻辑系统。较小的是*语句逻辑系统*——也被称为*命题逻辑*——会用字母代表简单的语句，之后用五个表示关键概念的符号相关联。这五个关键概念为：*否、且、或、如果*以及*当且仅当*。例如：

设 E ＝伊芙琳在看电影
设 P ＝彼得在家

那么根据上述定义，你可以得出以下两个命题：

伊芙琳在看电影且彼得在家。

如果伊芙琳在看电影，那么彼得不在家。

进而，上述两个命题可转化为以下符号表达：

$E \& P$

$E \to \sim P$

在第一个命题中，符号 & 表示"*且*"。在第二个命题中，符号 → 表示"*如果……那么……*"，符号 ~ 表示"*否*"。

我会在第二部分和第三部分详细讲解语句逻辑。

较大的系统是量词逻辑——也被称为*谓词逻辑*——包含语句逻辑的全部规则，并在此基础上进行了扩展。量词逻辑会使用不同的字母代表一个简单语句的主语和谓语。例如：

设 e = 伊芙琳

设 p = 彼得

设 Mx = x 在看电影

设 Hx = x 在家

根据以上设定，以下两个命题：

伊芙琳在看电影且彼得在家。

如果伊芙琳在看电影，那么彼得不在家。

就可以被表达为：

$Me \& Hp$

$Me \to \sim Hp$

量词逻辑中还包含另外两个符号，分别表示"*所有*"和

29

"一些"，因此，以下两个命题：

所有人都在看电影。

一些人在家。

可以被转换为：

$\forall x\,[Mx]$

$\exists x\,[Hx]$

量词逻辑可以表达亚里士多德逻辑方阵中四个基本的直言命题（见本章此前"直言命题的归类"）。实际上，在扩展最充分的形式下，量词逻辑和之前所有的逻辑形式一样强大。

关于更多量词逻辑的内容，请参阅第四部分。

20世纪以来的逻辑学

19世纪末，以欧几里得的工作为基础（见本章此前"欧几里得的公理和定理"），数学家们致力于将数学中的一切还原为逻辑上以少量公理为基础的一套定理。

30　　作为第一个真正的形式逻辑的创立者，弗雷格发现，数学本身有可能从逻辑和集合理论中推演出来。通过对几条集合公理的运用，他告诉我们，从数字直至数学的一切，都合乎逻辑地遵循这些公理。

弗雷格的理论一直行之有效，直到伯特兰·罗素（1872—1970年）发现了一个*悖论*，即一个集合如果将其本身作为元素，那么可能会出现不一致。罗素发现，在弗雷格的体系中，可能会有一个以所有"不包含自己的集合"为元素的集合。由此产生的问题就在于，如果这个集合包含其本身，那么它就不满足"不包含自己"这一性质，因此也就不包含其本身，反之亦然。这种不一致被称为罗素悖论。（我会在第22章进一步讨论罗素悖论。）

弗雷格因这一失误大受打击，但罗素却从其工作中看到了闪光点。从1910年到1913年，伯特兰·罗素和阿尔弗雷德·诺斯·怀特海德合著了三卷本《数学原理》，对弗雷格的理念进行了整理，将数学建立在集合论和逻辑公理之上。

非古典逻辑

将数学和逻辑学简化为用一系列公理来表达，这种操作会引发一个值得思考的问题：如果使用另一套不同的公理，结果会怎样？

例如，一个命题的真值介乎真假之间，就是一种可能性。换言之，你可以让命题违反排中律（请参阅第1章）。这种公然违反定律的行为在古希腊时期是不可想象的，但由于逻辑学被简单地用一套公理来表达，这种可能性也应运而生。

1917年，扬·卢卡西维茨率先开创了*多值逻辑*。在这种逻辑系统中，命题不仅可以是*真*或*假*，也可以是*可能*。这一系统有助于定义如下命题：

2162年，洋基队将赢得世界大赛。

将*可能*这一范畴引入*真*和*假*的神殿，绝对是对古典逻辑的重大颠覆，将逻辑学带入了*非古典逻辑*的新纪元——毕竟之前存在的逻辑学都是古典逻辑学。（关于非古典逻辑的更多形式，包括模糊逻辑和量子逻辑，可以参阅第21章。）

哥德尔证明

伯特兰·罗素和阿尔弗雷德·诺斯·怀特海德合著的三卷本《数学原理》，牢固地确立了逻辑学作为数学重要基础的地位。不过，逻辑学之后还会遇到更多惊喜。

由于数学可以通过一套公理加以定义，那么随之出现的问题就是，这一新系统是否是*一致的*且*完备的*。也就是说，关于数学的每一个真命题，是否可能通过逻辑学从这些公理中推导出，且不会出现假命题。

1931年，库尔特·哥德尔发现，无数数学命题都为真，但无法通过《数学原理》中给出的公理得以证明。他还发现，所有将数学简化为具有一致性的公理系统的尝试都会产生同样的结果：有无数的数学真命题（这些命题被称为*不可判定命题*）都无法通过该系统得以证明。

这一结果被称为*哥德尔不完备定理*。由此，哥德尔成为20世纪最伟大的数学家之一。

莱布尼茨曾希望，逻辑学有朝一日能够提供一种方法，通过计算解答生命中的所有谜题。从某种意义上看，哥德尔不完备定理就是对此的回应。可惜，这一回应明确地给出了"不可能！"这个答案。逻辑学——至少在目前的结构下——不足以用于证明每个数学真理，遑论这复杂世界的每个真理了。

计算机时代

数学家和科学家们并没有将注意力集中在逻辑学无法做到的事情上，反而竭尽心智运用逻辑。其中，最重要的就是逻辑学在计算机方面的应用。有些专家（特别是计算机科学家）认为，计算机堪称20世纪最伟大的发明。

硬件，也就是计算机电路的物理设计部分，会使用*逻辑门*，模拟语句逻辑的基本功能——通过一个或两个输入源接受电流，之后只在给定条件下输出电流。

举例来说，表示"否"的门，只有在其输入端没有电流通过时输出电流。表示"且"的门只有在两个输入端都有电流流入时才会输出电流。最后，表示"或"的门会在电流从其两个输入端中的至少一个通过时才会输出电流。

软件，即指示硬件采取行动的程序，全部用*计算机语言编制*，如Java、C++、Visual Basic、Ruby或Python等。尽管计算机

语言各不相同，但每种语言的核心都非常相似，包括一组语句逻辑的关键词，如"*且*""*或*""*如果……那么……*"等。

关于逻辑学在计算机硬件和软件方面的应用，请参阅第20章。

32

寻找终极疆域

逻辑是否足以描述人类思维的所有微妙之处？能否描述宇宙的复杂？我猜是不可能的——尤其是在当前的逻辑结构下。

然而，逻辑是非常强大的工具，其作用才刚刚开始被挖掘出来。谁能确定呢？就在我完成本书的过程中，逻辑学家们仍在致力于开发更具表达能力的逻辑系统，延展数学和科学能力。他们的努力或许会带来超越当前所有期望和梦想的发明。

第3章

33

为了论证

本章提要

- 拆解逻辑论证的各个部分
- 将真正的逻辑从伪装的逻辑中区分出来
- 探究逻辑的广泛应用

简而言之，逻辑学研究的是如何区分好的与坏的论证。

日常生活中，很多人会用"*辩论*"这个词形容剑拔弩张的争执，甚至是激烈的争吵。然而，论证并不一定在紧张的气氛中或愤怒的情绪下进行。*逻辑论证*背后的理念非常简单：我想说服你，所以会先列明你已经认同的事实。接着，我会说明，我想要证明的内容如何经由这些事实自然而然地推导而出。

在本章中，我会先解释什么是逻辑，之后说明逻辑论证的各个要素。此外，本章还列举了大量例证，用以说明什么不合逻辑。最后，本章还会讲到并运用逻辑的不同领域。学习本章之后，你可能仍会发现自己的论证有误，但至少别人不会说你的论证毫无逻辑！

逻辑的定义

关于逻辑，你需要了解以下几点：

√ 逻辑是关于论证有效性的研究，即一个逻辑论证是有效的（好的）还是无效的（坏的）。

√ 从逻辑学角度看，论证是由一个或多个前提与之后得出的一个结论组成。通常，前提与结论之间存在一个或多个中间陈述。

34 √ 前提与结论都是陈述句——提供信息并表明真或假的句子。

√ 在有效论证中，如果所有前提为真，结论必然为真。

综上可知：

逻辑学研究的是，在何种情况下，一组真前提可以推导出真结论。

仅此而已！随着对本书学习的深入，我们一定要牢记这个定义。在索引卡上写下来，把它贴在洗手间的镜子上，毕竟逻辑学的每个主题都在某种程度上与这一核心观点相关联。

剖析论证结构

*逻辑论证*必然包含一个或多个前提以及一个结论。以下是逻辑论证的一个例子：

尼克：我爱你。

梅布尔：我知道。

尼克：你也爱我。

梅布尔：没错。

尼克：两个相爱的人应该结婚。

梅布尔：好的。

尼克：所以我们应该结婚。

这或许不是你听过最浪漫的求婚场景，但你应该能理解大意。如果梅布尔真的认同尼克的三个陈述，那就会被尼克的论证说服，跟他结婚。

再来仔细分析一下尼克的论证结构，你会发现其中包含三个前提和一个结论。将之拆解成最基本的形式后，尼克所说如下：

前提：

我爱你。

你爱我。

相爱的人应该结婚。

结论：

我们应该结婚。

论证的前提和结论有一个共同点：是陈述句。*陈述句*是提供信息的句子。

举例来说，以下句子都是陈述句，但均不属于前提或结论的范畴：

√ 密西西比州的首府是杰克逊。

√ 二加二等于五。

√ 你的红裙子比蓝裙子好看。

√ 人和狗非常相似。

相较而言，以下句子都不是陈述句：

√ 一辆大型蓝色迪拉克。（非完整句）

√ 你经常来这里吗？（问句）

√ 马上清理你的房间。（命令句）

√ 天呐！（感叹句）

在逻辑学中，陈述句提供的信息，以及陈述句本身，或许是真或许是假。（无论你所说的陈述句是论证的前提之一还是结论，都适用于这一规则。）这被称为陈述句的*真值*。

逻辑学家经常要用到真值，所以为节省日渐昂贵的笔墨，他们会用"*值*"来表示"真值"。本书中，这两个术语都会出现，并表示同样的含义。

有时候，你可以轻而易举地验证某个陈述的真值。"密西西比州的首府是杰克逊"这一陈述句的值为*真*，因为事实上密西西比州的首府确实是杰克逊，但二加二等于四，而不是五，所以"二加二等于五"这一陈述句的值为*假*。

有些情况下，陈述句的真值很难验证。比如，该如何判断一件衣服比另一件更漂亮？或者如何判断人是否真的和狗非常相似？

现阶段，我们暂时不去探讨*如何*确定一个陈述句是真是假。在下文"可靠性的可靠程度"中，我们会就此深入。

追求有效性

在好的论证中——或者如逻辑学家所说的，在*有效的论证*中——如果所有前提都为真，那结论必然也为真。

有效论证是逻辑学的核心所在。请记住，在逻辑论证中，为了说服你，我会先指明你已经认可的事实（*前提*），之后向你表明我试图证明的内容（*结论*）可以由这些事实推导出来。如果论证有效，就说明它无懈可击，所以结论必然会由前提得出。

例如，假如教授告诉你："认真学习的人都在期中考试中表现出色。你认真学习了，所以你表现出色。"将这个命题拆分成前提和结论，你会发现：

前提：

如果学生认真学习，那么他就能在期中考试中表现出色。

你认真学习了。

结论：

你期中考试表现出色。

以上论证是有效论证的例子。你会发现，两个前提均为真，那么结论必然也为真。

现在，你已经能理解为什么我在前一小节说有效性取决于论证的结构。如结构缺失，那么就算所有的命题都为真，论证也无效。以下是关于无效论证的举例：

前提：

乔治·华盛顿是美国第一位总统。

阿尔伯特·爱因斯坦提出了相对论。

结论：

比尔·盖茨是世界上最富有的人。

以上命题恰好均为真。但这并不代表论证是有效的。在这个例子中，论证之所以无效，是因为缺少确保结论由前提推导出的论证结构。如果微软的股票突然崩盘，比尔·盖茨第二天就会身无分文，那么这个论证的前提依然为真，但结论为假。

论证案例研究

由于论证对于逻辑学而言至关重要，我会在这一部分列举更多例子，帮助你体会论证的作用方式。

在有些例子中，论证的第一个前提会采用"*如果……那么……*"的形式，*如果某事发生，那么其他事就会发生*。你可以把这种类型的语句看作滑梯：只要踏上滑梯顶部的"*如果*"，那么你就会滑向底部的"*那么*"。

亚里士多德是第一个研究论证形式的人。举例来说：

前提：

人都会死。

苏格拉底是个人。

结论：

苏格拉底会死。

他将这种论证形式称为*三段论*。（关于亚里士多德和其他思想家在逻辑早期形式方面的详细内容，请参阅第2章。）

掌握了逻辑论证发挥作用的方式后，就会发现它有无数种变化。在本书第二部分到第五部分，你还会了解到更为精确、更为有效的方法来创建、理解和证明逻辑论证。不过，现阶段，以下例子可以让你对有效论证有初步认识。

有冰激凌的星期天

假设到了星期天，你儿子安德鲁提醒你："你之前说过，如果我们星期天去公园，就可以吃冰激凌。现在我们要去公园，这就说明我们可以吃冰激凌。"他的逻辑无懈可击。为了说明这一点，可以把安德鲁的论证分解为前提和结论：

前提：

如果我们去公园，那么就会吃冰激凌。

我们要去公园。

结论：

我们可以吃冰激凌。

第一个前提打造了"如果……那么……"的滑梯，第二个前提是你踏上坡顶的位置。结果你不可避免地滑向了结论。

菲菲的叹息

假设有一天下午，你从学校回到家后，你妈妈对你说了这番话："如果你关心你的狗菲菲，那么你每天放学之后就会带它去散步。但你没有这样做，所以你并不关心它。"把这个论证分解成前提和结论后，你会得到以下内容：

前提：

如果你关心菲菲，那么你就会每天带它去散步。

你并没有每天带菲菲散步。

结论：

你不关心菲菲。

这里的第一个前提打造了"如果……那么……"的滑梯，但第二个前提告诉你，你没有滑到滑梯的底部。出现这种情况唯一的可能是，你一开始就没有踏上坡道的顶端。所以，你妈妈得出的结论是有效的——菲菲真可怜！

逃离纽约

假设你朋友艾米在描述她家住哪里时，提出了如下论证："曼哈顿在纽约。地狱厨房在曼哈顿。我的公寓在地狱厨房。我住在那里，所以我住在纽约。"这个论证也是以"如果……那么……"的滑梯为基础，但没有明确写明"如果"和"那么"这两个词。它们隐含在论证中，只是没有具体说明。我会在下文对此进行说明：

前提：

如果有东西在我的公寓里，那么它就在地狱厨房。

如果有东西在地狱厨房，那么它就在曼哈顿。

如果有东西在曼哈顿，那么它就在纽约。

我住在我的公寓里。

结论：

我住在纽约。

39

在这种情况下，"如果……那么……"的滑梯让结论显而易见。不过，在这两个例子中，一个斜坡通往另一个斜坡，第二个斜坡又与第三个相连。你知道艾米住在自己的公寓后，就别无选择地只能沿着接下来的三个斜坡滑下去，得出她住在纽约的结论。

不满的雇员

假设你妻子玛琪下班后气冲冲地回到家，说："世界上有三种老板：按时发工资的，迟发工资但会道歉的，还有就是不重视你的。好吧，我工资发晚了，老板也没有道歉，所以他就是不重视我。"

她的论证是这样的：

前提：

老板会按时付给员工工资，或在迟付时道歉，或不重视你。

我的老板没有按时支付我的工资。

我的老板没有为延迟支付工资而道歉。

结论：

我的老板不重视我。

这个论证并不是以"如果……那么……"的滑梯为基础，而是使用了"或者"这个词设置了一组备选方案。第一个前提设定了多个选择项，第二个和第三个前提分别排除了一种选择，那么结论就是最后剩下的那个选项。

逻辑不是什么

　　逻辑学已有大约两千多年的历史，所以可以这样说，它已经融入了我们的文化中。《星际迷航》中的斯波克先生只表现了逻辑学的冰山一角。

　　我们不妨考虑一下几种涉及逻辑的文化定式：如果你遇见沉默寡言、善于思考的人，那你可能会认为他是个*有逻辑的*人。如果一个人做出了轻率或仓促的决定——或者做出了你并不认同的决定——那你可能会说他*不讲逻辑*，建议他*有逻辑地思考*一下自己的所作所为。另一方面，如果你发现一个人冷静沉着或与人疏离，或许会认为他*被逻辑所左右*。

　　由于在日常语言中，逻辑的定义非常宽泛，所以导致人们对它有各种各样的误解。在有些圈子中，逻辑被推崇为人类最伟大的成就。在另一些圈子中，逻辑饱受诟病，被认为是象牙塔中

40

的消遣活动，不能与普通人在日常生活中遇到的困难相提并论。

逻辑学之所以被这样追捧或贬损，是因为人们眼中的逻辑学并非它本来的面目。在本节中，我会尽可能讲解逻辑学究竟是什么——还有它不是什么。

你可以参考表3-1，比较逻辑学可以实现或不能实现的事。

表3-1 逻辑学可以实现的和无法实现的

无法实现的	可以实现的
创建一个有效论证	评判某个给定论证的有效性
告诉你什么是现实中的真或假	告诉你如何利用真命题和假命题
告诉你一个论证是否可靠	告诉你一个论证是否有效
证明归纳法得出的结论是正确的	证明演绎法得出的结论是正确的
让论证在修辞上更有力（更有说服力）	为论证更有说服力提供基础

思维与逻辑

推理，甚至是简单的思考，都是极其复杂的过程，人类对此知之甚少。此外——为了跟斯波克先生和他的族群划清界限——逻辑是推理过程的一部分，但并不是推理的全部。

试想一下，如果两个孩子起了争执，你会使用怎样的推理方式解决？首先，你需要观察到底发生了什么；之后，你要将眼前的经历与此前的经历联系起来；接着，你要预测之后可能出现的状况。你或许会选择表现出很严厉的样子，威胁说要惩罚他们，或许会表现得和蔼可亲，安抚他们，也可能会不偏不倚，听两个人各自解释。或者，你会同时运用上述方法。

简而言之，你有很多选择，也会通过某种方式找到平息争执的方法（或许哪种方式都不会成功，但那是《育儿入门》要解决的问题，不是《逻辑学入门》的主题）。所有选择都涉及思考的过程。即使完全不去了解情况，只是让两个孩子各自回房间，也需要运用人类最擅长的那种思维（即使最聪明的狗也做不到）。

41

然而，如果你只是从逻辑的角度出发，想让孩子们和谐相处，那肯定很难做到。逻辑并不会告诉你具体要做什么或者应该采取何种行动——这不是逻辑的功用所在。因此，你通过观察、思考来处理某种情况的同时不被情绪所左右，就要意识到自己调动了多种远比逻辑更复杂（同时也更不确定）的能力。

不要混淆逻辑与思维。逻辑只是思维的一部分，只是它已经被仔细研究过，所以被人理解得比较透彻。由此一来，与不受感情摆布的清晰思维相比，逻辑更为复杂——同时也更为简单。

现实——多么深奥的概念！

在逻辑中，你会不断地遇到真假命题，所以你可能会认为，真假命题的意义在于告诉你什么是真实的，什么是虚假的——换言之，你可能觉得逻辑应该能通过客观的表述告诉你现实的本质。然而，实际上，逻辑并不能告诉你什么是真实，什么是虚假——只能告诉你与你已知真假的陈述相关的其他陈述究竟是真还是假。

举例来说，我们可以看以下两个命题：

新泽西是美国的一个州。

偷窃永远不对。

第一个命题似乎很容易就能验证为真，但第二个命题看上去很难得到验证。可是，无论哪个命题，逻辑都无法告诉你正确与否，甚至也无法告诉你新泽西是否是一个州——你必须为其找到其他资料来源。逻辑*能够*告诉你的是论证是否有效——也就是说，一组真前提能否产生真结论。

上述规则唯一的例外是只在非常有限的范围内或只在意义微不足道的情况下为真的命题。例如：

所有蓝色的东西都是蓝色的。

图恩西斯要么是只狗要么不是狗。

如果你是一名住在丹佛的推销员，那你就是一名推销员。

42

以上命题被称为*重言命题*。重言命题在逻辑学中有重要作用，我们会在第6章讲到。不过，目前你只需要明白，它们之所以必然为真是因为并没有真正传达关于世界的信息。至于要在这个疯狂且复杂的世界中判断什么是真实的什么是虚假的，你只能依靠自己。

可靠性的可靠程度

*可靠命题*其实就是可靠的论证，加之前提为真进而结论同样为真的结论的这一事实。

可靠性与现实相辅相成。但是，由于逻辑并不会告诉我们某个命题是真还是假，所以也无法告诉我们某个论证究竟是否可靠。尽管论证有效，但如果你假设的前提非常糟糕，那也会得出糟糕的结论。比如：

前提：

> 詹妮弗·洛佩兹在地球上。
>
> 如果弥赛亚在地球上，那么世界末日就已经到来。
>
> 詹妮弗·洛佩兹是弥赛亚。

结论：

> 世界末日已经到来。

从逻辑上看，上述论证是有效的。然而，它究竟是否可靠？我个人很难接受第三个前提为真，所以只能说这个论证不可靠。你可能也会认同我的看法。关键在于：由于逻辑不能表达命题在现实中是否为真实的，那逻辑同样也无法帮你判断某个论证是否是可靠的。

你一定要分清有效论证和可靠论证。有效的论证包含很大的不确定性：*如果所有前提为真，那么结论必然也为真*。可靠的论证为有效的论证增加了一个条件：前提*确实都*为真，因此，结论当然确实也为真。

请注意，如果从无效的论证出发，逻辑就有用武之地了：如果某个论证是无效的，那么通常而言，它也是不可靠的。图3-1的树状结构或许能帮助你更好地理解论证。

43

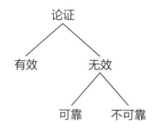

图3-1 逻辑树可以帮你发现论证的瑕疵

演绎法和归纳法

由于*演绎法（deduction）*与*减法（reduction）*的英文是押韵的，所以你很容易就能记住：在演绎法中，你是从一组可能性入手，进而将之还原到只剩下较小的子集。

举例来说，谋杀案的解谜过程就是演绎法的运用。通常情况下，警探会从一组可能的嫌疑人入手——例如管家、女仆、商业合作伙伴和遗孀。故事的最后，警探会将这一组人简化到只剩下一个人——例如，"受害者是死在浴缸里，但后来被移动到床上。然而，女性抬不动尸体，管家由于之前打仗时受伤所以也抬不动。因此，凶手肯定是商业合作伙伴"。

归纳法（*induction*）与增加（*increase*）的英文开头两个字母相同。由此，你很快能记住：在归纳法中，首先是从有限几个观察开始，进而通过归纳*增加*数量。

例如，假设你去一个小镇过周末，最先遇到的五个人都很友好，所以你归纳出以下结论："这里的每个人都很友好。"换言之，你是从一个很小的集合开始，继而增加这个集合中的元素，将之变为更大的集合。

逻辑让你可以自信地进行演绎推理。实际上，它是量身定制的方法：首先筛选一系列事实陈述（*前提*），之后排除可信但不准确的陈述（*无效结论*），接着获得真实的陈述（*有效结论*）。正因如此，逻辑和演绎法密切相关。

演绎法在数学中行之有效，因为数学研究的对象都经过了清晰界定，几乎不存在灰色地带。例如，每个自然数不是奇数就是偶数。因此，如果你想证明一个数字是奇数，就可以通过排除该数字能被2整除的可能性来实现。请参阅"说到底，这是谁的逻辑？"部分，了解更多逻辑如何应用以及在何种领域应用的内容。

从另一方面看，尽管归纳法看上去作用很大，但却有逻辑方面的缺陷。遇到5个友好的人——或者10个、10000个——都无法保证你下一个遇到的人不是个讨厌鬼。遇见10000个友好的人，甚至都无法保证小镇上的大多数人很友好——你可能只是遇到了所有的好人而已。

然而，逻辑不仅是一种关于结论正确的敏锐且强烈的预

44

感。逻辑有效性的定义告诉我们，如果前提为真，那么结论也为真。由于归纳法并没有达到这个标准，所以被认为是科学和哲学领域的"大象"：看似有用，但实际上只是占用了客厅很大的空间。

修辞学问题

*修辞学*研究的主题是如何让论证具有说服力，令人信服。

我们来看一下这个论证：

前提：

科学不能解释自然界的一切。

自然界中的一切要么可以被科学解释，要么可以被上帝存在来解释。

结论：

上帝是存在的。

暂且不论上述例子合理与否，至少它是一个有效论证。然而，这可能并不是一个*有说服力*的论证。

让论证具有说服力的因素与使论证可靠的因素很接近（参阅本章之前的"可靠性的可靠程度"部分）。在可靠的论证中，前提毫无疑问必然为真。在有说服力的论证中，前提为真，且排除了合理怀疑。

"合理怀疑"这个短语或许会让你联想到法庭。这种联想是合理的，因为律师提出的逻辑论证都是为了让法官或陪审团信服，继而得出某个结论。为了做到具有说服力，律师的论证必须有效，且论证的前提必须可信。[参阅"向法官陈情（法律）"一节，我会谈到逻辑学在法律领域的应用。]

45

归纳法的科学之处

*归纳法*要求我们从有限的观察开始推理，并得出一个一般性的结论。一个典型的例子是：在观察到2只、10只或1000只乌鸦是黑色的之后，你可以认定，所有的乌鸦都是黑色的。

归纳论证，尽管可能具有说服力，但在逻辑上并不是有效的。（你永远无法得知，某处是否有白色的乌鸦或粉色的乌鸦。）然而，尽管归纳法在逻辑上并不可靠，科学家们却仿佛一直使用这种方法解释宇宙中的各种事件，且获得了巨大成功。哲学家卡尔·波普尔对这一明显的矛盾进行了研究，发现归纳法于科学发现而言并非必需。

概而论之，波普尔认为，科学并非真正使用归纳法进行证明——只是看上去如此而已。相反，波普尔认为，科学家们会发展符合其观察的理论，用于反驳其他理论。因此，在更好的理论被发现之前，坚持到最后的理论就会成为公认的解释。（这听上去或许有些轻率，仿佛无论是谁都可以想出一个古怪的理论，接着想办法让别人接受。但是，科学家们非常善于推翻看似可行的理论，所以你还是不要在这里多费心思了。）

尽管有些思想家仍然质疑波普尔的解释，但很多人认为这种解释很好，因为它解决了数百年来未能解决的哲学问题。

既然逻辑关注的是有效性而非可靠性，那么逻辑如何能参与使论证具有说服力的过程？其实，逻辑之所以可以在此发挥作用，是对论证的基本形式及其内容进行了明确的区分。

论证的形式是逻辑的关键所在。如果形式未能正确发挥作用，那么论证就会坍塌。不过，形式正确发挥作用时，你就可以放心地继续研究论证的内容。

回到本节开头的论证。

我已经说过，那是有效的论证，但或许并不具有说服力。为何如此？首先，第二个前提有漏洞。不妨考虑以下情况：

✓ 如果科学目前不能解释自然界的一切，但未来能够解释会怎样？

✓ 如果除了科学或上帝存在这两种解释，还有其他的解释会怎样？

✓ 如果我们在自然界看到的一切根本无从解释又如何？

上述问题都是论证中合理的例外。如果想让自己的论证说服聪明的、思维清晰的人，让他们认同你的思考是正确的，你就需要解决这些例外情况。换言之，你需要解决论证中这些修辞方面的问题。

46　　　　不过，在现实中，诉诸听众的智慧，倒不如诉诸强大的情感和不理性的信念。在这种情况下，简单的、有缺陷的论证或许比听众难以理解的可靠论证更具有说服力。如果是听众喜欢的演讲人，那么他提出的靠不住的论证或许也会令人信服，而明智但让人厌恶的智力炫耀只会让人敬而远之。

让论证具有说服力或令人信服的研究非常实用，且颇有启发性，但这不在本书的讨论范围内。从纯粹的逻辑学角度出发，如果论证是有效的，那就不会出现进一步改进的可能。

说到底，这是谁的逻辑？

由于逻辑学身负太多限制，你或许会认为逻辑学太过狭隘，没有太大用处。但这种狭隘正是逻辑学最强大的优势。逻辑学就像激光——最大的作用不在于照明，而在于聚焦。激光或许无法用来照明，但正如逻辑学一样，它的巨大力量在于其精准性。以下小节谈谈通常会用到逻辑学的几个领域。

选一个数字（数学）

在发挥逻辑学全部作用方面，数学简直是为此而生。实际上，逻辑学是数学的三大理论支柱之一。（满足你的好奇心，另外两个是集合论和数论。）

逻辑学与数学之所以可以完美配合，是因为二者都独立于现实，也因为它们都是工具，可以帮助人们理解世界的运作。举例来说，现实中可能有三个苹果或四根香蕉，但是三与*四*的概念则是抽象的，哪怕大多数人认为它们的存在理所当然，它们仍然是抽象的概念。

数学完全是由这样的抽象概念构成。抽象概念变得复杂时——在代数、微积分或更高级的层面——逻辑学有助于将复杂的数学整理得规整有序。数学概念，如数字、总和、分数等，无一例外都有明确的定义。正因如此，比起关于现实的命题，例如"人们大多心地善良"，甚至"乌鸦都是黑的"等，关于抽象概念的命题更容易验证。

47

带我飞向月球（科学）

科学可以充分利用逻辑学。和数学一样，科学是使用抽象的概念来认识现实，之后将逻辑学应用于这些抽象概念上。

科学会通过以下方式来理解现实：

1.将现实简化为一组抽象概念，称之为*模型*。

2.在该模型内得出结论。

3.将结论再次应用于现实。

在第二个步骤中，逻辑学会发挥巨大作用，所以如果说科学的结论也是合乎逻辑的结论不足为奇。如果模型与现实高度相关，并且模型可以很好地应用于通过逻辑处理的计算，那么这个过程就会非常成功。

在科学领域，对逻辑学以及数学依赖性最强的是*量化科学*，如物理、工程学和化学等。*定性科学*——如生物学、生理学和医学——也会使用逻辑，但确定性较弱。最后，*社会科学*——如心理学、社会学和经济学——其模型与现实的直接相关性最低，因此往往不太依赖纯粹的逻辑学。

开机或关机（计算机科学）

曾几何时，医学被称为最年轻的科学，但现在这一头衔已移交给计算机科学。计算机革命的成功，在很大程度上牢牢依赖逻辑学。

计算机完成的每一个操作都依靠复杂的逻辑指令结构。从硬件层面看——计算机的物理结构——逻辑学在复杂的电路设计中扮演着重要角色，使计算机得以出现。此外，从软件层面看——使电脑发挥作用的应用程序——基于逻辑的计算机语言提供了无尽的多功能性，使计算机与其他机器相区别。

与计算机有关的更多逻辑学内容，请参阅第20章。

48

向法官陈情（法律）

与数学一样，法律主要也是以定义的集合这种形式出现：*合同*、*侵权行为*、*重罪*、*故意伤害*等等。这些概念都首先见于纸面，之后应用于具体的案件，并在法庭上得以解读。法律定义为法律论证提供了基础，这与逻辑论证很相似。

例如，为了证明版权侵权，原告可能需要证明被告为了获取金钱或其他利益，以自己的名义出版了一定数量的材料，与此同时，材料的内容受到业已存在的版权的保护。

这些标准与逻辑论证中的前提类似：如果前提被认定为真，那么结论——被告实施了版权侵权行为——也必然为真。

探寻生命的意义（哲学）

逻辑学脱胎于哲学，且通常仍作为哲学的科目来教授，而非数学。亚里士多德创立了逻辑学，使之作为认识推理基本结构的方法，因为他认为推理是一种动力，促使人们在最大可及的范围内尝试理解宇宙。

与科学一样，哲学也以关于现实的模型为基础，帮助我们理解自己看到的东西。由于这些模型很少是数学模型，因此逻辑学更贴近修辞逻辑学，而非数学逻辑学。

形式语句逻辑（SL）

在本部分……

如果你曾翻过某本逻辑学课本（哪怕是学期开始就一直放在桌子上积灰的那本！），可能会想知道那些古怪的符号分别代表什么，比如→和↔。你会在这个部分找到答案。这一部分关注的是语句逻辑，简称SL，其中会用到你所见到的那些逻辑符号。

第4章会告诉你如何使用常量、变量和五个逻辑运算符将命题从自然语言翻译为语句逻辑。第5章会给你提示，帮助你在进入语句逻辑命题求值这一复杂领域后判断命题的真假。我会在第6章引入真值表这一强有力的工具，帮你列明语句逻辑命题的不同情况。第7章会讲述如何用快速表替代真值表，作为快速解决问题的方法。最后，在第8章，我会介绍真值树，这种方法具有真值表和快速表的所有优势，同时避免了二者的不足。

形式问题

本章提要

● 介绍形式逻辑

● 定义五个逻辑运算符

● 翻译命题

在学习第3章的时候，你已经见过了几个逻辑论证，可能暗暗觉得它们之间有很多共同点。你的感觉没错。几个世纪以来，逻辑学家们已经对大量论证实例进行了研究，并且发现某些论证模式会反复出现。这些模式可以通过少数几个符号固化，方便研究其共同特征。

我会在这一章中介绍*形式逻辑*。在判断某个论证是否有效方面，这种方法万无一失。我会展示如何使用被称为常量或变量的占位符来表达命题，接着我会介绍五个*逻辑运算符*，它们被用来将几个简单命题连接成更复杂的命题。

逻辑运算符的使用方式与我们熟悉的算术运算符（如加

号、减号等）类似，我会说明二者的相似之处，帮你适应新的符号。最后，我会说明如何实现自然语言和逻辑命题之间的双向转化。

观察语句逻辑的形式

我在第 2 章提到过，*语句逻辑*是古典形式逻辑的两种之一。（另一种为*量词逻辑*，即 QL，也被称为*谓词逻辑*。我会在本章讲解语句逻辑，并在第二部分和第三部分对其进行深入讨论。关于量词逻辑的内容，我会留到第四部分讲解。）

52 　逻辑论证会通过语言表达，但是英语、汉语等自然语言往往不够精确，一个单词通常具有多重含义，因此句子也常常会被误解。

为了解决上述问题，数学家和哲学家发明了语句逻辑。这种语言专门用于精准且清晰地表达逻辑论证。由于语句逻辑是一种符号语言，所以还具有另一个优点，即可以按照精准定义的规则和形式进行运算。如同数学，只要你正确地遵循法则，那么一定可以得到正确的答案。

在接下来的几个小节中，我会介绍语句逻辑实现上述目标时会用到的几个符号。

语句常量

如果你上过哪怕一天的代数或者代数预备课程，那么就可能会接触到被称为 x 的小符号。它难以捉摸。老师或许会告诉你，x 表示一个神秘的数字，你的任务就是让 x 吐露秘密。老师会教给你不同方法，让你折磨可怜的 x，直到它最终崩溃，吐露真正的数字身份。哈，这是多么有趣的过程啊。

用字母代表数字是逻辑学家极为擅长的手段之一。因此，数学家们开创的形式逻辑也会使用字母作为替代，这也合乎常理。在这一章的介绍部分，我说过逻辑会使用*语句*而非数字，所以我们由此可以合理地推断，在形式逻辑中，字母会替代语句。例如：

设 K ＝凯蒂正在喂她的鱼

设 F ＝鱼儿欢快地挥动着小鱼鳍

用一个字母代表自然语言中的一个语句时，这个字母就被称为*语句常量*。按照惯例，常量通常会用大写字母表示。

出于某种原因，在涉及常量时，逻辑学家们最喜欢使用 P 和 Q 两个字母。有些人说这是因为 P 是单词"proposition"的首字母，与"statement"（命题）表示同样的含义。按照字母表，Q 在 P 之后，所以顺势得以使用。在学校里学习过代数知识后，我自己的理论是，逻辑学家们只是厌倦了 X 和 Y。

语句变量

逻辑学家们产生用字母代替语句的想法后，就立即着手行动。他们意识到，一个字母可以代表*任何*语句，甚至是语句逻辑中的命题。通过这种方式得以使用的字母，被称为*语句变量*。

在本书中，我会使用变量表示语句逻辑中的整体模式，用常量表示有关细节的例证。

用一个字母表示语句逻辑的命题时，该字母就被称为*语句变量*。按照惯例，变量用小写字母表示。在本书中，我几乎只会使用 x 和 y，偶尔在需要时也会使用 w 和 z。

真值

正如我在第 3 章讲到的，逻辑中的每一个命题都有*真值*，也就是命题或为真或为假。在形式逻辑中，*真*用 **T** 表示，*假*用 **F** 表示。

例如，我们可以考虑以下两个语句常量的真值：

设 N = 尼罗河是非洲最长的河流
设 L = 莱昂纳多·迪卡普里奥是世界之王

诚如事实，尼罗河是非洲最长的河流，这是真的，所以 N

的真值为 **T**。此外，莱昂纳多·迪卡普里奥不是世界之王，因此 L 的真值为 **F**。

*布尔代数是形式逻辑的前身，使用 1 表示 **T**，0 表示 **F**。直到现在，人们仍然会在计算机逻辑中使用这两个数值。*（我会在第 14 章讨论布尔代数，在第 20 章讨论计算机逻辑。）

五个语句逻辑运算符

语句逻辑有五个基本运算符，如表 4–1 所示。*逻辑运算符与算术运算符类似，它们会接受你给定的值，并产生一个新的值。*然而，逻辑运算符实际上只会处理两个值：真值 **T** 和 **F**。在接下来的几个小节，我会逐一解释表 4–1 中的每个运算符。

表4–1　五个逻辑运算符

运算符	术语名称	含义	示例
∼	非	否	$\sim x$
&	且	与	$x \& y$
∨	或	或者	$x \vee y$
→	实质蕴涵	如果……那么……	$x \rightarrow y$
↔	实质等价	当且仅当	$x \leftrightarrow y$

54

认识否定

通过增加或改变几个单词，你可以将某个陈述变成其反面。这被称为否定某一命题。当然，否定真命题会将该命题变为假命题，否定假命题则会使之变为真命题。由此，通常而言，每个命题的真值都与其否定命题的真值相反。

例如，我可以通过简单加入一个小单词，对以下 N 命题进行调整：

N ＝尼罗河是非洲最长的河流

$\sim N$ ＝尼罗河不是非洲最长的河流

通过添加不这个字，原来的命题就变成了其反面，也就是对该命题的否定。由于已知 N 为 **T**（见本章此前的"真值"一节），我可以判定其反面的真值为 **F**。

在语句逻辑中，否定的运算符为波浪号（$\sim$）。请参看关于否定的另一个举例：

L ＝莱昂纳多·迪卡普里奥是世界之王

$\sim L$ ＝莱昂纳多·迪卡普里奥不是世界之王

在这个例子中，已知 L 为 **F**（见本章此前的"真值"一节），你就可以知道 $\sim L$ 的真值为 **T**。

上述信息可以简单地通过以下表格概括：

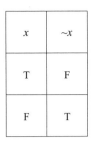

x	$\sim x$
T	F
F	T

请记住表格内的信息。在其他章节中，你会经常用到它。

如你所见，我在表格中使用x表示任何一个语句逻辑命题。如果x所代表的语句逻辑命题为真，则$\sim x$为假。相反，如果x所代表的语句逻辑命题为假，则$\sim x$为真。

其他逻辑学书籍或许不会使用波浪号，而是使用短横线$-$或其他类似于斜体L的符号来表示"非"这个运算符。我喜欢使用波浪号，但无论使用何种符号，表示的内容都是一样的。

多重否定

55

即便是最初级的否定运算，语句逻辑的符号系统也远比表面看上去的更为强大。例如，鉴于一个新命题R为**T**，且其否定$\sim R$为**F**，那么对于$\sim\sim R$你又有何见解？

如果你已经猜到$\sim\sim R$为**T**，那真的值得表扬。在表扬自己的同时，你要注意，我还没有定义R，你就已经想到了答案。

下面，请见证逻辑的神奇与力量。通过几个简单的法则，你会发现，*所有这种形式的命题都必然为真*，哪怕你并不确切地知道命题究竟是什么。这一判断就好像你已知2个苹果+3

个苹果 = 5 个苹果一样，你肯定自己的结果真实准确，与你在数的物品种类无关：苹果、恐龙、小矮人等等——是什么都无所谓。

填入表格

由于 R 只有两个可能的真值——**T** 或者 **F**——所以你可以把关于 $\sim R$、$\sim\sim R$ 等的信息组织在一张表格里：

R	$\sim R$	$\sim\sim R$	$\sim\sim\sim R$
T	F	T	F
F	T	F	T

这种表格被称为*真值表*。第一列包含了 R 两种可能的真值：**T** 或者 **F**。此后各列给出了不同相关命题对应的真值：$\sim R$、$\sim\sim R$ 等等。

阅读真值表非常简单。使用以上示例表格，如果你已知 R 为 **F**，那么要想找到 $\sim\sim\sim R$ 的真值，只需要看最后一行与最后一列的交叉点即可。这个位置的真值表示的就是 R 为 **F** 时，$\sim\sim\sim R$ 为 **T**。

第 6 章将向你展示真值表这一工具在逻辑学中的巨大作用，但目前而言，我只是使用真值表来更有条理地组织信息。

展示"和"的作用

&这个符号被称为*连接运算符*，更简单而言就是"*且运算符*"。你可以把它看成命题之间的"和"字，将两个命题联系在一起，形成一个新命题。

请看如下命题：

56

奥尔巴尼是纽约州的首府，且乔·蒙塔纳是旧金山49人队的四分卫。

上述命题是真是假？为了做出判断，你需要认识到这个命题其实包含两个小命题：一个是关于奥尔巴尼的，另一个是关于乔·蒙塔纳的。因此，这个命题的真值同时取决于两个小命题的真值。

由于两个小命题都为真，所以整个大命题就为真。不过，我们可以假设其中一个命题为假。想象一下，在另一个宇宙中，奥尔巴尼不是纽约州的首府，或者乔·蒙塔纳并不是49人队的四分卫。无论出现这两种情况的哪一种，整个命题的真值都为假。

从逻辑学角度看，你要以一种特殊的方式处理涉及"*且*"的命题。首先，用常量分别表示每个小命题：

设 *A* = 奥尔巴尼是纽约州的首府

设 *J* = 乔·蒙塔纳是旧金山 49 人队的四分卫

之后，你可以将两个常量连接起来：

A & *J*

新命题的真值取决于你刚才连接在一起的那两个小命题的真值。如果*两个*小命题都为真，那么整个命题就为真。相反，如果两个小命题*其中之一*（或两个）为假，那么整个命题就为假。

对于 & 运算符，其真值表如下：

x	*y*	*x* & *y*
T	T	T
T	F	F
F	T	F
F	F	F

记住这个表格中的内容。快速记忆的方法是：只有当命题的两个部分都为真，且命题才为真；否则，该命题为假。

请注意，与 ~ 运算符的两行（见本章"填入表格"小节）不同，上面 & 运算符的真值表有四行。两个表格之所以不同，是因为&运算符需要对两个变量进行操作，所以它的表格必须涵盖所有四对x和y的值。

其他逻辑学书籍可能不会使用&符号，而是使用点（·）或倒V（∧）来表示且运算符。有些书籍可能会将x & y简写为xy。无论使用哪种惯例，其表达的含义都是一样的。

深入了解"或"

和"*且*"一样，一个命题可以由两个较小的命题通过"*或*"字连接而组成。逻辑学为"*或*"这个字设定了一个运算符：*分离运算符*，或者直接称为"*或运算符*"，用∨表示。

请看这个命题：

奥尔巴尼是纽约州的首府，或乔·蒙塔纳是旧金山49人队的四分卫。

如果你把语句的第一部分设为A，第二部分设为Q，那可以将两个常量A和Q这样连接起来：

$A \lor Q$

这个命题为真吗？如同&命题，∨命题的两部分都为真时，整个命题也为真。因此，命题$A \lor Q$的真值为**T**。然而，就∨命题而言，即使只有一部分为真，整个命题也为真。比如：

设 A ＝奥尔巴尼是纽约州的首府

设 S ＝乔·蒙塔纳是波士顿红袜队的游击手

那么，$A \lor S$ 表示的是：

奥尔巴尼是纽约州的首府，或乔·蒙塔纳是波士顿红袜队的游击手。

尽管这个命题的第二部分为假，但由于它的一部分为真，所以整个命题仍为真。因此，$A \lor S$ 的真值为 **T**。

但是当一个 $\lor$ 命题的*两部分*都为假，那整个命题就为假。比如：

58　　设 Z ＝奥尔巴尼是新西兰的首都

设 S ＝乔·蒙塔纳是波士顿红袜队的游击手

现在，命题 $Z \lor S$ 表示的是：

奥尔巴尼是新西兰的首都，或乔·蒙塔纳是波士顿红袜队的游击手。

这是一个假命题，因为它的两个部分都为假。因此，$Z \lor S$ 的值是 **F**。

对于 $\lor$ 运算符，你可以得出一个四行的表格，涵盖 x 和 y 所有可能的真值组合。

x	y	$x \vee y$
T	T	T
T	F	T
F	T	T
F	F	F

请记住上述表格的内容。快速记忆的方法是：一个"或"命题只有在两个部分都为假时才为假，否则为真。

在自然语言（英语）中，"或"有两种不同的含义：

✓ **包含性"或"**：当"或"表示"这个选择或那个选择，或二者"时，命题的两个部分都为真的可能性被包含在内。关于包含性或的例子之一是，妈妈说："你出门之前，得把房间打扫干净或把作业做完。"显然，她的意思是让孩子在两项任务中择一完成或*两项都完成*。

✓ **排他性"或"**：当"或"表示"这个选择或那个选择，但*并非二者*"时，命题两个部分都为真的可能性被排除在外。排他性或的例子之一是，妈妈说："我给你钱，你可以今天去商场，或明天去骑马。"这时，她的意思是孩子可以用钱享受其中一项活动，*而非两项*。

自然语言语义虽然模棱两可，但是逻辑并非如此。按照惯例，在逻辑学中，∨运算符一般是*包含性*的。如果∨命题的两个部分都为真，那么命题为真。

作为计算机硬件不可或缺的组成部分，逻辑门的设计会同时使用包含性"或"和排他性"或"。关于计算机逻辑的更多内容，请参阅第20章。

疑虑渐起

→ 这个符号被称为*条件运算符*，也被称为"*如果……那么……运算符*"，或者直接被称为"*如果运算符*"。我们可以通过以下命题理解→运算符的作用：

如果一顶假发挂在客房的床柱上，那么说明多丽丝姨妈来了。

你会发现这个命题包含两个独立的语句，每个语句都可以用一个语句常量来表示：

设 W ＝一顶假发挂在客房的床柱上
设 D ＝多丽丝姨妈来了

之后，将两个语句用新的运算符连接：

$W \rightarrow D$

如同本章中讲到的其他运算符，→运算符也可以用四行表格涵盖x和y所有可能的真值组合。

x	y	$x{\rightarrow}y$
T	T	T
T	F	F
F	T	T
F	F	T

请记住表格中的内容。快速记忆的方法是：在如果命题中，只有当第一部分为真，第二部分为假时，命题才为假，否则为真。

其他逻辑学书籍可能会使用⊂来表示如果运算符，而非箭头。无论使用哪个符号，表达的含义是相同的。

→运算符的符号并不是随便选择的。箭头从左指向右有一个重要原因：当如果命题为真且第一部分为真时，那么第二部分必然同样为真。

为了说明这一点，我们来设定几个新常量：

设B=你在波士顿

设M=你在马萨诸塞州

现在，请思考这个命题：

$$B \rightarrow M$$

这个命题表达的是："如果你在波士顿，那么你在马萨诸塞州。"显然，命题为真。但为何如此？因为波士顿完完全全在马萨诸塞州的范围内。

逆命题

当你思考一个如果命题的反面，就会得到一个新的命题，称为原命题的*逆命题*。例如，以下是原命题和逆命题：

如果命题：如果你在波士顿，那么你在马萨诸塞州。
逆命题：如果你在马萨诸塞州，那么你在波士顿。

如果命题为真时，其*逆命题*不一定为真。例如上述例子中原命题为真，逆命题则为假，因为你也可以在康科德、布林斯顿或马萨诸塞州的其他地方。

否命题

当你否定如果命题的两个部分，也会得到另一个命题，也就是原命题的*否命题*。例如，我们可以比较以下两个命题：

如果命题：如果你在波士顿，那么你在马萨诸塞州。
否命题：如果你不在波士顿，那么你不在马萨诸塞州。

如果命题为真时，其*否命题*不一定为真。通过上述例子，我们可以知道，即使你不在波士顿，你也可以在马萨诸塞州的其他地方。

逆否命题

当你*同时*逆转一个如果命题的顺序并否定两个部分，你会得到另一个命题，也就是原命题的*逆否命题*。例如，我们可以比较以下两个命题：

如果命题：如果你在波士顿，那么你在马萨诸塞州。

逆否命题：如果你不在马萨诸塞州，那么你不在波士顿。

如果命题为真时，*逆否命题*一定也为真。通过上述例子，我们可以知道，由于第一部分为真——你不在马萨诸塞州——那么显然你也不可能在波士顿。

虽然一个命题与其逆否命题总有相同的真值，但在实际应用中，证明一个命题的逆否命题有时比证明该命题本身更容易。（关于语句逻辑中的证明，请翻看第三部分。）一个命题的逆命题总是与同一命题的否命题有相同的真值，因为原命题的逆命题和否命题实际彼此互为逆否命题。

更多疑虑

在语句逻辑中，当且仅当运算符（↔）与如果运算符（→）（请参阅本章此前"疑虑渐起"部分）相似，但涵盖的内容更多。认识当且仅当运算符的最好方法是首先设置一个如果命题，之后顺势操作。

请看这个如果命题：

如果一顶假发挂在客房的床柱上，那么说明多丽丝姨妈来了。

这个命题要表达的是：

1.如果你看到一顶假发，那么你知道多丽丝姨妈来了。
但是
2.如果你见到多丽丝姨妈，那么你无法确定会有一顶假发。

这个如果命题可以通过 $W \rightarrow D$ 的形式用语句逻辑表达，箭头指向的方向表达的是：假发意味着多丽丝。

现在，我们来看这个命题：

如果一顶假发挂在客房的床柱上，当且仅当多丽丝姨妈来了才会这样。

上述命题用语句逻辑来表达就是 $W \leftrightarrow D$，双向箭头透露出一丝线索：假发意味着多丽丝，*而且同时多丽丝意味着假发*。

如果运算符（→）也被称为条件运算符，所以在逻辑学上，当且仅当运算符（↔）就被称为**双重条件运算符**。双重条件运算符简写为 *iff* 运算符。但使用这个名称可能会让问题变得更难处理，因此，为了保证清晰，我还是会称之为当且仅当运算符。

千万不要把当且仅当运算符（↔）与如果运算符（→）相混淆。

和其他运算符一样，↔运算符也可以用四行表格涵盖 x 和 y 所有可能的真值组合。

x	y	$x \leftrightarrow y$
T	T	T
T	F	F
F	T	F
F	F	T

请记住这个表格的内容。快速记忆的方法是：只有当且仅当命题的两部分具有相同的真值时，它才是真的，否则为假。

当且仅当命题的一个重要特征是，命题的两部分*逻辑*等价，也就是说一部分不能脱离另一部分为真。

现在再看两个当且仅当命题的例子：   63

当且仅当你在豆城时，你在波士顿。

当且仅当你能把一个数字用二整除，这个数字是偶数。

第一个命题是说，波士顿是豆城。第二个命题表明了两部分的等价性——偶数与被二整除等价。

其他逻辑学书籍可能不会使用双向箭头表示当且仅当运算符，而会使用≡。无论使用何种符号，表达的含义是相同的。

为什么说语句逻辑类似于简单算术

我在本章之前"五个语句逻辑运算符"部分说过，语句逻辑与数学很相似，因为这两个学科中设计的运算符都会根据你设定的值产生新的值。但是二者的相似之处不止如此，再多学习几个相似之处后，语句逻辑会更好理解。

值的内涵和外延

在算术中，四个基本运算符中的每一个都会将两个数字变成一个数字。比如：

$$6 + 2 = \mathbf{8} \qquad 6 - 2 = \mathbf{4} \qquad 6 \times 2 = \mathbf{12} \qquad 6 \div 2 = \mathbf{3}$$

最初设定的两个数字被称为*输入值*，最后得到的数字为*输出值*。

在每种情况下，在两个输入值（6和2）之间插入运算符后，都会产生一个输出值（加粗的数字）。由于输入值有两个，因此这些运算符被称为*二进制运算符*。

减号在数学中另有一个用途。把减号置于正数前面，此时的减号会将正数变为负数。同样，如果将减号放在负数前面，减号就会将负数变为正数。比如：

$--4 = 4$

在这种情况下，第一个减号是对输入值（-4）进行操作，产生了输出值（4）。减号通过这种方式应用时是一元运算符，因为输入值只有一个。

在算术中，你会担心值有无限个。不过，语句逻辑只有两个值：**T** 和 **F**。（更多关于真值的内容，请翻回本章此前"真值"部分）。

和算术一样，逻辑学也有四个二进制运算符和一个一元运算符。在语句逻辑中，二进制运算符是 &、∨、→ 和 ↔，一元运算符为 ~。（本章之前"五个语句逻辑运算符"部分对每个运算符都进行了单独讲解。）

这两种运算符在语句逻辑中的基本运算法则与算术法则相同。

✓ 在一对输入值之间插入一个二进制运算符，可以得到一个输出值。

✓ 将一个一元运算符置于输入值前，可以得到一个输出值。

例如，我们可以从输入值 **F** 和 **T** 入手。按照上述顺序，你可以使用四个二进制运算符将二者连接起来。如下所示：

$$\textbf{F\&T} = \textbf{F} \qquad \textbf{F} \vee \textbf{T} = \textbf{T} \qquad \textbf{F} \to \textbf{T} = \textbf{T} \qquad \textbf{F} \leftrightarrow \textbf{T} = \textbf{F}$$

在每种情况下，运算符都会产生一个输出值，当然是 **T** 或 **F**。同样，将一元运算符~置于每个输入值 **T** 或 **F** 前，你都可以得到一个输出值：

$$\sim\textbf{F} = \textbf{T} \qquad \sim\textbf{T} = \textbf{F}$$

准确替换

即使你只接触过最浅显的代数知识，也会知道字母可以用来表示数字。举例来说，如果我告诉你：

$a = 9$ 且 $b = 3$

那你可以得出：

$a + b = 12 \qquad a - b = 6 \qquad a \times b = 27 \qquad a \div b = 3$

对语句逻辑中常量的处理适用同样的法则。你只需要用正确的值（**T** 或 **F**）来替换每个常量即可。例如，我们可以考虑以下问题：

已知 P 为真，Q 为假，且 R 为真，请判断以下命题的真值：

65

1. $P \vee Q$

2. $P \to R$

3. $Q \leftrightarrow R$

在命题1中，用 **T** 替换 P，用 **F** 替换 Q，就会得到 **T** ∨ **F**，即为 **T**。

在命题2中，用 **T** 替换 P，用 **T** 替换 R，就会得到 **T** → **T**，即为 **T**。

在命题3中，用 **F** 替换 Q，用 **T** 替换 P，就会得到 **F** ↔ **T**，即为 **F**。

括号使用说明

在算术中，括号可以将一组数字和运算符组合在一起。例如：

$$-((4 + 8) \div 3)$$

在上述表达式中，括号的意思是先解出 $4 + 8$，得到12。之后，进行外括号的一组运算，也就是解出 $12 \div 3$，得到4。最后，一元运算符（–）将结果变为 –4。

如此，一般而言，你可以从最里面的一对括号开始运算，然后逐渐向外移动。语句逻辑也是以同样的方式使用括号。例如，已知 P 为真，Q 为假，且 R 为真，请判断以下命题的真值：

$$\sim((P \vee Q) \rightarrow \sim R)$$

从最里面的括号开始，$P \vee Q$可以转换成$\mathbf{T} \vee \mathbf{F}$，即为$\mathbf{T}$。之后，向外移动到下一对括号，$\mathbf{T} \to {\sim}R$可以转换为$\mathbf{T} \to \mathbf{F}$，即为$\mathbf{F}$。最后，所有括号外的${\sim}$将$\mathbf{F}$转换为$\mathbf{T}$。

将一个有多个值的命题简化为一个单一的值，这个过程被称为*命题求值*。这一工具非常重要，你可以参阅第5章学习更多内容。

在翻译中迷失

语句逻辑是一种语言，所以在了解法则后，你可以完成语句逻辑与自然语言之间的翻译……就此而言，英语、西班牙语或者汉语都可以。

语句逻辑的主要优势在于其表达清晰明确，没有歧义。这些特点让我们很容易从语句逻辑的命题开始，将之翻译为自然语言。正因如此，我才将这种翻译方向称为*易行之路*。相对而言，自然语言可能不够明确，语义含混。（参阅本章此前"深入了解'或'"小节，该小节提到过，即便是简单的"或"字，也有不同的含义，取决于你如何应用它。）由于将句子翻译为语句逻辑时必须非常小心，所以我将这一翻译方向称为*难行之路*。

认识命题的两种翻译方向，你会更了解奇怪小符号背后的概念，进而能更加清晰地理解语句逻辑。在接下来的几个章节中，如果感到困惑，那就记住，语句逻辑中的每个命题，无论多么复杂，都可以用自然语言表述。

易行之路——将语句逻辑翻译为自然语言

有时候，使用例子最为直观。因此，针对每种运算符，我会列出几种翻译方法的示例。这些例子非常直接，你可以选择喜欢的进行学习。在这个小节中，我会使用以下语句常量：

设 A = 亚伦爱阿尔玛

设 B = 船停靠在海湾

设 C = 凯茜在捉鲇鱼

翻译带有 ~ 的命题

你可以使用以下任意一种方法把 ~A 翻译为自然语言：

不存在亚伦爱艾尔玛的情况。

亚伦爱艾尔玛不是真的。

亚伦不爱艾尔玛。

亚伦并不爱艾尔玛。

翻译带有 & 的命题

以下是翻译语句逻辑命题 A & B 的两种方法：

亚伦爱阿尔玛，且船停靠在海湾。

亚伦既爱阿尔玛，船也停靠在海湾。

翻译带有∨的命题

以下是翻译$A \lor C$的两种方法：

亚伦爱阿尔玛，或凯茜在捉鲇鱼。

要么亚伦爱阿尔玛，要么凯茜在捉鲇鱼。

翻译带有→的命题

你可以使用以下任何一种方式来翻译$B \to C$的命题：

如果船停靠在海湾，那么凯西就在捉鲇鱼。

船停靠在海湾，表明凯西在捉鲇鱼。

船停靠在海湾，意味着凯西在捉鲇鱼。

只有当凯西在捉鲇鱼时，船才停靠在海湾。

翻译带有↔的命题

翻译语句逻辑命题$C \leftrightarrow B$只有一种方法：

当且仅当船停靠在海湾时，凯西在捉鲇鱼。

翻译更复杂的命题

对于更复杂的命题，你可以参考我在本章"为什么说语句逻辑类似于简单算术"部分谈到的规则。其实很简单，只需要从括号内的内容开始，一步一步翻译命题即可。例如：

$$(\sim A \mathbin{\&} B) \lor \sim C$$

括号中的部分为$\sim A \mathbin{\&} B$，翻译为自然语言即为：

亚伦不爱艾尔玛，且船停靠在海湾。

再加上命题的最后一部分，就可以得出：

亚伦不爱艾尔玛，且船停靠在海湾，或凯茜没有在捉鲇鱼。

请注意，虽然从操作层面看，这个句子是正确的，但由于没有了括号，所有部分都融合在一起，因此让人有些困惑。若让这个命题更清晰，一种比较好的翻译方法是：

要么亚伦不爱艾尔玛，且船停靠在海湾，要么凯茜没有在捉鲇鱼。

"要么"这个词澄清了"或"包含的内容。相较而言，命题~A & ($B \lor$ ~C)可以被翻译为： 68

亚伦不爱艾尔玛，且要么船停靠在海湾，要么凯茜没有在捉鲇鱼。

现在，我们再看另一个例子：

~$(A \to$ (~B & C))

从最里面的括号开始，你可以将~B & C翻译为：

船没有停靠在海湾，且凯茜在捉鲇鱼。

再加上外面的括号，$(A \to$ (~B & C))可以翻译为：

如果艾伦爱艾尔玛，那么船既没有停靠在海湾，凯茜也在捉鲇鱼。

请注意，"既……也……"让原来括号中的且命题更加清晰。最后，再结合~，我们可以得出：

事实不是这样的，如果艾伦爱艾尔玛，那么船既停靠在海湾，且凯茜在捉鲇鱼。

好了，虽然看起来没那么通顺，但这样的句子能让人看明白。你或许永远不用翻译比这个例子更复杂的命题，但你还是应该明白，语句逻辑可以相当清晰地表达任何长度的命题。

难行之路——将自然语言翻译为语句逻辑

语句逻辑四个二进制运算符（&、∨、→和↔）中的每一个都是一个连接器，能将两个命题连接在一起。在自然语言中，将两个陈述连接在一起的词被称为*连接词*。以下是一些连接词的举例：

尽管	如果……那么……	或者
而且	要么……要么……	所以
但是	既不……也不……	因此
不过	然而	虽然
当且仅当	只有	

~运算符通常表示自然语言中的"否",但它也可能有其他巧妙的伪装,比如一些表否定的缩略语(例如英语中表示"不能"的can't、表示"不会"的don't以及表示"不去"的won't等等)。语言具有多样性,所以如果要详细说明如何将自然语言翻译为语句逻辑,恐怕十本书也说不完。因此,以下内容会比较简短。在本节中,我会列出一些最常用的词汇和短语,并逐一讨论。之后进行举例,将之翻译为语句逻辑。

不过,首先我需要定义一些常量:

设 K = 克洛伊住在肯塔基州

设 L = 克洛伊住在路易斯维尔

设 M = 我喜欢莫娜

设 N = 我喜欢努努

设 O = 克洛伊喜欢奥利维亚

但是、虽然、然而、即使、尽管、不过……

很多词汇都可以把语句联系在一起,其逻辑含义与"*而且*"这个词相同。以下是几个例子:

我喜欢莫娜,但我喜欢努努。

虽然我喜欢莫娜,我也喜欢努努。

*即使*我喜欢莫娜,我也喜欢努努。

我喜欢莫娜,不过,我也喜欢努努。

我喜欢莫娜,尽管如此,我也喜欢努努。

这些词中的每一个表达的含义略有不同，但由于我们在这里只是讨论逻辑，所以你可以将上述语句全部翻译为：

M & N

一个语句从自然语言被翻译为语句逻辑后，你就要按照语句逻辑的规则进行操作。因此，和所有 & 命题一样，如果 *M* 或 *N* 为假，那么命题 *M & N* 为假，否则为真。

既不……也不……

*既不……也不……*的结构否定了命题的两个部分。比如：

我既不喜欢莫娜，也不喜欢努努。

上述命题表明，我*既*不喜欢莫娜，*也*不喜欢努努。将之翻译为语句逻辑后即为：

~M & ~N

并非……两者

*并非……两者*的结构表示的是，尽管整体上看，命题是否定的，但其本身的一部分不一定是否定的。例如：

我并非喜欢莫娜和努努两者。

这个命题说的是，尽管我不同时喜欢这两位女士，但我可能会喜欢其中之一。所以，这个命题可以被翻译为：

$\sim(M \& N)$

……如果……

你已经了解如何翻译*如果*这个词开头的命题。可如果你发现*如果*这个词位于命题中间，可能会感到困惑。比如：

我喜欢莫娜，如果克洛伊喜欢奥利维亚。

为了表达得更清楚，我们可以这样拆解它：

如果克洛伊喜欢奥利维亚，我喜欢莫娜。

重新组织了语言后，你就知道，对其的翻译为：

$O \rightarrow M$

……当且仅当……

如果没有想清楚，那这个问题可能会比较棘手。一旦想清楚，就会发现它其实很简单，你每次都能翻译正确。首先，你要注意以下这个命题为真：

克洛伊住在路易斯维尔，当且仅当她住在肯塔基州时。

这个命题是可靠的，因为只有克洛伊住在肯塔基州时，她才能住在路易斯维尔。现在，请注意，以下这个命题也为真：

如果克洛伊住在路易斯维尔，那么她住在肯塔基州。

这说明以上两个命题在逻辑上是等价的。所以当一个命题的两部分通过*当且仅当*进行连接时，你要意识到这是一个顺序正确的如果命题。你可以将之翻译为：

$L \rightarrow K$

……或者……

如我在本章"深入了解'或'"小节中提到的，"或者"这个小词是个大麻烦。举例来说，它会出现在这样的语句中：

克洛伊住在肯塔基州或者克洛伊喜欢奥利维亚。

根据不同的使用方式，"或者"可以表示两种不同的含义：

克洛伊住在肯塔基州或者克洛伊喜欢奥利维亚，*或者二者都是*。

克洛伊住在肯塔基州或者克洛伊喜欢奥利维亚，*但并非二者都是*。

鉴于"或者"具有多重属性，我的建议是：如果在要翻译的语句中看到一个相对独立的"或者"，那它可能表明某人（比如你的教授）想告诉你，在逻辑学上，"或者"一般表示的是"……或者……或者二者都是"。因此，这个语句可以被翻译为：

$K \vee O$

……或者……或者二者都是

这一结构清晰简单，它的字面意思就是要表达的内容。例如：

克洛伊住在肯塔基州，或者克洛伊喜欢奥利维亚，或者二者都是。

这一语句可以被翻译为：

$$K \lor O$$

……或者……但并非二者都是

这一结构的含义非常明确，但翻译起来并不那么容易。比如：

克洛伊住在肯塔基州，或者克洛伊喜欢奥利维亚，但并非二者都是。

为了把*并非二者都是*翻译为语句逻辑，你需要做一些复杂的逻辑基础工作。正如我在本章之前"但是、虽然、然而、即使、尽管、不过……"这个部分提到的，"*但是*"这个词会变为&，"*并非二者*"会被翻译为~(K & O)。因此，将之结合，你可以将整个语句翻译为：

$$(K \lor O) \,\&\, {\sim}(K \,\&\, O)$$

72

第5章

命题求值

本章提要

- 对语句逻辑命题求值
- 找出命题的主运算符
- 认识语句逻辑命题的八种形式

人们喜欢简单直接。

你是否曾在影评读到一半的时候就跳到结尾，想看看大家对那部电影给了好评还是差评？浏览汽车杂志时，你是否会直接查看每辆车的星级评分？还有，我敢肯定，你从来都没有跟朋友一起，对你们都认识的男生或女生按照1—10分来打分。

电影、汽车、男生和女生都太复杂了，需要理解的内容很多。但人们喜欢简单的东西。我非常确定，你跟我一样，如果能把所有复杂的东西缩减到可以直接放进口袋的小东西时，一定有一种解脱的感觉。

自创立之初，逻辑学就考虑到了这种需要。在第4章，你会看到，用自然语言写出来的复杂语句，用语句逻辑只需要几个符号就可以表达。这一章会进一步告诉你如何理解复杂的形式逻辑命题，并将之简化为真值：**T** 或 **F**。

这一转换过程被称为*命题求值*或*命题真值计算*。无论使用何种术语，它都是你在学习逻辑时所需的重要技能之一。一旦掌握了这种转换过程，很多大门都会向你敞开。

真值最重要

语句逻辑的一个重要方面是，你可以通过*求值*的过程简化复杂的命题。对一个语句逻辑命题进行求值时，你首先要将其所有常量用真值（**T** 或 **F**）表示，接着将命题简化为一个*真值*。看到*求值*时，请记住，这一过程意味着*找到某个事物的真值*。

正如对命题进行求值或许是学习初期要掌握的最重要的技能。如果有学生未能掌握这项技能，通常是由于以下两个原因：

√ 如果你不知道如何能做好这项工作，就会觉得这个过程耗时很长，而且让人有挫败感。

√ 正如之后会在本书中看到的，这是你处理后续其他问题的第一步。

好消息是：求值这种能力非常简单，不需要动用聪明才智，也不需要发挥创造力。了解游戏规则后，你需要的就是练习练习再练习。

语句逻辑命题求值的游戏规则，与你已知的算术求值规则很相似。（请参阅第4章，我在那里列举了语句逻辑与算术的相似性。）例如，我们可以先看看这个简单的算术问题：

$5 + (2 \times (4 - 1)) = ?$

要解这个算式，你首先要对最里面的括号进行求值，也就是说，先解出 $4 - 1$ 等于 3，之后用 3 代替 $(4 - 1)$，于是，算式就变成了：

$5 + (2 \times 3) = ?$

接下来，我们要做的是对余下括号中的内容进行求值。这一次，由于 2×3 等于 6，那么我们再次替换后可以得到：

$5 + 6 = ?$

到这一步，问题就很好解决了。由于 $5 + 6$ 等于 11，那么 11 就是答案。通过一系列*求值*，一连串的数字和符号会简化为一个单独的*值*。

75

认识语句逻辑求值

我们先看一下这个语句逻辑问题：

请对~(~P(~Q & R))进行求值。

此时，我们的目标与解决算术问题的目标相同：你要对给定的命题进行求值，也就是找到它的真值。

在本章之前讨论的算术问题中，你已经知道了四个数字的值（5、2、4和1）。在语句逻辑问题中，你需要知道的是 P、Q 和 R 的值。也就是说，你需要知道这个命题的*赋值*。

命题的*赋值*指的是该命题中对所有常量赋予的一组固定的真值。

例如，一个可能的赋值是 $P = \mathbf{T}$、$Q = \mathbf{F}$，且 $R = \mathbf{T}$。

记住，P、Q 和 R 为常量，$\mathbf{T}$ 和 $\mathbf{F}$ 表示真值。由此，虽然我写的是 $P = \mathbf{T}$，但并不意味着二者相等。其实，这只是注记，表示"P 的真值为 $\mathbf{T}$"。

或许你不能确定这种赋值是正确的，但你使用这个赋值仍然可以解决问题——也就是说，你可以假设这个赋值正确。由此，完整的问题就是：

在 $P = \mathbf{T}$、$Q = \mathbf{F}$，且 $R = \mathbf{T}$ 的赋值下，对命题~(~P → (~Q & R))进行求值。

你现在可以开始解答问题。首先，用真值替代每一个常量：

~(~T → (~F & T))

用语句逻辑命题中常量的真值代替常量之后，那么从技上讲，你面对的已经不是命题了。这可能会让纯粹主义者不满。但既然你是在学习求值，那么把语句逻辑转换为这种表达很有帮助。

第二个和第三个~运算符与真值直接相连，所以很容易求值，因为~T的值是F，而~F的值是T（参阅第4章，复习本章中将会用到的有关逻辑运算符使用方法的内容）。由此，你得到了一个新的表达式：

~(F → (T & T))

语句逻辑中的小括号与算术中的小括号有一样的作用。它们可以分割表达式，让你清楚地知道首先要解决哪一部分。在这个例子中，最里面的括号包含的是 T & T。由于 T & T 的真值为 T，所以表达式可以简化为：

~(F → T)

现在，我们要对剩余括号中的内容求值。由于 F → T 的值为 T，因此，表达式进而简化为：

~(T)

到目前为止，我们很容易知道~T为F，所以这就是答案。这一结果与之前算术问题的结果相似：你首先从一个复杂的命题出发，进而找到其真值，作为对命题求值的结果。在逻辑学中，真值总是T或F。

叠加其他方法

无论语句逻辑命题的复杂程度如何，都可以使用我在上一小节中用到的求值方法。在接下来的例子中，我采用同样方法的同时，会在表现形式上稍作改变：我不会在每一步重写整个表达式，而是在运算过程中对真值进行叠加。以下是一个新问题：

在 $P = \mathbf{F}$、$Q = \mathbf{T}$，且 $R = \mathbf{T}$ 的赋值下，对命题 $\sim(\sim P \,\&\, (\sim Q \leftrightarrow R))$ 进行求值。

第一步是用常量的真值替换常量。在上一小节的例子中，我重写了整个表达式。这一次，我会直接把每个常量的真值直接写在它的正下方。

$$\sim(\sim P \,\&\, (\sim Q \leftrightarrow R))$$
$$\mathbf{F}\mathbf{T}\mathbf{T}$$

这例子中有两个直接位于常量前的 $\sim$ 运算符。这些运算符很容易操作：只要将正确的真值写在每个运算符下即可。你可以看到，新的真值字号比较大，旁边带下划线的真值表示其来源。

$$\sim(\sim P \,\&\, (\sim Q \leftrightarrow R))$$
$$\mathbf{T}\underline{\mathbf{F}}\mathbf{F}\underline{\mathbf{T}}\underline{\mathbf{T}}$$

在这个步骤，先不要对最外面括号之前的~运算符进行求值。因为这个运算符会否定括号中的*所有*元素。所以，你必须等得到括号内全部元素的值之后，再处理这个运算符。

现在，你可以对括号中的内容进行运算。一定要从最里面的括号开始，也就是先对↔运算符进行求值。在运算符的左侧，~Q为F。在运算符的另一侧，R为T。因此，你可以得到F ↔ T，也就是F。将这个真值直接置于你刚刚进行求值的运算符下，也就是↔运算符下。这样，你就得到了括号内所有元素的真值，也就是F：

$$\sim(\sim P \,\&\, (\sim Q \leftrightarrow R))$$
$$\text{TF} \qquad \text{FT} \ \ \mathbf{F} \ \ \text{T}$$

现在，向外移动到下一个括号。这一次，你需要对&运算符进行求值。在运算符左侧，~P的真值为**T**。在运算符的另一侧，此前括号中所有元素的求值（也就是↔运算符下的真值）为**F**。所以你得到了**T & F**，进而得到**F**。将这个真值放在&运算符下：

$$\sim(\sim P \,\&\, (\sim Q \leftrightarrow R))$$
$$\text{TF} \ \mathbf{F} \ \text{FT} \ \mathbf{F} \ \text{T}$$

最后一步是对整个命题进行求值。你现在要进行求值的运算符是~运算符。这个运算符会否定括号中的所有内容——也就是&运算符的真值**F**。将这个值写在~运算符下：

$$\sim(\sim P \ \& \ (\sim Q \leftrightarrow R))$$
$$\mathbf{T} \quad \text{TF} \quad \underline{\text{F}} \quad \text{FT} \quad \text{F} \quad \text{T}$$

至此，你已经得到了所有元素的真值，那么最终的真值**T**就是整个命题的真值。换言之，在 $P = \mathbf{F}$、$Q = \mathbf{T}$，且 $R = \mathbf{T}$ 的赋值下，命题~(~P & (~$Q \leftrightarrow R$)) 的真值为**F**。至此，你可以发现，求值的过程可以将大量信息转化为单一的真值。没有比这更简单的了！

形成命题

现在，你已经对求值有了初步了解，那么我会让你进一步观察语句逻辑命题的作用方式。对命题有了更多了解后，你会发现它们实际上是自我求值。

78

区分子命题

*子命题*是一个命题中可以作为完整命题独立存在的部分。

例如，命题 $P \lor (Q \ \& \ R)$ 中包含以下两个子命题，它们可以作为完整语句独立存在。

√ *Q* & *R*

√ *P*

不过，命题 *P* ∨ (*Q* & *R*) 中，"∨ (*Q* &" 虽然是命题的一部分，但并不是子命题。显然，这并不是可以独立存在的完整命题。相反，这只是一串毫无意义的语句逻辑符号。（在第13章，你会发现将一串符号与命题相区别的细节之处。）

 对命题进行求值时，你首先要确定最小的子命题的真值，也就是各个常量的真值。

例如，假设你想知道在 *P* = **T**、*Q* = **T**，且 *R* = **F** 的赋值下，命题 *P* ∨ (*Q* & *R*) 的真值，首先要做的就是标注每个常量的真值：

$$P \lor (Q \ \& \ R)$$
$$\textbf{T} \qquad \textbf{T} \quad \textbf{F}$$

接着，你可以对较大的子命题 *Q*&*R* 进行求值：

$$P \lor (Q \ \& \ R)$$
$$\text{T} \qquad \underline{\text{T}} \ \textbf{F} \ \underline{\text{F}}$$

最后，你可以对整个命题进行求值：

$$P \lor (Q \ \& \ R)$$
$$\underline{\text{T}} \ \textbf{T} \quad \text{T} \ \underline{\text{F}} \ \text{F}$$

正如你看到的，将一个长命题逐步拆解为一个一个更容易求值的子命题，更有利于对长命题进行求值。

79

确定命题的范围

学习过子命题的内容之后，你很容易就能理解运算符的作用范围。运算符的*作用范围*就是包含相关运算符的最小的子命题。

以 $(P \to (Q \lor R)) \leftrightarrow S$ 这个命题为例。假设你想知道 $\lor$ 运算符的作用范围，那么可能包含该运算符的两个子命题为：$P \to (Q \lor R)$ 以及 $Q \lor R$。二者之中，较短的一个是 $Q \lor R$，因此，这就是该运算符的作用范围。

你也可以将一个运算符的作用范围看作这个运算符对命题的*影响范围*。

为了解释影响范围，我对以下命题中 $\lor$ 运算符的作用范围标注了下划线：

$$(P \to (\underline{Q \lor R})) \leftrightarrow S$$

以上表明了 $\lor$ 运算符会影响常量 Q 和 R，但不会影响 P 或 S。

相对而言，我在同一个命题中，对 $\to$ 运算符的作用范围标注了下划线：

$$(\underline{P \to (Q \lor R)}) \leftrightarrow S$$

这表明，→运算符的影响范围包括常量 P 以及子命题 $(Q \vee R)$，但不包括常量 S。

对一个运算符进行求值前，你需要知道作用范围内每个常量及每个运算符的真值。此外，一旦你学会了如何确定运算符的作用范围，那就很容易理解为什么要从最里面的括号开始进行求值。

例如，在 $(P \rightarrow (Q \vee R)) \leftrightarrow S$ 这个命题中，∨运算符在→运算符的影响范围内。这说明你只能在得到∨运算符的真值后，再对→运算符进行求值。

在带有~运算符的命题中，确定运算符的作用范围时要格外小心。~运算符的作用范围通常是紧随其后的最小的子命题。但~运算符位于一个常量前时，其作用范围只包含该常量。你可以将置于某个常量前的~运算符当作该运算符与该常量已经绑定。例如，第一个~运算符的作用范围用下划线表示：

$\underline{\sim P}\ \&\ \sim(Q\ \&\ R)$

但当~运算符位于括号外面时，其作用范围是该括号内的所有元素。例如，第二个~运算符的作用范围是下划线标示的部分：

$\sim P\ \&\ \underline{\sim(Q\ \&\ R)}$

同样，你也可以用下划线标出~$(P \vee Q)$这一命题中∨运算符的作用范围：

~(P ∨ Q)   错!

在这个情况下，~运算符位于括号外，所以不包含在∨运算符的作用范围内。

~(<u>P ∨ Q</u>)   正确!

因此，对这个命题进行求值时，你首先要对子命题 P ∨ Q 进行求值，之后对整个命题进行求值。

重点：寻找主运算符

主运算符是命题中最重要的运算符，原因如下：

✓ **每个语句逻辑命题都只有一个主运算符。**

✓ **主运算符的作用范围是整个命题。** 因此，主运算符会影响命题中其他所有常量和运算符。

✓ **主运算符是你进行求值的最后一个运算符。** 仔细思考之后，你会发现其中的道理：因为主运算符的作用范围是命题的其他所有部分，所以你需要对其他所有部分求值之后，才可以对主运算符进行求值。

举例来说，假如在给定了赋值后，你想对(P → (Q ↔ R)) & S进行求值，那么，你首先要对Q ↔ R进行求值，得到↔运算符的真值。这样，你就可以对P → (Q ↔ R)求值，得到→运算符的真值。最后，你可以对整个命题进行求值，这样就可以得到命题主运算符&运算符的真值。（我会在本小节之后的内容中说明如何确定主运算符。）

✓ **主运算符的真值与命题本身的真值相同。**

✓ **主运算符位于所有括号外，*除非整个命题包含一组额外的*（可删除的）括号。**我会在本部分的提示中对此进行详细解释。

　　由于主运算符相当重要，所以无论面对什么命题，你都需要从中找到主运算符。借助快速简便的经验法则，这个过程通常很简单。我在之后几个小节会讲到三种情况，每个语句逻辑命题都无外乎其中。如果你遇到的命题并不属于这三种情况之一，就说明它并没有完全组织好，也就意味着它根本不是一个命题。我会在第14章详细讨论这个问题。不过，目前你见到的任何命题都会有一个主运算符，你可以轻而易举地找到它。

如果只有一个运算符在括号外

　　确定主运算符有时非常容易，因为*仅有一个运算符在所有括号外*。例如，我们可以看以下这个命题：

$(P \lor \sim Q) \& (R \to P)$

　　这个例子中，主运算符为&运算符。同样，我们再来看一个命题：

$\sim (P \& (Q \leftrightarrow R))$

这个例子中的主运算符为~运算符。

如果括号外没有运算符

如果你发现括号外没有运算符，那你就要删除一组括号。例如，在下面这个命题中，最外侧的括号其实没有必要存在：

$((\sim P \leftrightarrow Q) \rightarrow R)$

如果删除最外侧的括号，就会得到这一个命题：

$(\sim P \leftrightarrow Q) \rightarrow R$

这时，括号外唯一的运算符就是→运算符，也就是该命题的主运算符。

在本书中，我会避免使用不必要的括号，因为这些括号不仅会占用空间，而且不会给命题增加任何有用的内容。在第14章，我会详细讨论命题为何可能会包含额外的括号。

如果括号外有多个运算符

在某些命题中，你会发现括号外不只有一个运算符。例如：

$\sim(\sim P \rightarrow Q) \vee (P \rightarrow Q)$

如果括号外有不止一个运算符，那么主运算符一定不会是~运算符。

在上面的例子中，∨运算符才是主运算符。

语句逻辑命题的八种形式

在语句逻辑中，一个变量可以表示整个命题（或子命题）。你可以用变量将语句逻辑命题分为八个不同的*命题形式*，也就是语句逻辑命题的一般化表达。表5-1列出了八种基本命题形式。

表5-1　语句逻辑命题的八种形式

肯定形式	否定形式
$x \mathbin{\&} y$	$\sim(x \mathbin{\&} y)$
$x \vee y$	$\sim(x \vee y)$
$x \rightarrow y$	$\sim(x \rightarrow y)$
$x \leftrightarrow y$	$\sim(x \leftrightarrow y)$

为了说明这些命题的作用，以三个主运算符均为&运算符的命题为例：

$P \underline{\mathbin{\&}} Q$

$(P \vee \sim Q) \underline{\mathbin{\&}} \sim(R \rightarrow S)$

$(((\sim P \leftrightarrow Q) \rightarrow R) \vee (\sim Q \mathbin{\&} S)) \underline{\mathbin{\&}} R$

整体的各个部分

就个人而言，我认为以下对命题各个部分所使用的术语都有些过于严苛。如果教授希望你了解这些术语，那你就必须记住它们。但对我来说，重要的是看到语句逻辑命题的时候，你可以找到主运算符，并判断它属于语句逻辑八种形式中的哪一种。如果有必要提到一个命题的不同部分，那么直接说"第一部分"和"第二部分"也很方便。

以下是几条快速经验法则：

✓ 如果命题是 $x \,\&\, y$ 的形式，那么它就是 & 命题，也被称为联言命题。在这种情况下，命题的两部分被称为联言部分。

✓ 如果命题为 $x \vee y$ 的形式，那么它就是 ∨ 命题，也被称为选言命题。在这种情况下，命题的两部分被称为选言部分。

✓ 如果命题为 $x \rightarrow y$ 的形式，那么它就是 → 命题，也被称为充分条件假言命题。在这种情况下，命题的第一部分被称为前件，第二个部分为后件。

✓ 如果命题为 $x \leftrightarrow y$ 的形式，那么它就是 ↔ 命题，也被称为充分必要条件假言命题。

尽管所有命题都明显不同，但都可以用以下命题形式来表示：

$$x \,\&\, y$$

例如，在命题 $P \,\&\, Q$ 中，变量 x 表示的是子命题 P，变量 y 表示的是子命题 Q。同样，在命题 $(P \vee {\sim}Q) \,\&\, {\sim}(R \rightarrow S)$ 中，x 表示的是子命题 $(P \vee {\sim}Q)$，y 表示的是子命题 ${\sim}(R \rightarrow S)$。还有，在命题 $(((\,{\sim}P \leftrightarrow Q) \rightarrow R) \vee ({\sim}Q \,\&\, S)) \,\&\, R$ 中，x 表示的是 $(((\,{\sim}P \leftrightarrow Q)$

$\rightarrow R) \lor (\sim Q \& S))$，$y$ 表示的是子命题 R。

如一个命题的主运算符为四个二进制运算符（&、∨、→ 或 ↔）之一，那么该命题的形式就是表 5–1 中四个肯定形式之一。然而，如果一个命题的主运算符为~运算符，那么该命题的形式就是表 5–1 中四个否定形式之一。要想判断具体是哪一种形式，你需要找到作用范围第二大的运算符。例如：

$\sim((P \rightarrow \sim Q) \leftrightarrow (Q \lor R))$

在这个例子中，主运算符为~运算符。↔运算符为作用范围第二大的运算符，会影响括号内的所有元素。因此，你可以将以上命题用以下这个命题形式表示：

$\sim(x \leftrightarrow y)$

现在，变量 x 表示的是子命题 $(P \rightarrow \sim Q)$，变量 y 表示的是子命题 $(Q \lor R)$。

学会识别给定命题的基本形式是你在以后章节中会用到的技能。目前为止，你要注意，每个命题都可以用八种基本命题形式之一来表示。

重新认识求值

学习过本章的新概念之后，你可能对求值的理解更深入了

一些。因此，你之后或许不会在这个问题上犯错，毕竟你已经
理解了命题的各个部分如何组合在一起。

例如，假设你想对~(~(P ∨ Q) & (~R ↔ S))进行求值，且已
知P = **T**、Q = **F**、R = **F**且S = **T**。这看起来很复杂，但你应该已
经可以完成这个挑战了！

在开始之前，请看这个命题。命题的形式是~(x & y)，
命题的第一部分是~(P ∨ Q)，命题的第二部分是(~R ↔ S)。
你需要得到两个部分的真值，这样才能对&运算符求值。此
后，你才可以对主运算符，也就是~运算符，进行求值。
84

首先，你可以在常量下方标注其真值：

$$\text{~(~(P ∨ Q) \& (~R ↔ S))}$$
T   F   F   T

现在，你可以标注常量R前面的~运算符的真值：

$$\text{~(~(P ∨ Q) \& (~R ↔ S))}$$
T   F   **T**F   T

之后，你可以得到∨运算符和↔运算符的真值：

$$\text{~(~(P ∨ Q) \& (~R ↔ S))}$$
T **T** F   TF **T** T

或许你想在这一步结束之后对&运算符求值，但首先你需

要知道子命题~(P ∨ Q)的真值，也就是说你需要先得到~运算符的真值：

$$\sim(\sim(P \vee Q) \,\&\, (\sim R \leftrightarrow S))$$
$$\textbf{F} \, T \, \underline{T} \, F \qquad TF \, T \, T$$

现在你可以对&运算符进行求值：

$$\sim(\sim(P \vee Q) \,\&\, (\sim R \leftrightarrow S))$$
$$\underline{F} \, T \, T \, F \quad \textbf{F} \quad TF \, \underline{T} \, T$$

最后，得到命题中其他运算符的真值后，你可以对主运算符进行求值：

$$\sim(\sim(P \vee Q) \,\&\, (\sim R \leftrightarrow S))$$
$$\textbf{T} \, \underline{F} \, T \, \underline{T} \, F \quad F \quad TF \, \underline{T} \, T$$

主运算符的真值就是整个命题的真值，因此你可以知道，在给定的赋值下，该命题为真。

运用表格：利用真值表对命题求值

本章提要

● 创建并分析真值表

● 认识重言式、矛盾式和偶真式

● 理解语义等价性、一致性和有效性

在本章中，你会学到语句逻辑（SL）中最重要的工具之一：*真值表*。通过真值表，你可以对命题在所有可能的赋值下进行求值。同时，即使你并不知道每个常量的真值，也可以得出某个命题的一般性结论。

真值表为逻辑学开辟了广阔的新领域。首先，真值表是确定某个论证是否有效的简单方式——这是逻辑学的核心问题。除此之外，真值表还可以让你确定某个命题是*重言命题*还是*矛盾命题*——语句逻辑中恒为真和恒为假的命题。

你还可以利用真值表确定某一组命题是否具有*一致性*——是否有可能命题全部为真。最后，你可以利用真值表确定两个命题是否*语义等价*——是否在所有可能的情况下都具有相同的真值。

这是最重要的部分，所以请打起精神！

全部列表：蛮力破解的乐趣

有时候，解决问题需要靠聪明才智。得到答案之前，你需要有"啊哈！"这种灵光一现的瞬间，才能用全新的方式看待问题。灵光一现的瞬间可能会让人振奋，同时也会让人焦虑，尤其是在参加考试，时间非常紧张，但灵感迟迟未到的情况下。

真值表就是"啊哈！"一刻的解药。它依赖于数学家们通常所说的*蛮力破解*的方法。这种方法不是让你找到通往成功的黄金路径，而是让你教条地穷尽所有可能的路径。蛮力破解的方法或许很消耗时间，但最终，你总能找到苦苦寻找的答案。

以下是其作用方式。假设你在考试时遇到了这个神秘的问题：

关于 $P \rightarrow (\sim\!Q \rightarrow (P \,\&\, \sim\!Q))$ 这个命题，你能得出什么结论？请说明理由。

随着时间的推移，你可能会想到很多关于这个命题你想说的东西，但这些内容并不是阅卷时的采分点。所以，你只能盯着命题，等着那个"啊哈！"时刻上门。突然，它就出现了。你终于想到了这个方法：

这个命题只是在陈述一个显而易见的事实："假设 P 为真且 Q 为假，我可以得出 P 为真且 Q 为假。"所以，该命题永远为真。

还不错啊。不过，如果"啊哈！"时刻到最后都没能出现呢？如果你不知道该怎样"说明理由"呢？或者，最可怕的情况出现，如果题目中给出的命题如下，又该如何？

关于 $((\sim P \vee Q) \to ((R \mathbin{\&} \sim S) \vee T)) \to (\sim U \vee ((\sim R \vee S) \to T))$ $\to ((P \mathbin{\&} \sim U) \vee (S \to T))$ 这个命题，你能得出什么结论？请说明理由。

此时，就是蛮力破解发挥作用的时候，真值表就是入场券。

初学者的第一个真值表

真值表是语句逻辑中组织信息的一种方式，可以让你为每个常量穷尽所有可能的真值组合，进而看到每种情况下的不同结果。在第 4 章，你已经看到了一些简单的真值表：我介绍五种语句逻辑运算符时，用真值表展示了如何从所有可能的输入值获得输出值。

在接下来的小节，我会通过命题 $P \rightarrow (\sim Q \rightarrow (P \& \sim Q))$ 向你展示如何创建、填写真值表，以及如何从真值表中得出结论。

创建真值表

真值表这种方法是将对命题*每一种可能的赋值*进行组织，并填写在列表的横行中，让你可以在所有可能的赋值下对命题进行求值。

创建真值表只需要遵循简单的四个步骤：

1.设置表格的顶行，每个常量依次写在左边的部分，命题写在右边的部分。

P	Q	P	$\rightarrow$	$(\sim$	Q	$\rightarrow$	$(P$	$\&$	$\sim$	$Q))$

2.根据命题中常量的数量确定你的真值表还需要多少行。

真值表需要让给定命题的每一种可能的赋值单独成行。要想知道你需要多少行，就按照命题中常量的数量将数字2乘以多少次。由于命题 $P \rightarrow (\sim Q \rightarrow (P \& \sim Q))$ 中只有两个常量，因此你需要 $2 \times 2 = 4$ 行。

为了保证行数正确，你可以参考表6-1。这个表格列出了命题有一到五个常量时，你分别需要多少行。

表6-1　真值表中常量数量及行数的对应关系

常量数量	常量	赋值的数量（真值表中的行数）
1	P	2
2	P和Q	$2 \times 2 = 4$
3	P、Q和R	$2 \times 2 \times 2 = 8$
4	P、Q、R和S	$2 \times 2 \times 2 \times 2 = 16$
5	P、Q、R、S和T	$2 \times 2 \times 2 \times 2 \times 2 = 32$

3.设置常量列，确保每种可能的组合都体现在真值表中。

用 **T** 和 **F** 填充竖列的好方法是从常量部分最右边的常量开始（在这个例子中，就是Q列），并让 **T** 和 **F** 交替填充——**TFTF**——直到填充到最后一行。之后，向左移动一列进行填充，这次填充时，让 **T** 和 **F** 两两交替——**TTFF**。如果有更多的列（例如，命题中有三个或四个常量），那么就按照四四交替（**TTTTFFFF……**）、八八交替（**TTTTTTTTFFFF FFFF……**）的模式进行，以此类推。

因此，在这个例子中，Q列下是交替填充 **TFTF**，P列下是填充 **TTFF**：

P	Q	P	$\rightarrow$	$(\sim$	Q	$\rightarrow$	$(P$	$\&$	$\sim$	$Q))$
T	T									
T	F									
F	T									
F	F									

4. 在每一行画横线，并在每一列画竖线，用于区分命题中

的所有常量和操作符。

P	Q	P	$\rightarrow$	$(\sim$	Q	$\rightarrow$	$(P$	&	$\sim$	$Q))$
T	T									
T	F									
F	T									
F	F									

我之所以建议完成这个步骤，原因有三。第一，真值表看起来会很整齐，不会让你出现混乱。第二，将所有的小方格都填上 **T** 和 **F** 时，就表明表格已经完成。第三，完成后的表格非常清晰，一目了然。（如果你用尺子把线条画得横平竖直，我相信最冷酷的教授也会被你融化。）

你不用为小括号单独设置一列，但要确保小括号与紧随其后的常量或运算符出现在一起，命题末尾的除外。

填写真值表

真值表的每一行都表示对命题的不同赋值。那么，填写真值表的过程就相当于在每一种赋值下（在这个例子中，就是在四种赋值下）对命题进行求值的过程。

在第 4 章中，我讲到如何由内而外对一个命题进行求值。规则仍然和这个例子中用到的是一样的，不过，你现在需要做

的是对表格的每一行按照步骤进行操作。

以下步骤将向你展示如何按照每一列进行，这种方式比逐行求值更简单，而且更快。

在我按照步骤进行的过程中，请注意，我上一个步骤填写的内容会加下划线，这一个步骤填写的内容将用粗体表示。

1.将每一个常量的真值填写在适当的语句常量列中。

P	Q	P	→	(~	Q	→	$(P$	&	~	$Q))$
T	T	T			T		T			T
T	F	T			F		T			F
F	T	F			T		F			T
F	F	F			F		F			F

只是复制而已。非常简单，对吧？

2.在常量之前有~运算符的一列，在每一行中写出该常量相应的否定值。

P	Q	P	→	(~	Q	→	$(P$	&	~	$Q))$
T	T	T	**F**	<u>T</u>		T		**F**	<u>T</u>	
T	F	T	**T**	<u>F</u>		T		**T**	<u>F</u>	
F	T	F	**F**	<u>T</u>		F		**F**	<u>T</u>	
F	F	F	**T**	<u>F</u>		F		**T**	<u>F</u>	

确保每个~运算符都在常量前面。如果该运算符在某个开放的小括号前面，说明它否定的是括号内所有内容的真值。在这种情况下，你必须先知道括号内所有内容的真值。

正如你看到的，这一步骤并没有比上一个步骤困难很多。

3.从最里面的那组括号开始，将命题中运算符所在的一列填写完整。

步骤3是真值表最重要的部分。好消息是，通过不断练习，你很快就能完成填表的这个阶段。

在这个例子中，最里面的括号包含命题 P & ~Q。这时，你需要求值的是&运算符，要将输入的真值填写在 P 和~运算符所在的列。

例如，在第一行中，P 的真值为 **T**，~运算符的真值为 **F**。因为 **T** & **F** 的真值为 **F**，因此这就是需要填写在第一行&运算符下的真值。

重复这个步骤，得出其他三行的真值后，真值表如下：

P	Q	P	→	(~	Q	→	(P	&	~	Q))
T	T	T		F	T		T	**F**	F	T
T	F	T		T	F		T	**T**	T	F
F	T	F		F	T		F	**F**	F	T
F	F	F		T	F		F	**F**	T	F

4.重复步骤3，从第一组括号向外逐步进行，直到完成对命题主运算符的求值。

向外移动到下一组括号，现在需要求值的运算符是最外层括号里的→运算符。输入值就是第一个~运算符和&运算符所在列的真值。

例如，在第一行中，~运算符的真值为 **F**，& 运算符的真值为 **F**。因为 **F → F 为 T**，因此这就是需要填写在第一行 → 运算符下的真值。

完成这一列之后，真值表如下：

P	Q	P	→	(~	Q	→	(P	&	~	Q))
T	T	T		F	T	T	T	F	F	T
T	F	T		T	F	T	T	T	T	F
F	T	F		F	T	T	F	F	F	T
F	F	F		T	F	F	F	F	T	F

现在，你可以对主运算符进行求值，也就是括号外的 → 运算符（翻回第 5 章查看如何确定主运算符）。两个输入真值是 P 列和另一个 → 运算符下的真值。

例如，在第一行中，P 的真值为 **T**，→ 运算符的真值为 **T**。因为 **T → T 为 T**，所以你可以直接将这个真值写在作为主运算符的 → 运算符下。

填写完成后，真值表如下：

P	Q	P	→	(~	Q	→	(P	&	~	Q))
T	T	T	**T**	F	T	T	T	F	F	T
T	F	T	**T**	T	F	T	T	T	T	F
F	T	F	**T**	F	T	T	F	F	F	T
F	F	F	**T**	T	F	F	F	F	T	F

主运算符下的一列应该是你填写的最后一列。如果并非如

此，你最好擦掉（你用的是铅笔，没错吧？），按照步骤重做一次！

阅读真值表

把主运算符下的整列圈起来，这样你在阅读真值表时，就能一下看到所需信息。主运算符结果所在的列是真值表中最重要的一列，因为它表示的是命题在每种赋值下的真值。

例如，如果你想知道在 P 为假且 Q 为真这个赋值下整个命题的真值如何，就只需要查看真值表的第三行。在这一行中，主运算符的真值为 **T**，也就说明 P 为假且 Q 为真时，命题为真。

至此，你可以信心满满地回到最初的问题上：

关于 $P \rightarrow (\sim Q \rightarrow (P \& \sim Q))$ 这个命题，你能得出什么结论？请说明理由。

93

根据你完全可靠的真值表，你可以准确地跟教授说明关于该命题他想知道的内容：无论常量 P 和 Q 的真值如何，该命题恒为真。

那要如何说明理由呢？你完全不用费心说明，因为真值表已经可以作为证明。只要你填表正确，那么表格就能穷尽该命题的每一种赋值。再没有其他可能的赋值，所以你的工作也就此完成。

真值表的实际应用

学会使用真值表后，你就可以站在全新的高度理解语句逻辑了。在这一节中，我会告诉你如何解决关于单个命题、成对命题及论证的常见问题。（在之后几章，我会讲解如何使用不同的工具解决同样的问题。）

处理重言命题和矛盾命题

语句逻辑中的每个命题都属于以下三种类型之一：重言命题（在每种赋值下恒为真）、矛盾命题（在每种赋值下恒为假）及偶真命题（根据不同赋值或为真或为假）。

在此前"初学者的第一个真值表"部分，你已经看到如何运用真值表得到某个命题在各种可能赋值下的真值。由此，你可以将命题归为三个重要类别：

✓ **重言命题**：重言命题恒为真，无论其常量的真值如何。重言命题的例子之一是 $P \lor \sim P$ 这个命题。由于 P 或 $\sim P$ 中总有一个为真，因此该命题至少有一个部分为真，因此该命题恒为真。

✓ **矛盾命题**：矛盾命题恒为假，无论其常量真值如何。矛盾命题的例子之一是 $P \& \sim P$ 这个命题。由于 P 或 $\sim P$ 中总有一个为假，因此该命题至少有一个部分为假，因此该命题恒为假。

✓ **偶真命题**：偶真命题在至少一种赋值下为真且在至少一种赋

值下为假。偶真命题的例子之一是 $P \rightarrow Q$ 这个命题。在 P 为真且 Q 为真的情况下，命题为真，在 P 为真且 Q 为假的情况下，命题为假。

94

不要以为每个命题都是重言命题或矛盾命题，这是不对的。大量的命题都不属于上述两个类别。

在确定某个给定命题属于哪个种类方面，真值表是非常理想的工具。例如，在本章此前"初学者的第一个真值表"部分，你使用真值表得知，命题 $P \rightarrow (\sim Q \rightarrow (P \& \sim Q))$ 在每一行的求值都是真，因此这个命题就是重言命题。

同样，如果一个命题在真值表的每一行求值都为假，那么它就是矛盾命题。最后，如果一个命题在至少一行求值为真，且在至少一行求值为假，那么它就是偶真命题。

判断语义是否等价

面对单一命题时，你可以使用真值表，根据其常量的真值，穷尽每一种可能的组合，对这一命题进行求值。现在，你要更进一步，一次比较两个命题。

如果两个命题*语义等价*，就说明在所有赋值下，两个命题都有相同的真值。

关于两个语义等价的命题，你已经看到过一个简单的例子：P 和 $\sim\sim P$。如 P 为 **T**，那么 $\sim\sim P$ 也为 **T**。

这个例子很容易验证，因为常量只有一个，也就意味着只有两种可能的赋值。可能你想象得到，常量越多，语义等价的判断就越繁复。

不过，真值表仍然可以提供帮助。例如，命题 $P \to Q$ 与命题 $\sim P \lor Q$ 是否语义等价？你可以为两个命题创建真值表来得到答案。

P	Q	P	$\to$	Q	$\sim$	P	$\lor$	Q
T	T							
T	F							
F	T							
F	F							

正如我在本章此前"初学者的第一个真值表"部分提到的，第一步是把每个常量的真值填写在对应的列中：

P	Q	P	$\to$	Q	$\sim$	P	$\lor$	Q
T	T	T		T		T		T
T	F	T		F		T		F
F	T	F		T		F		T
F	F	F		F		F		F

接着，处理常量前的 $\sim$ 运算符：

P	Q	P	$\to$	Q	$\sim$	P	$\lor$	Q
T	T	T		T	**F**	T		T
T	F	T		F	**F**	T		F
F	T	F		T	**T**	F		T
F	F	F		F	**T**	F		F

第三步，按照对单独命题求值的步骤，分别完成对两个命题的求值：

96

P	Q	P	→	Q	~	P	∨	Q
T	T	T	**T**	T	F	T	**T**	T
T	F	T	**F**	F	F	T	**F**	F
F	T	F	**T**	T	T	F	**T**	T
F	F	F	**T**	F	T	F	**T**	F

如两个命题在真值表的每一行都有相同的真值，说明其在语义上等价。否则，两个命题并非语义等价。

在这个例子中，真值表表明，这两个命题是语义等价的。第8章会讲到语义等价这一重要概念在语句逻辑证明中的应用。

保持一致

如果一次可以比较两个命题，为什么不能比较两个以上呢？

如果一组命题是一致的，就说明至少有一种赋值能保证所有命题同时为真。当一组命题不一致，就说明没有一种赋值让所有命题同时为真。

例如，我们来看一下这组命题：

$P \lor \sim Q$

$P \rightarrow Q$

$P \leftrightarrow \sim Q$

这三个命题有没有可能同时为真？换言之，是否存在常量 P 和 Q 的真值组合可以使三个命题同时在求值时为真？

97

同样，我们需要运用到真值表这个工具。不过，这一次，我们要将三个命题写在真值表里。我已经自作主张为第一个命题填写了正确的信息。首先，我将 P 和 Q 的真值誊写在每一行正确的格子中。接下来，我求得了 $\sim Q$ 的真值。最后，我为整个命题 $P \vee \sim Q$ 求得了真值，并将真值写在每一行主运算符下面的格子中。

在这四行中，有三行的命题求值为真。但是，P 为真且 Q 为假时，命题为假。由于你需要三个命题同时为真的情况，所以你可以划掉这一行了。

P	Q	P	$\vee$	$\sim$	Q	P	$\rightarrow$	Q	P	$\leftrightarrow$	$\sim$	Q
T	T	T	**T**	F	T							
T	F	T	**T**	T	F							
F	T	F	**F**	F	T	—	—	—	—	—	—	—
F	F	F	**T**	T	F							

为验证一致性填写真值表时，你可以和平常一样垂直填写，但要注意，你每次只需要对一个命题求值。当你看到某一行的命题求值结果为假，那就可以直接划掉这一行，提醒自己已经不需要再对这一行的其他命题求值，由此可以省略一些步骤。

为接下来的两个命题重复这个过程，你会得到以下结果：

P	Q	P	∨	~	Q	P	→	Q	P	↔	~	Q
T	T	T	**T**	F	T	T	**T**	T	T	**F**	F	T
T	F	T	**T**	T	F	T	**F**	F	—	—	—	—
F	T	F	**F**	F	T	—	—	—	—	—	—	—
F	F	F	**T**	T	F	F	**T**	F	F	**F**	T	F

如真值表中的每一行至少都有一个命题的求值为假，那么说明这些命题是不一致的。否则，几个命题具有一致性。

对于这个例子，你可以知道三个命题不一致。因为在每种赋值下，至少都有一个命题为假。

用有效性进行论证

正如我在第3章讲到的，在有效的论证中，当所有的前提都为真时，结论必然为真。这里运用到的基础理念与定义赋值时用到的相同：

如某个论证有效，说明不存在一种赋值，在所有前提为真时，结论为假。然而，如某个论证无效，则说明至少存在一种赋值，在前提为真时，结论为假。

你可以使用真值表判定整个论证是否有效。例如，以下为一个论证：

前提：

$P \& Q$

$R \rightarrow {\sim}P$

结论：

$$\sim Q \leftrightarrow R$$

在这种情况下，论证包含三个常量——P、Q 和 R——因此，真值表需要有 8 行，因为 $2 \times 2 \times 2 = 8$（请参阅表 6-1）。

创建一个大真值表：从常量部分最右侧的列开始（本例中就是 R 列），填写 **T**、**F**、**T**、**F**，以此类推，每一行交替进行，直到填满本列。之后向左移动一列，填写 **T**、**T**、**F**、**F**，以此类推，每两行交替进行。再次向左移动，并再次翻倍，接下来每四行交替进行，然后是每八行交替进行，直到完成真值表的这个部分。

以下是需要创建的真值表：

P	Q	R	P	&	Q	R	$\rightarrow$	$\sim$	P	$\sim$	Q	$\leftrightarrow$	R
T	T	T											
T	T	F											
T	F	T											
T	F	F											
F	T	T											
F	T	F											
F	F	T											
F	F	F											

在"保持一致"这个小节中，我提到过，在解决下一个命题之前，可以先完成对当前命题的求值，这样很有好处。以下是对第一个命题求值之后的表格：

99

P	Q	R	P	&	Q	R	→	~	P	~	Q	↔	R
T	T	T	T	**T**	T								
T	T	F	T	**T**	T								
T	F	T	T	**F**	F	—	—	—	—	—	—	—	—
T	F	F	T	**F**	F	—	—	—	—	—	—	—	—
F	T	T	F	**F**	T	—	—	—	—	—	—	—	—
F	T	F	F	**F**	T	—	—	—	—	—	—	—	—
F	F	T	F	**F**	F	—	—	—	—	—	—	—	—
F	F	F	F	**F**	F	—	—	—	—	—	—	—	—

100

当你发现在某一行中，前提的求值为假或结论的求值为真，就用一条直线划掉这一行。将这一行划掉可以帮你省略几个步骤，提醒你不必对其他命题在这一行进行求值。

在这个例子中，第一部分非常有帮助，因为在上面表格的八行中，有六行的第一个前提都为假，意味着你可以划掉六行。以下是该表格其他部分填写完成后的示例：

P	Q	R	P	&	Q	R	→	~	P	~	Q	↔	R
T	T	T	T	**T**	T	T	**F**	F	T	—	—	—	—
T	T	F	T	**T**	T	F	**T**	F	T	F	T	**T**	F
T	F	T	T	**F**	F	—	—	—	—	—	—	—	—
T	F	F	T	**F**	F	—	—	—	—	—	—	—	—
F	T	T	F	**F**	T	—	—	—	—	—	—	—	—
F	T	F	F	**F**	T	—	—	—	—	—	—	—	—
F	F	T	F	**F**	F	—	—	—	—	—	—	—	—
F	F	F	F	**F**	F	—	—	—	—	—	—	—	—

重点牢记

如真值表中没有一行出现前提全部为真且结论为假的情况，该论证有效，反之则无效。

正如你看到的，在上表中，在前提全部为真的唯一一行，其结论也为真，因此这个论证是有效的。

组合各个部分

本章的前几节介绍了如何使用真值表来测试各种逻辑条件。表6-2对这些信息进行了整理。

表6-2　系列逻辑条件真值表验证

待验证条件	命题数量	条件通过验证的情况
重言命题	1	命题每一行均为真
矛盾命题	1	命题每一行均为假
偶真命题	1	命题在至少一行为真且在至少一行为假
语义等价	2	两个命题每一行均有同样的真值
语义不等价	2	两个命题在至少一行有不同的真值
一致性	2个或以上	所有命题在至少一行为真
不一致性	2个或以上	所有命题在每一行均不为真
有效性	2个或以上	所有前提为真的每一行，结论也为真
无效性	2个或以上	所有前提为真且结论至少在一行为假

如果你隐约感到这些概念在某种程度上存在联系，那你是

对的。请继续学习，看看它们如何结合在一起。

连接重言命题和矛盾命题

通过用~运算符否定整个命题，你很容易就可以把重言命题转换为矛盾命题（反之亦然）。

请回顾此前出现的这个命题：

$$P \rightarrow (\sim Q \rightarrow (P \,\&\, \sim Q))$$

这是一个重言命题。因此，其否定命题：

$$\sim (P \rightarrow (\sim Q \rightarrow (P \,\&\, \sim Q)))$$

102　　就是矛盾命题。为了确定这一点，以下是这个新命题的真值表：

P	Q	~	(P	→	(~Q	→	(P	&	Q)))
T	T	**F**	T	T	T	T	T	T	T
T	F	**F**	T	T	F	T	T	F	F
F	T	**F**	F	T	T	F	F	F	T
F	F	**F**	F	T	F	F	F	F	F

正如你所看到的，唯一改变的是命题的主运算符——也就是括号外唯一一个运算符——其已经变成~运算符。

我们也应该清楚地看到，你可以将一个矛盾命题通过同样的方式转换为重言命题。因此，命题~(~ (P → (~Q → (P & ~Q)))) 就是重言命题。这表明，尽管重言命题和矛盾命题两极对立，但实际也紧密联系。

将语义等价与重言命题联系起来

将两个语义等价的命题通过 ↔ 运算符连在一起时，新产生的命题就是重言命题。

之前我们已经看到过，以下两个命题：

$$P \to Q \quad 和 \quad \sim P \vee Q$$

是语义等价的。也就是说，无论你为 P 和 Q 选定了怎样的真值，两个命题的真值永远相同。

现在将两个命题用 ↔ 连在一起：

103

$$(P \to Q) \leftrightarrow (\sim P \vee Q)$$

得到的这个新命题就是重言命题。如果你对这个结果有所怀疑，可以查看这个命题的真值表：

P	Q	$(P$	$\to$	$Q)$	$\leftrightarrow$	$(\sim$	P	$\vee$	$Q)$
T	T	T	<u>T</u>	T	**T**	F	T	<u>T</u>	T
T	F	T	<u>F</u>	F	**T**	F	T	<u>F</u>	F
F	T	F	<u>T</u>	T	**T**	T	F	<u>T</u>	T
F	F	F	<u>T</u>	F	**T**	T	F	<u>T</u>	F

当然，你也可以通过否定这个命题将之从重言命题转换为矛盾命题：

$$\sim((P \to Q) \leftrightarrow (\sim P \vee Q))$$

将不一致性与矛盾命题联系起来

当你把一组不一致的命题通过&运算符连成一个单独的命题时，那么得到的新命题就是矛盾命题。

正如之前看到的，以下三个命题：

$P \vee \sim Q$

$P \to Q$

$P \leftrightarrow \sim Q$

是不一致的。也就是说，在任何一种赋值下，至少有一个为假。

现在，我们将这三个命题用&运算符连起来：

$((P \vee \sim Q) \& (P \to Q)) \& (P \leftrightarrow \sim Q)$

使用运算符将两个以上的命题连在一起时，你需要使用额外的括号，这样就可以清楚地知道哪个运算符是主运算符。我将在第14章详细解释。

主运算符是第二个&运算符——唯一一个在括号外的运算符——不过无论是何种情况，这一命题都是矛盾命题。为了验证这个结果，你可以使用真值表在所有赋值下对该命题求值。首先。你需要对第一组括号中的所有内容求值：

P	Q	((P	∨	~	Q)	&	(P	→	Q))	&	(P	↔	~	Q)
T	T	T	T	F	T	**T**	T	T	T		T		F	T
T	F	T	T	T	F	**F**	T	F	F		T	T	T	F
F	T	F	F	F	T	**F**	F	T	T		F	T	F	T
F	F	F	T	T	F	**T**	F	T	F		F	T	T	F

接下来，我们对整个命题进行求值：

P	Q	((P	∨	~	Q)	&	(P	→	Q))	&	(P	↔	~	Q)
T	T	T	T	F	T	T	T	T	T	**F**	T	F	F	T
T	F	T	T	T	F	F	T	F	F	**F**	T	T	T	F
F	T	F	F	F	T	F	F	T	T	**F**	F	T	F	T
F	F	F	T	T	F	F	F	T	F	**F**	F	F	T	F

正如此前预测的，这个命题在真值表的每一行的求值都为假，因此是矛盾命题。

105

将有效性与矛盾命题联系起来

你可能已经猜到，论证有效性也可以被织入这个挂毯中。例如，以下是之前最受欢迎的有效论证（没错，喜欢逻辑学的人都有自己最喜欢的例子）：

前提：

$P → Q$

$$Q \to R$$

结论：

$$P \to R$$

因为这个论证是有效的，所以你知道不可能出现两个前提均为真但结论为假的情况。换言之，如果你填写了真值表，那么表格内不会出现如下一行：

$P \to Q$	$Q \to R$	$P \to R$
T	T	F

同样，如果你用~运算符否定结论，然后再填入另一张真值表，那么表格内也不会出现如下一行：

$P \to Q$	$Q \to R$	$\sim(P \to R)$
T	T	T

如果*没有*赋值能使所有命题均为真，你就可以判定这是一组不一致的命题。

106

建立更多联系

对于纯粹主义者来说，他们必须知道一切是如何结合在一起的：

√ 当你用↔运算符将两个语义不等价的命题连接在一起时，产生的新命题就不是重言命题——也就是说，新的命题要么是偶真命题，要么是矛盾命题。

✓ 当你否定一个无效论证的结论时，你会得到一组具有一致性的命题。

✓ 当你多次使用&运算符，把一组不一致的命题组合为一个单一命题时，新产生的命题是矛盾命题。

　　当你否定一个有效论证的结论时，你会得到一组不一致的命题。（有效性和不一致性相关，这种观点看似落后，但结果就是如此。）你可以使用&运算符把一组不一致的命题连接起来，使之变成一个矛盾命题。

((P	→	Q)	&	(Q	→	R))	&	~	(P	→	R)
							T				

　　要把一个有效论证转换成矛盾命题，你可以重复使用&运算符，将所有前提与否定的结论连接起来。

第 7 章

走捷径：创建快速表

本章提要

- 查看全部命题的真值
- 了解如何创建、填写和阅读快速表
- 了解你正在处理的命题的类型

好了，如果你读过了本书之前的几章，那你应该已经掌握了关于真值表的全部内容，或许已经非常熟练了——甚至已经相当在行了。

假设周一一早，教授拿着一杯咖啡、两个甜甜圈和一份晨报走进了教室。接着，她给你布置了一项课堂作业，让你为以下命题创建真值表：

$P \rightarrow ((Q \& R)) \vee (\sim P \& S))$

之后，她就坐下来，打开报纸，谁都不理了。

唉！这个命题有四个常量，说明你要面对的是十六行的求值炼狱。可你就是个爱找麻烦的学生，所以你走到讲台那边，说这个命题的主运算符是→运算符，因为这是唯一一个在括号外的运算符。她只是不耐烦地抻了抻报纸。

你还在坚持，向她仔细解释自己全新的见解："你明白我的意思了吗？在 P 为假的八种赋值下，整个命题必然为真。不对吗？"她咬了一大口甜甜圈，一边瞪着你，一边嚼甜甜圈，以此为挡箭牌，就是不说话。

最后，你鼓起勇气问："那这样行不行？我直接将那八行的真值标为真，省略所有的中间步骤？"

她冷冷地回答："不行！"于是，你只能灰溜溜地回到自己的课桌。

108

正如我说的，你是个爱找麻烦的学生。接着读下去吧，麦克达夫[①]。

你找麻烦的想法并没有那么离谱。对于这样的问题（除非你的教授特别残忍），有比一一列举更好的解决方法——快速表！真值表让你可以对问题在*所有*可能的赋值下求值。与此不同，快速表只需要一行就可以完成整个真值表的工作。

你学习过本章之后就会知道，快速表能通过对*整体*求值，而非像真值表那样对*部分*求值，来帮你节省大量时间。我会告诉你如何识别更适合用快速表解答的问题类型，而非真值表。

---

① 麦克达夫（MacDuff）是莎士比亚戏剧《麦克白》主人翁之弟，性格正直善良，是一名复仇英雄。

此外，我还会教给你一些策略和方法，帮助你使用快速表解答各种常见问题。

放下真值表，认识新朋友：快速表

真值表是有序的、精确的、完整的——同时也是枯燥的！之所以枯燥，是因为要想解决问题，你要对*所有*可能的赋值求值。

使用真值表时，你是从命题的各个部分开始（每个常量的真值），最后以整个命题结束（主运算符的真值）。这种从部分开始，到整体结束的方式既是真值表的优点，也是它的缺点。由于必须对命题在所有可能的赋值下求值，你必然要进行所有基础工作。正因如此，你要做很多重复性的工作——换言之，枯燥且无聊！

但是，正如本章引入部分那个爱找麻烦的学生所说的，很多赋值是多余的。因此，在很多情况下，你可以一次性批量排除一些赋值。不过，在这一过程中，你要注意自己排除的是错误的赋值，同时保留的是正确的。为了保证自己留下的肯定是正确的赋值，你需要一个体系（恰好，我在本章就会教给你一个）。

和真值表相反，在使用快速表时，你是从命题*整体*（也就是主运算符）开始考虑，最后结束在命题的各个部分，也就是常量的真值。这种方法背后的理念在于从命题的一个真值出发，通过几个明智的决定，避免重复性工作，进而节省大量时间。

你可以用快速表代替真值表，验证第6章讨论过的以及表6-2中列出的各种情况。

一般而言，面对以下三种问题时，你可以告别熟悉的老朋友真值表，选择使用快速表解决：

√ **教授让你用快速表解决的问题**：这不用多说！

√ **有至少四个常量的问题**：大表格意味着大麻烦。无论你多么小心，都会犯错。面对这种问题，快速表肯定可以帮你节约时间。

√ **属于"简单类型"命题的问题**：有些命题类型用快速表很容易就能够解答。我会在本章后面"用快速表聪明（而非勤奋）地工作"一节中告诉你如何识别它们。

快速表使用概述

在本节中，我会概述使用快速表的三个基本步骤。举例可能是理解如何使用快速表的最佳方法。因此，我会通过一个例子来引导你，接着在之后的小节中补充更多细节。

如果你知道运用快速表的技巧，那么使用快速表的三个步骤都会变得更容易。我之后会讲到这些技巧，现在你只需要跟着学习，不管遇到什么问题，都可以在本章之后的内容中找到答案。

下面是你学习之后几节内容时会用到的一个例子。假设你想知道以下三个命题是否具有一致性：

$$P \& Q \qquad Q \to R \qquad R \to P$$

提出策略假设

所有快速表的使用都可以从*策略假设*开始。在这个例子中，你可以假设三个命题全部为真，看看最后会得到怎样的结果。

既然有了这个策略假设，那么每个快速表都可以导致两种可能的结果：

✓ 在你的假设下找到一种赋值。

✓ 通过证明不存在这样的赋值对假设进行反驳。

根据你要解决的问题，每个结果都会带你得出不同的结论。

我们用这种思路思考例子：如果 $P \& Q$、$Q \to R$ 和 $R \to P$ 具有一致性，那么三个命题的真值在至少一种赋值下（翻回第 6 章复习关于一致性的定义）均为 **T**。

因此，一个好的策略是假设每个命题的真值都是 **T**，之后看看这个假设是否行得通。例如，你的表格现在是这样：

$$P \& Q \qquad Q \to R \qquad R \to P$$
$$\mathbf{T} \qquad\qquad\quad \mathbf{T} \qquad\qquad\quad \mathbf{T}$$

翻到本章下文"制定策略"部分，查看如何设置快速表以解决使用真值表时可能出现的各类问题。我会在那个部分列出一份完整的清单，说明你应该为每一种问题制定何种策略假设。

填写快速表

设置好快速表后，你要做的是寻求可以通过命题任何一个部分的真值得出的进一步结论。本节继续使用之前的例子，由于 $P \& Q$ 为真，因此两个子命题 P 和 Q 都为真：

$$P \& Q \qquad Q \to R \qquad R \to P$$
$$\mathbf{T}\,_{\mathrm{T}}\,\mathbf{T} \qquad\quad \mathrm{T} \qquad\qquad\quad \mathrm{T}$$

111

已知子命题 P 和 Q 均为真，你就可以将这个信息填写到常量的下方：

$$P \& Q \qquad Q \to R \qquad R \to P$$
$$\mathrm{T}\,\mathrm{T}\,\mathrm{T} \qquad\ \mathbf{T}\,_{\mathrm{T}} \qquad\qquad \mathrm{T}\,\mathbf{T}$$

现在来看第二个命题 $Q \to R$。由于整个命题为真，且命题的第一部分为真，因此第二部分必然也为真。由此可见，R 必然也为真。因此，你的快速表如下：

$$P\,\&\,Q \qquad Q \to R \qquad R \to P$$
$$\text{T T T} \qquad \text{T T } \mathbf{T} \qquad \mathbf{T}\text{ T T}$$

目前为止，所有常量都已经填写好，你可以解读快速表了。

解读快速表

填写好快速表之后，你就有了一个*可能的*赋值，但你要保证这个赋值确实可行。

得到一个或许可行的赋值后，你要进行检查：

✓ 每个常量在其出现的命题中都有相同的真值。

✓ 在该赋值下，每个求值都是正确的。

我所使用的例子通过了上述两项验证。三个常量在其出现的命题中都具有相同的真值。（例如常量*P*自始至终为**T**。）此外，在这种赋值下，每个求值都是正确的。（例如，*P* & *Q*的真值为**T**，这是正确的。）

至此，你已经找到了一种赋值，证实最初的假设是正确的，也就说明三个命题具有一致性。

112

反驳假设

在之前几个小节使用的例子中，最初的假设让我们得到了一种赋值。但是，正如我在本章之前"提出策略假设"部分讲到的，实际情况并非总是如此。有时，你可能会发现，最初的假设会导致一种不可能的情况。

举例来说，假设你想知道$(P \& Q) \& ((Q \leftrightarrow R) \& {\sim}P)$是否为矛盾命题——也就是说，在每种赋值下，该命题的真值是否均为**F**。

一如既往，你从策略假设开始。在这个案例中，我们假设这个命题不是矛盾命题，因此其真值在至少一种赋值下为**T**：

$$(P \& Q) \& ((Q \leftrightarrow R) \& {\sim}P)$$
$$\text{T}$$

正如我在第5章讨论的，命题的主运算符——也就是括号外唯一一个运算符——是第二个&运算符。因此，这个命题的形式是$x \& y$。由于你已经假设整个命题为真，那就可以确定两个子命题都为真：

$$(P \& Q) \& ((Q \leftrightarrow R) \& {\sim}P)$$
$$\textbf{T} \quad \text{T} \qquad\qquad \textbf{T}$$

但是，请注意$(P \& Q)$和$((Q \leftrightarrow R) \& {\sim}P)$这两个部分也都是$x \& y$的形式，也就意味着$P$、$Q$、$Q \rightarrow R$以及${\sim}P$都为真：

$$(P \& Q) \& ((Q \leftrightarrow R) \& {\sim}P)$$
$$\textcircled{T}\text{T} \quad \text{T} \qquad \text{T} \quad\quad \textbf{F} \qquad \text{T} \quad \textcircled{T}$$

目前一切顺利。通过很少几个步骤，你已经取得了极大进展。不过，问题出现了：你会发现 *P* 和 ~*P* 似乎都为真，这显然是不正确的。我们最初的假设是该命题不是矛盾命题，这种不可能性正好反驳了这个假设。因此，命题实际是矛盾命题。

推翻假设时要非常小心，确保自己确实已经排除了所有可能的赋值。由于你从已完成的快速表中排除赋值的操作或许不是一望便知的，所以有些教授可能会让你简要说明是如何得出这个结论的。

针对这个例子，以下这种解释模板非常合适："假设原命题不是矛盾命题，即至少有一种赋值使该命题为真。因此，(*P* & *Q*) 和 ((*Q* ↔ *R*) & ~*P*) 这两个部分均为真。但在这种情况下，*P* 和 ~*P* 均为真，这是不可能的，因此原命题是矛盾命题。"

制定策略

验证第 6 章表 6-2 中列出的种种条件时，你首先要做的是进行策略假设，之后找到一个适合的赋值。如果最后你找到了这种赋值，那就得到了一种答案；如果最后你发现根本不存在这样的赋值，那就得到了另一种答案。

这个小节旨在总结在创建和阅读快速表时你需要完成的操作。对于每一种情况，我都会给出你需要的假设，接着由此开始，通过举例说明你要完成的第一步，最后告诉你如何解读两种可能的答案。

在每个案例中，我给出的策略假设都是使用快速表验证给定条件的最佳方式（有时候也是唯一的方式）。因为每种情况下的假设都会让你根据单一赋值的存在（或不存在）得出结论——况且，如果存在某种单一赋值，那么可以说快速表本身就是为了找到它而量身定制的。

重言命题

策略假设：尝试证明该命题不是重言命题，假设该命题为假。

举例：$(P \to Q \to R) \to ((P \,\&\, Q) \to R)$ 是重言命题吗？

第一步：

$$(P \to Q \to R) \to ((P \,\&\, Q) \to R)$$
$$\text{F}$$

结果：

114

✓ **如果你在这个假设下找到了一种赋值**：该命题不是重言命题——它要么是矛盾命题，要么是偶真命题。

✓ **如果你反驳了假设**：命题为重言命题。

矛盾命题

策略假设：尝试证明该命题不是矛盾命题，假设该命题为真。

举例：$(P \to Q \to R) \to ((P \& Q) \to R)$是矛盾命题吗？

第一步：

$$\underset{T}{(P \to Q \to R) \to ((P \& Q) \to R)}$$

结果：

✓ **如果你在这个假设下找到了一种赋值**：该命题不是矛盾命题——它要么是重言命题，要么是偶真命题。

✓ **如果你反驳了假设**：命题为矛盾命题。

偶真命题

使用前面重言命题和矛盾命题的两种验证方法。如果该命题不是重言命题，*也*不是矛盾命题，必然为偶真命题。

语义等价和语义不等价

策略假设：尝试证明两个命题语义不等价，用↔运算符连接两个命题，并假设新命题为假。

举例：$P \& (Q \lor R)$和$(P \lor Q) \& (P \lor R)$两个命题语义等价吗？

115 **第一步**：

$$\underset{F}{(P \& (Q \lor R)) \leftrightarrow ((P \lor Q) \& (P \lor R))}$$

结果：

✓ **如果你在这个假设下找到了一种赋值**：两个命题语义不等价。

✓ **如果你反驳了假设**：两个命题语义等价。

一致性和不一致性

策略假设：尝试证明两个命题具有一致性，假设所有命题为真。

举例：$P \& Q$、$\sim(\sim Q \vee R)$ 和 $\sim R \rightarrow \sim P$ 三个命题是否具有一致性？

第一步：

$$P \& Q \qquad \sim(\sim Q \vee R) \qquad \sim R \rightarrow \sim P$$
$$\text{T} \qquad\qquad \text{T} \qquad\qquad\quad \text{T}$$

结果：

✓ **如果你在这个假设下找到了一种赋值**：该组命题具有一致性。

✓ **如果你反驳了假设**：该组命题不具有一致性。

有效性和无效性

策略假设：尝试证明论证是无效的，假设所有前提为真，且结论为假。

举例： 以下论证是否有效？

前提：

$$P \rightarrow Q$$

$$\sim (P \leftrightarrow R)$$

结论：

$$\sim (\sim Q \ \& \ R)$$

第一步：

$$P \rightarrow Q \qquad \sim (P \leftrightarrow R) \qquad \sim (\sim Q \ \& \ R)$$
$$\text{T} \qquad\qquad\quad \text{T} \qquad\qquad\quad\ \text{F}$$

结果：

✓ **如果你在这个假设下找到了一种赋值：** 该论证无效。

✓ **如果你反驳了假设：** 该论证有效。

用快速表聪明（而非勤奋）地工作

要想运用快速表，你必须付出代价，对下一步如何运算进行思考，不能只是写出所有可能性。因此，如果你知道自己想要得到什么，使用快速表就会更方便。在这个部分，我会告诉你如何让快速表发挥最大优势。

在第5章，我讨论了语句逻辑的八种基本形式，帮助你学习求值。使用快速表时，这些基本形式更为重要。因此，如果需要复习，可以重温一下表5-1。

使用快速表时，每种基本命题形式的真值有十分重要的作用。八种基本形式都有两个可能的真值（**T**和**F**），因此有16种不同的可能性，其中有些可以很轻易地应用于快速表。我会从最简单的开始。

认识六种最容易处理的命题

在16种语句逻辑命题（包括真值）中，有6种使用快速表更容易处理。对于这6种，每个命题中x和y两个子命题的真值都可以轻易解出。

例如，你遇到了一个$x \& y$形式的命题，且已知其真值为**T**。请回忆一下，$\&$命题为真的唯一可能就是构成该命题的两个子命题均为真，因此你知道x和y的真值均为**T**。

同样，假设你遇到$\sim(x \& y)$形式的命题，且已知其真值为**F**，那么在这种情况下，我们很容易就能看出来$x \& y$的真值为**T**，也就再一次说明x和y的真值均为**T**。

表7-1列出了六种最容易处理的语句逻辑命题。一般来说，学习过这些命题之后，你就可以通过快速表迅速解题。

表7-1　六种最容易处理的语句逻辑命题

二者择一开始	得出	x和y的真值
$x\,\&\,y$ 或 $\sim(x\,\&\,y)$ T　　　　F	$x\,\&\,y$ T T T	x为T且y为T
$x \lor y$ 或 $\sim(x \lor y)$ F　　　　T	$x \lor y$ F F F	x为F且y为F
$x \to y$ 或 $\sim(x \to y)$ F　　　　T	$x \to y$ T F F	x为T且y为F

例如，假设你想确定以下论证是有效论证还是无效论证：

前提

$\sim(P \to (Q \lor R))$

$\sim(P\,\&\,(Q \leftrightarrow \sim R))$

结论

$(P\,\&\,\sim R)$

第一步一定是选择正确的策略。在这个案例中，如本章此前"制定策略"部分提到的，你可以以假设前提为真，结论为假。（换言之，你假设该论证是*无效的*，继而寻找符合这个假设的赋值。）此时，你创建的快速表如下：

$\sim(P \to (Q \lor R))$　　$\sim(P\,\&\,(Q \leftrightarrow \sim R))$　　$(P\,\&\,\sim R)$
　　T　　　　　　　　　　　　　**T**　　　　　　　　　　**F**

请注意，第一个命题的形式是$\sim(x \to y)$，其真值为**T**。根据表7-1所示，你可以知道P为真，且$Q \vee R$为假。换言之，快速表可以这样呈现：

$$\sim(P \rightarrow (Q \vee R)) \qquad \sim(P \& (Q \leftrightarrow \sim R)) \qquad (P \& \sim R)$$

T **T** F   **F**   T   **F**

现在，你已经知道$Q \vee R$的真值为 **F**，就可以再次参考表7-1，判断R和Q均为假：

$$\sim(P \rightarrow (Q \vee R)) \qquad \sim(P \& (Q \leftrightarrow \sim R)) \qquad (P \& \sim R)$$

T T F **F** F **F**   T   **F**

只是经过了这三个步骤，你就已经知道了三个常量的真值，因此，你可以继续填写快速表：

$$\sim(P \rightarrow (Q \vee R)) \qquad \sim(P \& (Q \leftrightarrow \sim R)) \qquad (P \& \sim R)$$

T T F F F F   T **T**   **F**   **F**   **T** F **F**

现在，你需要完成快速表，验证该赋值是否适用于每个命题：

$$\sim(P \rightarrow (Q \vee R)) \qquad \sim(P \& (Q \leftrightarrow \sim R)) \qquad (P \& \sim R)$$

T T F F F F   T T **F** F **F** T F   T F **T** F

在这种情况下，第二个命题是正确的。但是，第三个命题不正确：& 命题的两个部分均为真，因此整个命题的真值不可能为 **F**。这就反驳了对论证的假设——论证无效，因此，你可

119

以判定论证是*有效的*。

处理四种相对较难的命题

　　有的时候，在处理这些类型的语句逻辑命题时，你可能会遇到困难。因为它们并不像我在上一小节介绍的命题类型那样简单。如果你要做的是验证语义是否等价，那或许就更难了。因为正如我在本章之前"制定策略"部分提到的，此处需要的策略是用↔运算符将两个命题连接在一起。

　　包含↔运算符的四种命题中，对于子命题x和y，都有*两组*可能的真值，如表7-2所示。

表7-2　四种相对较难处理的语句逻辑命题

二者择一开始	得出	x和y的真值
$x \leftrightarrow y$或~$(x \leftrightarrow y)$ 　T　　　　F	$x \leftrightarrow y$ T T T F F F	要么x为T且y为T 要么x为F且y为F
$x \leftrightarrow y$或~$(x \leftrightarrow y)$ 　F　　　　T	$x \leftrightarrow y$ T F F F F T	要么x为T且y为F 要么x为F且y为T

　　假设你想要判断命题~$(P \vee (Q \rightarrow R))$和命题$((P \rightarrow R) \& Q)$是否语义等价。那么，此处运用到的策略是将两个命题用↔运算符连接，接着假设新命题为假。（换言之，假设两个命题语义不等价。）你设置的快速表如下：

$$\sim(P \lor (Q \to R)) \leftrightarrow ((P \to R) \,\&\, Q)$$
$$\text{F}$$

从表 7–2 中可以看出，该命题有以下两种可能的情况：

$$\sim(P \lor (Q \to R)) \leftrightarrow ((P \to R) \,\&\, Q)$$

T	F	**F**
F	F	**T**

先看第一种情况，请注意，该命题的第一部分属于最容易处理的六种类型之一，所以你此时可以这样填写快速表：

$$\sim(P \lor (Q \to R)) \leftrightarrow ((P \to R) \,\&\, Q)$$
$$\text{T}\ \textbf{F}\ \text{F}\quad \textbf{F}\quad \text{F}\quad\quad \text{F}$$

接着，得出 $Q \to R$ 为假之后，你可以得知 Q 为真且 R 为假。此时，快速表如下：

$$\sim(P \lor (Q \to R)) \leftrightarrow ((P \to R) \,\&\, Q)$$
$$\text{T}\ \textbf{F}\ \text{F}\ \textbf{T}\ \textbf{F}\ \textbf{F}\quad \text{F}\quad\quad \textbf{F}\ \text{F}\ \textbf{T}$$

已知三个常量的真值后，你可以将快速表填写完整：

$$\sim(P \lor (Q \to R)) \leftrightarrow ((P \to R) \,\&\, Q)$$
$$\text{T}\ \text{F}\ \text{F}\ \text{T}\ \text{F}\ \text{F}\quad \text{F}\quad\quad \textbf{F}\ \textcircled{\text{T}}\ \textbf{F}\ \boxed{\text{F}\ \textbf{T}}$$

在这种赋值下，& 命题的两个部分均为真，但命题本身为假，因此是不正确的。那么，我们接下来还要继续寻找适用的赋值。

现在，你可以尝试第二种可能：

$$\sim(P \vee (Q \to R)) \leftrightarrow ((P \to R) \,\&\, Q)$$
$$\mathbf{F} \qquad\qquad F \qquad\qquad \mathbf{T}$$

在这种可能性中，命题的第二部分属于容易处理的类型，所以，你可以这样填写快速表：

$$\sim(P \vee (Q \to R)) \leftrightarrow ((P \to R) \,\&\, Q)$$
$$F \qquad\qquad F \quad \mathbf{T} \quad {\scriptstyle T} \mathbf{T}$$

现在，你已经知道 Q 为真。此外，$\vee$ 命题也为真，因为其否定形式为假。所以，继续填写，你会得到如下快速表：

$$\sim(P \vee (Q \to R)) \leftrightarrow ((P \to R) \,\&\, Q)$$
$$F \; \mathbf{T\,T} \qquad\qquad F \quad {\scriptstyle T} \quad {\scriptstyle T}\,\mathbf{T}$$

进行到这一步，你已经没有更确定的结论可以处理了。但是，你已经快完成了。通过快速表，你需要找到唯一一组行得通的赋值。在这个案例中，我建议你先猜一猜结果会如何。

例如，假设 P 的真值为 $\mathbf{T}$。那么要让子命题 $P \to R$ 为真，R 的真值就必然为 $\mathbf{T}$。因此，三个常量的真值均为 $\mathbf{T}$ 时，你看起来会得到一个非常完美的命题赋值。这时，你的快速表如下：

$$\sim(P \lor (Q \to R)) \leftrightarrow ((P \to R) \& Q)$$

F T T T **T** T F **T** T T **T** T

这是正确的结果，因为正如我在"解读快速表"中讲过的，每一个常量在每一次出现时都具有同样的真值，且在这种赋值下，整个命题是正确的。由此，你已经为最初的假设找到了一个赋值，说明两个命题语义不等价。

你或许想知道，如果假设 P 的真值为 **F** 会怎样。在这个例子中，你会找到另一种赋值，且 R 的真值为 **T**。不过这并不重要——通过快速表，你需要找到唯一一种赋值，而且你已经找到了。

应对六种困难的命题

有六种语句逻辑命题并不是非常适合使用快速表。表 7–3 展示了原因。

表 7–3　六种很难处理的语句逻辑命题

二者择一开始		得出	x 和 y 的真值
$x \& y$ 或 ~($x \& y$) **F**　　　**T**		$x \& y$ **T F F** **F F T** **F F F**	要么 x 为 **T** 且 y 为 **F** 要么 x 为 **F** 且 y 为 **T** 要么 x 为 **F** 且 y 为 **F**

二者择一开始	得出	x 和 y 的真值
$x \vee y$ 或 $\sim(x \vee y)$ T　　F	$x \vee y$ T T T T T F F T T	要么 x 为 T 且 y 为 F 要么 x 为 F 且 y 为 T 要么 x 为 F 且 y 为 F
$x \to y$ 或 $\sim(x \to y)$ T　　F	$x \to y$ T T T F T T F T F	要么 x 为 T 且 y 为 F 要么 x 为 F 且 y 为 T 要么 x 为 F 且 y 为 F

如上表所示，这些命题类型中的每一种都会产生三种可能的情况。如果用快速表来解决问题，你就会陷入漫长而烦琐的确认过程。幸好，你还有其他选择。接下来的几个小节会向你展示，面对三种可能的途径分别可以选择怎样的方法。

第一种方法：使用真值表

要想避免这类命题带来的复杂性，一种方法是回归真值表。真值表永远都是你的选择之一（除非教授不允许你使用），且真值表总能让你得到正确的答案。不过，一如既往，真值表的缺点在于，如果一个问题有很多不同的常量，那你需要完成大量的工作。

第二种方法：使用快速表

123

解决难题的第二种方法是咬紧牙关，用快速表尝试三种可能的途径。毕竟，你在前面的例子中已经知道要如何应对有两种可能的情况。此外，或许你会非常幸运，第一次尝试就得到了行得通的赋值。

例如，假设你想知道 $(\sim(P \rightarrow Q) \,\&\, \sim(R \lor S)) \rightarrow (Q \leftrightarrow R)$ 是否为矛盾命题，那么，此处策略假设如下：

$$(\sim(P \rightarrow Q) \,\&\, \sim(R \lor S)) \rightarrow (Q \leftrightarrow R)$$
$$\mathbf{T}$$

如此，三种可能的途径为：

$$(\sim(P \rightarrow Q) \,\&\, \sim(R \lor S)) \rightarrow (Q \leftrightarrow R)$$

T	T	**T**
F	T	**T**
F	T	**F**

幸运的是，第一条路径会带你通往比较有希望的结果：请注意，子命题 $(\sim(P \rightarrow Q) \,\&\, \sim(R \lor S))$ 是一个 & 命题，属于容易操作的六种命题类型，且其真值为 **T**。因此，快速表如下：

$$(\sim(P \rightarrow Q) \,\&\, \sim(R \lor S)) \rightarrow (Q \leftrightarrow R)$$
T T **T** T T

更棒的是，两个较小的命题部分也属于简单的类型，因此，快速表可以填写如下：

$$(\sim(P \rightarrow Q) \,\&\, \sim(R \lor S)) \rightarrow (Q \leftrightarrow R)$$
T**T**F **F** T T **F**F **F** T T

现在，你可以将 Q 和 R 的真值填写到快速表中：

$$(\sim(P \rightarrow Q) \,\&\, \sim(R \vee S)) \rightarrow (Q \leftrightarrow R)$$
$$\text{T T F \ F \ T T F F F \ T \ \textbf{F} \ T \ \textbf{F}}$$

124　　仅仅三步，你就为最初的假设——命题为真——找到了一种可行的赋值，说明该命题不是矛盾命题。

可你并不总会这样幸运，但通过这个例子，你也可以知道，使用快速表仍可能比真值表快得多。祝你好运！

第三种方法：使用真值树

在第8章中，我会引入*真值树*，作为处理上述情况的完美选择。如果真值表太长，快速表太难，那么真值树可能就是你的最佳帮手。

真理长在树上

本章提要

- 利用真值树分解语句逻辑命题
- 验证一致性、有效性和语义等价
- 利用真值树对重言命题、矛盾命题及偶真命题进行归类

在第6章和第7章中，我已经向你展示过如何使用真值表和快速表得到关于一个或一组语句逻辑命题的信息。在本章中，我会向你介绍解决逻辑问题的第三种（也是我最喜欢的一种）方法：真值树（truth trees）。

在接下来的部分，我会告诉你利用真值树将语句逻辑命题分解为子命题的过程。接着，我会说明如何用真值树解决你之前用真值表和快速表完成的相同类型的问题。

认识真值树的使用方法

无论按照哪种标准，*真值树*都是强有力的工具。事实上，我认为，无论你学习逻辑学时遇到了怎样的问题，本书能提供的最佳解题工具就是真值树。为什么这么说？很高兴你问到了。

首先，真值树非常简单：不仅容易掌握，而且易于运用。

真值树结合了真值表和快速表的优势，同时没有二者的劣势。例如，和真值表一样，真值树也是一种简单直接的方法（不过，你在过程中也可以运用一些小技巧），同时真值树比真值表要短得多。此外，和快速表一样，真值树可以避免重复求值，而且真值树不需要你猜测，也不会出现可能需要排除的第三种可能。

无论语句逻辑问题多么复杂，真值树都可以完美解决问题，而且可以实现效率最大化。此外，真值树在量词逻辑中也可以发挥很大作用。我将在第四部分讨论量词逻辑这一较为庞大的逻辑系统。

我在第5章介绍了语句逻辑命题的八种基本形式。这些形式在学习真值树的内容时再次凸显出重要性，因为真值树将通过另一种方法处理每种形式的命题。（如果需要复习八种形式的内容，可以查看表5–1。）

分解语句逻辑命题

真值树的工作原理是*分解*命题——也就是说，将命题分解为几个较小的子命题。

例如，如果你已知命题$(P \vee Q) \& (Q \vee R)$为真，也知道子命题$(P \vee Q)$为真，且子命题$(Q \vee R)$为真。那么，一般来说，你就可以将所有$x \& y$形式的真命题分解为x和y两个为真的子命题。

在有些情况下，分解一个命题意味着将之分解为两个命题，且其中至少一个命题为真。比如，如果你已知命题$(P \rightarrow Q) \vee (Q \leftrightarrow R)$为真，那么你就知道子命题$(P \rightarrow Q)$和子命题$(Q \leftrightarrow R)$其中之一为真。那么，一般来说，你可以将所有$x \vee y$形式的真命题拆解为$x$和$y$这两个子命题，且至少其中之一为真。

可以直接指向其他真命题的真命题形式被称为单分支命题。指向两个可能方向的形式被称为双分支命题。双分支命题通常会在每个分支中延伸出一个或两个子命题。

表8-1罗列了语句逻辑命题所有八种基本形式及其分支。

例如，如果你想分解命题$(P \rightarrow Q) \vee (Q \rightarrow R)$，你第一步可以先将其分解为两个子命题：

$$(P \rightarrow Q) \vee (Q \rightarrow R) \checkmark$$

$$(P \rightarrow Q) \quad (Q \rightarrow R)$$

请注意，我将命题分解为两个子命题后，会对命题$(P \rightarrow Q) \vee (Q \rightarrow R)$进行检查。检查标记会告诉你，我已经完成了这个命

127

题——尽管我现在还需要处理它的两个子命题。

接下来，你要根据表8-1中给出的规则，将每个子命题分解为更小的子命题。

表8-1 语句逻辑命题的八种分解形式

单分支	双分支到两个子命题	双分支到一个子命题
$x \& y$ x y	$x \leftrightarrow y$ $\diagdown$ $\diagdown$ x　　$\sim x$ y　　$\sim y$	$\sim(x \& y)$ $\diagdown$ $\diagdown$ $\sim x$　　$\sim y$
$\sim(x \lor y)$ $\sim x$ $\sim y$	$\sim(x \leftrightarrow y)$ $\diagdown$ $\diagdown$ x　　$\sim x$ $\sim y$　　y	$x \lor y$ $\diagdown$ $\diagdown$ x　　y
$\sim(x \rightarrow y)$ x $\sim y$		$x \rightarrow y$ $\diagdown$ $\diagdown$ $\sim x$　　y

现在，你已经明白了真值树这个叫法的由来。因为最终的结构看似是倒置的树，就像这样：

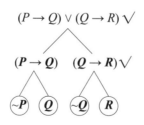

完成这个步骤后，我再一次检查被分解的命题。另外，请注意使用圆圈的惯例。当你将一个命题分解为一个常量或其否

定形式时，将其圈出，以便查看。在这个例子中，我圈出的是~P、Q、~Q和R。

通过这种方式将每个命题分解之后，真值树就完成了。每个分支都会告诉你让原命题为真的一个或多个赋值。为了找到这些赋值，可以沿着真值树树干的起点追踪到该分支的终点，并注意这个过程中被圈住的命题。

例如，从树干的起点追踪到第一个分支的终点，这个过程中唯一被圈住的命题是~P。因此，这个分支告诉你，出现P为假的*任何*赋值都可以使原命题为真。

用真值树解决问题

你可以用真值树来解决所有可以用真值表或快速表解决的问题。与这些工具一样，真值树也需要按照步骤处理问题。以下是用真值树解决问题的步骤：

1.**建立**。要建立一棵真值树，你要根据要解决的问题类型来构建其主干。

2.**填写**。填写真值树时，请使用表8-1中列出的分解规则创建命题所有的分支。

3.**阅读**。要想阅读完成的真值树，需要检查出现的是以下两种结果中的哪一个：

- **至少有一个分支是开放的**：至少有一种赋值使真值树主

干上的每一个命题都为真。

- **所有分支均为封闭的：**没有一种赋值使真值树主干上的每个命题均为真。（在接下来的小节，我会告诉你如何封闭一个分支。）

表示一致性或不一致性

你可以使用真值树弄清楚一组命题是一致的还是不一致的。（关于一致性的内容，请参阅第6章。）例如，你想知道 $P\,\&$ $\sim Q$、$Q \vee \sim R$ 和 $\sim P \rightarrow R$ 这三个命题是否具有一致性。

要判断一组命题具有一致性（至少有一种赋值使每个命题为真）还是具有不一致性（没有一种赋值使所有命题为真），你可以以该组命题为主干构建一棵真值树。以下是真值树的主干：

$$P\,\&\,\sim Q$$
$$Q \vee \sim R$$
$$\sim P \rightarrow R$$

建立好主干后，你可以分解第一个命题 $P\,\&\,\sim Q$ 了。以下是你会得到的内容：

将命题 P & $\sim Q$ 分解为两个子命题之后，我标注了检查标志，并圈住了两个单独的常量——P 和 $\sim Q$。

下一个命题是 $Q \lor \sim R$。这个命题可以拆分为两个独立的分支，如下所示：

$$P \,\&\, \sim Q \,\checkmark$$

$$\boldsymbol{Q} \lor \boldsymbol{\sim R} \,\checkmark$$

$$\sim P \to R$$

$$\boxed{P}$$

$$\sim Q$$

$$\boxed{Q} \qquad \boxed{\sim R}$$
$$X$$

从主干的起点追踪到分支的终点时，如果你经过了一组相互矛盾的且被圈住的命题，那么就在该分支下写一个 X，表示封闭该分支。

在这个例子中，从主干的起点追踪到左边分支的终点，你

130

必须经过三个被圈住的命题：P、$\sim Q$以及Q。但$\sim Q$和Q是相互矛盾的命题，因此我封闭了该分支。

思考一番之后，你会发现，封闭这个分支是有道理的。这个分支告诉你，在P、$\sim Q$以及Q均为真的情况下，任何一种赋值都能让三个原始命题为真。可是，$\sim Q$和Q不可能同时为真，因此这个分支*没能*提供可能的赋值。

最后要分解的命题是$\sim P \to R$。如你从表8-1中学到的，这个命题的分支分解之后如下：

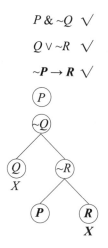

你再一次看到，我已经封闭了一个矛盾的分支。在这个分支中，矛盾的是R和$\sim R$。

出现以下情况之一时，真值树就算完成了：

√ 每个命题都已被检查或每个常量都已被圈住；

√ 每个分支都已经封闭。

在这个例子中，每个项目都已经被检查过或被圈住了，因此真值树已经完成。完成真值树后，我们要查看是否仍有开放的分支。查看已经完成的真值树是否有开放的分支可以让你判断最初的一系列命题是否具有一致性。请看以下规则：

√ 如已完成的真值树至少有一个开放的分支，那么这组命题具有一致性。

√ 如已完成的真值树所有分支都是封闭的，那么这组命题不具有一致性。

正如你看到的，这一节的例子中，真值树还有开放的分支，也就说明存在一种赋值让三个命题同时为真。因此，在这种情况下，该组命题具有一致性。

如果你想知道这个赋值是什么，可以从树干开始追踪到分支的末端。沿着真值树追踪的过程中，你会发现，被圈住的项目是 P、$\sim Q$ 以及 $\sim R$。也就是说，只有在 P 的真值为 **T**，且 Q 和 R 的真值同时为 **F** 这组赋值下，三个原始命题为真。

验证有效性或无效性

如果你想确定一个论证是有效的还是无效的（关于有效性

的内容，请参阅第6章），那么真值树也是很方便的工具。例如，假设你想确定以下论证是否有效：

前提：

$\sim P \leftrightarrow Q$

$\sim(P \lor R)$

结论：

$\sim Q \,\&\, \sim R$

要确定一个论证是有效的还是无效的，我们可以用前提和结论的否定作为主干来创建真值树。

132　　运用我在本节开始时引入的例子创建真值树，那么主干如下：

$$\sim\!\boldsymbol{P} \leftrightarrow \boldsymbol{Q}$$

$$\sim\!(\boldsymbol{P} \lor \boldsymbol{R})$$

$$\sim\!(\sim\!\boldsymbol{Q} \,\&\, \sim\!\boldsymbol{R}\,)$$

不过，你不用从树的顶端开始。按照不同的顺序分解命题往往也很有帮助。表8-1将八种基本命题形式分成了三类。这种区分可以帮助你决定分解命题的顺序。只要真值树的树干上有一个以上的命题，那么我们就可以参考以下分解顺序：

1.单分支；

2.有两个子命题的双分支；

3.有一个子命题的双分支。

这种分解命题的顺序确实是有意义的。只要有可能，你就可以选择单分支，这样可以保证真值树尽可能地简单。但是，如果你别无选择，只能分解双分支时，就首选带有两个子命题的双分支。因为增加两个命题可以增加你封闭其中一个分支的机会。

在这个例子中，只有第二个命题~$(P \lor R)$是单分支。所以，你可以首先像这样分解这个命题：

$$\sim P \leftrightarrow Q$$

$$\sim(P \lor R) \;\surd$$

$$\sim(\sim Q \;\&\; \sim R)$$

$$\boxed{\sim P}$$

$$\boxed{\sim R}$$

剩下的两个命题是双分支。但只有第一个命题$(\sim P \leftrightarrow Q)$可以分解为两个子命题。因此，你下一步可以这样分解这个命题：

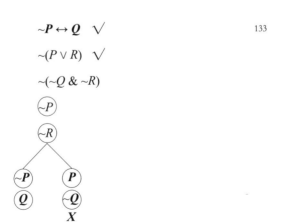

133

这时，一个分支被封闭了：从主干顶端追踪到这个分支的终点，你不得不经过~P和P，但二者相互矛盾。最后一步就是分解~(~Q & ~R)，由此，你的真值树如下：

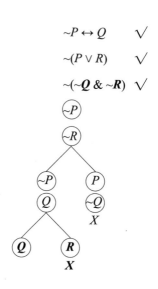

请注意，你只需要在开放的分支下写下新分解的命题，而不用添加到封闭的分支上。现在，每个命题都已经被检查过，因此真值树已经完成。

通过真值树验证论证是否有效时，可以遵循以下规则：

√ 如果真值树至少有一个开放的分支，则该论证无效；

√ 如果真值树的所有分支都是封闭的，则该论证有效。

在本节使用的例子中，有一个分支还是开放的，因此论证无效。从主干追踪到这个分支的末端，你会发现被圈住的命题是~P、Q和~R。也就是说，论证无效的*唯一*赋值为P和R的真值均为**F**，且Q的真值为**T**。

区分重言命题、矛盾命题和偶真命题

在第6章中，我告诉过你，语句逻辑的每个命题都可以被归类为*重言命题*（命题恒为真）、*矛盾命题*（命题恒为假）以及*偶真命题*（命题根据其常量的真值或为真或为假）。你可以使用真值树将语句逻辑命题进行归类。

重言命题

假设你想验证命题$((P \ \& \ Q) \lor R) \to (((P \leftrightarrow Q) \lor (R \lor (P \ \& \ {\sim}Q)))$是否为重言命题。

 为了证明某个命题为重言命题，你可以使用该命题的*否定*作为真值树的主干。

使用上述示例命题的否定，你可以像这样创建真值树：

$${\sim}(((P \ \& \ Q) \lor R) \to (((P \leftrightarrow Q) \lor (R \lor (P \ \& \ {\sim}Q)))))$$

即使这个命题看起来很长且很复杂，但你已经知道，它对应的是第5章（表5-1）列出的八种基本形式之一。你只需要找

到正确的形式。我已经在第5章讲过了这个问题，但再复习一
下也没有什么不好。

135　　　　这个命题的主运算符为第一个~运算符——也就是唯一一个
在所有括号外的运算符——因此命题的形式是四种否定形式之
一。此外，→运算符覆盖命题的余下部分，所以该命题的形式为
~(x → y)。由表8–1可知，这种形式是单分支，因此真值树如下：

$$\sim(((P \,\&\, Q) \lor R) \to (((P \leftrightarrow Q) \lor (R \lor (P \,\&\, \sim Q))))) \; \checkmark$$

$$(P \,\&\, Q) \lor R$$

$$\sim(((P \leftrightarrow Q) \lor (R \lor (P \,\&\, \sim Q))))$$

请注意，我删除了子命题(($P \,\&\, Q$) ∨ R)外的括号。这是应
该进行的步骤，我会在第14章进行讲解。

现在，最后一个命题是~(x ∨ y)的形式，说明是单分支形
式。因此，根据多个命题存在时的分解顺序（见本章之前"验
证有效性或无效性"部分），这是我们接下来要处理的命题。
填写之后的真值树如下：

$$\sim(((P \,\&\, Q) \lor R) \to (((P \leftrightarrow Q) \lor (R \lor (P \,\&\, \sim Q))))) \; \checkmark$$

$$(P \,\&\, Q) \lor R$$

$$\sim(((P \leftrightarrow Q) \lor (R \lor (P \,\&\, \sim Q)))) \; \checkmark$$

$$\sim(P \leftrightarrow Q)$$

$$\sim(R \lor (P \,\&\, \sim Q))$$

同样，最后一个命题也是~(*x* ∨ *y*)的形式，因此也是一个单分支，所以我们接下来分解这个命题：

~(((*P* & *Q*) ∨ *R*) → (((*P* ↔ *Q*) ∨ (*R* ∨ (*P* & ~*Q*))))) √
(*P* & *Q*) ∨ *R*
~(((*P* ↔ *Q*) ∨ (*R* ∨ (*P* & ~*Q*)))) √
~(*P* ↔ *Q*)
~(*R* ∨ (*P* & ~*Q*)) √
~*R*
~(*P* & ~*Q*)

尽管这个例子看起来很长，但退一步来看，你之前的三个步骤都不用处理双分支。在整个过程中，你可以因此节省大量工作，因为需要你判断的只有一个分支，而非两个（更不是四个或八个！）。

不过，在这个例子中，你最终还是要面对双分支。由于双分支可以导向两个子命题，那么按照我在之前"验证有效性或无效性"部分提到的分解顺序，我们从~(*P* ↔ *Q*)这个命题开始。现在，你的真值树如下：

136

$\sim(((P \,\&\, Q) \lor R) \to (((P \leftrightarrow Q) \lor (R \lor (P \,\&\, \sim Q))))) \,\surd$

$(P \,\&\, Q) \lor R$

$\sim(((P \leftrightarrow Q) \lor (R \lor (P \,\&\, \sim Q))) \,\surd$

$\sim(\boldsymbol{P \leftrightarrow Q}) \,\surd$

$\sim(R \lor (P \,\&\, \sim Q)) \,\surd$

$\boxed{\sim R}$

$\sim(P \,\&\, \sim Q)$

```
              ~(P & ~Q)
             /          \
          (P)            (~P)
          (~Q)            (Q)
```

现在来分解 $(P \,\&\, Q) \lor R$ ：

$\sim(((P \,\&\, Q) \lor R) \to (((P \leftrightarrow Q) \lor (R \lor (P \,\&\, \sim Q))))) \,\surd$

$\boldsymbol{(P \,\&\, Q) \lor R} \,\surd$

$\sim(((P \leftrightarrow Q) \lor (R \lor (P \,\&\, \sim Q)))) \,\surd$

$\sim(P \leftrightarrow Q) \,\surd$

$\sim(R \lor (P \,\&\, \sim Q)) \,\surd$

$\boxed{\sim R}$

$\sim(P \,\&\, \sim Q)$

```
                  ~(P & ~Q)
               /             \
            (P)               (~P)
            (~Q)               (Q)
           /    \             /    \
       P & Q   (R)        P & Q    (R)
                X                    X
```

这一步骤封闭了四个分支中的两个。现在，*P & Q* 是单分支，所以我们要在余下的两个分支下对这个命题进行分解，如下所示：

$\sim((((P \& Q) \vee R) \rightarrow (((P \leftrightarrow Q) \vee (R \vee (P \& \sim Q))))) \checkmark$ 137

$(P \& Q) \vee R \checkmark$

$\sim(((P \leftrightarrow Q) \vee (R \vee (P \& \sim Q)))) \checkmark$

$\sim(P \leftrightarrow Q) \checkmark$

$\sim(R \vee (P \& \sim Q)) \checkmark$

$\sim R$

$\sim(P \& \sim Q)$

$P \qquad\qquad\qquad \sim P$

$\sim Q \qquad\qquad\qquad Q$

$P \& Q \checkmark \quad R \qquad P \& Q \checkmark \quad R$

$P \qquad\quad X \qquad\quad P \qquad\quad X$

$Q \qquad\qquad\qquad Q$

$X \qquad\qquad\qquad X$

到此，你已经封闭了所有剩余的分支。请注意，$\sim(P \& \sim Q)$ 这个命题没有被标记。不过这并不影响结果，因为每个分支都被封闭之后，真值树就已经完成了。

验证一个命题是否为重言命题时，请遵循以下规则：

✓ 如果真值树有至少一个开放的分支，那么这个命题不是重言命题——要么是矛盾命题，要么是偶真命题。（要想进一步确定或排除矛盾命题的可能性，你需要像我在接下来的小节中讲到的，重新构建真值树。）

✓ 如果真值树没有开放的分支，命题为重言命题。

在这个例子中，真值树表明，命题为重言命题。

矛盾命题

假如你想验证$(P \leftrightarrow Q) \,\&\, (\sim(P \,\&\, R) \,\&\, (Q \leftrightarrow R))$是否为矛盾命题。

要想证明某个命题为矛盾命题，你可以将这个命题作为真值树的主干。对于我刚刚引入的例子，其真值树的主干如下：

$$(P \leftrightarrow Q) \,\&\, (\sim(P \,\&\, R) \,\&\, (Q \leftrightarrow R))$$

幸好，这个命题第一个要分解的部分是单分支：

$$(P \leftrightarrow Q) \,\&\, (\sim(P \,\&\, R) \,\&\, (Q \leftrightarrow R)) \checkmark$$

$$P \leftrightarrow Q$$

$$\sim(P \,\&\, R) \,\&\, (Q \leftrightarrow R)$$

现在，你可以选择是分解$P \leftrightarrow Q$还是$\sim(P \,\&\, R) \,\&\, (Q \leftrightarrow R)$。

然而，根据表8–1，最后一个命题是单分支，所以我们先分解这个命题：

$$(P \leftrightarrow Q) \,\&\, (\sim(P \,\&\, R) \,\&\, (Q \leftrightarrow R)) \;\checkmark$$

$$P \leftrightarrow Q$$

$$\sim(P \,\&\, R) \,\&\, (Q \leftrightarrow R) \;\checkmark$$

$$\sim(P \,\&\, R)$$

$$Q \leftrightarrow R$$

由于已经完成了所有的单分支命题，所以现在需要处理双分支。首先从会产生两个子命题的命题开始。我们从 $P \leftrightarrow Q$ 入手：

$$(P \leftrightarrow Q) \,\&\, (\sim(P \,\&\, R) \,\&\, (Q \leftrightarrow R)) \;\checkmark$$

$$P \leftrightarrow Q \;\checkmark$$

$$\sim(P \,\&\, R) \,\&\, (Q \leftrightarrow R) \;\checkmark$$

$$\sim(P \,\&\, R)$$

$$Q \leftrightarrow R$$

接着要分解的是 $Q \leftrightarrow R$：

139

$(P \leftrightarrow Q) \mathbin{\&} (\sim(P \mathbin{\&} R) \mathbin{\&} (Q \leftrightarrow R))$ √

$P \leftrightarrow Q$ √

$\sim(P \mathbin{\&} R) \mathbin{\&} (Q \leftrightarrow R)$ √

$\sim(P \mathbin{\&} R)$

$Q \leftrightarrow R$ √

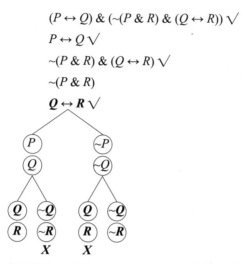

这个步骤封闭了四个分支中的两个。你最后要分解的是 $\sim(P \mathbin{\&} R)$，真值树如下：

$(P \leftrightarrow Q) \mathbin{\&} (\sim(P \mathbin{\&} R) \mathbin{\&} (Q \leftrightarrow R))$ √

$P \leftrightarrow Q$ √

$\sim(P \mathbin{\&} R) \mathbin{\&} (Q \leftrightarrow R)$ √

$\sim(\boldsymbol{P \mathbin{\&} R})$ √

$Q \leftrightarrow R$ √

由于每个命题都已经被验证或被圈住，所以真值树现在已经完成了。

验证某个命题是否为矛盾命题时，请遵循以下指引：

✓ 如果真值树有至少一个开放的分支，命题不是矛盾命题——要么是重言命题，要么是偶真命题。（要想确认或排除重言命题的可能性，你需要像我在前一小节讲过的那样创建另一个真值树。）

✓ 如果真值树没有开放的分支，命题为矛盾命题。

在这个例子中，有两个分支仍是开放的，因此命题不是矛盾命题。

尽管这棵真值树还剩下两个开放的分支，但只有一种赋值让原命题为真。沿着树干向下追踪到每个开放分支的底端，你会发现，P、Q 和 R 均为假是唯一的那组赋值。

偶真命题

一如既往，验证某个命题是否为偶真命题，只需要排除该命题是重言命题或矛盾命题的情况即可。（关于偶真命题的具体内容，请参阅第6章）。

验证某个命题是否为偶真命题时，你可以使用之前验证重言命题和矛盾命题的两个方法。如果命题不是重言命题，也不是矛盾命题，那必然是偶真命题。

验证语义是否等价

如果你一定要验证一组命题是否语义等价，那你非常幸运，因为真值树可以作为帮助你的工具。（如我在第6章讲到的，如果两个命题语义等价，那么在每种赋值下，它们都有同样的真值。）

要确定一组命题是否语义等价，你需要创建两棵真值树：

✓ 以第一个命题和第二个命题的否定作为主干创建一棵真值树；

✓ 以第一个命题的否定和第二个命题作为主干创建另一棵真值树。

假设你想判断命题 $\sim P \rightarrow (Q \rightarrow \sim R)$ 和 $\sim(P \vee \sim Q) \rightarrow \sim R$ 是否语义等价。对于这个例子，你需要两棵真值树，其主干如下：

第1棵真值树：

$\sim P \rightarrow (Q \rightarrow \sim R)$

$\sim(\sim(P \vee \sim Q) \rightarrow \sim R)$

第2棵真值树：

$\sim(\sim P \rightarrow (Q \rightarrow \sim R))$

$\sim(P \vee \sim Q) \rightarrow \sim R$

从第一棵真值树开始，第二个命题是 $\sim(x \rightarrow y)$ 的单分支形式，因此，我们先分解这个命题：

$$\sim P \rightarrow (Q \rightarrow \sim R)$$

$$\sim(\sim(\boldsymbol{P} \vee \sim\boldsymbol{Q}) \rightarrow \sim\boldsymbol{R}) \checkmark$$

$$\sim(P \vee \sim Q)$$

$$\textcircled{\boldsymbol{R}}$$

命题~$(P \vee \sim Q)$也是单分支，因此，我们接下来分解它：

$$\sim P \rightarrow (Q \rightarrow \sim R)$$

$$\sim(\sim(P \vee \sim Q) \rightarrow \sim R) \checkmark$$

$$\sim(\boldsymbol{P} \vee \sim\boldsymbol{Q}) \checkmark$$

$$\textcircled{R}$$

$$\textcircled{\sim\boldsymbol{P}}$$

$$\textcircled{\boldsymbol{Q}}$$

现在我们回到第一个命题，因为你开始跳过了一部分：   142

$$\sim P \rightarrow (Q \rightarrow \sim R) \checkmark$$

$$\sim(\sim(P \vee \sim Q) \rightarrow \sim R) \checkmark$$

$$\sim(P \vee \sim Q) \checkmark$$

$$\textcircled{R}$$

$$\textcircled{\sim P}$$

$$\textcircled{Q}$$

$$\textcircled{\boldsymbol{P}} \qquad \boldsymbol{Q} \rightarrow \sim\boldsymbol{R}$$
$$\boldsymbol{X}$$

这一步骤封闭了一个分支。现在分解 $Q \rightarrow {\sim}R$，你会得到：

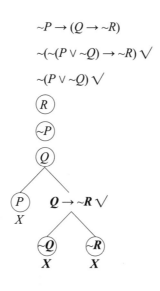

现在，第1棵真值树已经完成。

验证一组命题是否语义等价时，请遵循以下指引：

✓ 如果任何一棵真值树都有至少一个开放的分支，则这组命题语义不等价。

✓ 如果两棵真值树都只有封闭的分支，则这组命题语义等价。

143

如果第一棵真值树有至少一个开放的分支，那么说明这组命题语义不等价，也就意味着你可以跳过第二棵真值树。

由于例子中的第一棵真值树所有分支都是封闭的，所以你需要处理第二棵真值树。在此情况下，第一个命题是单分支，所以首先对它进行分解：

$$\sim(\sim P \to (Q \to \sim R)) \ \checkmark$$

$$\sim(P \lor \sim Q) \to \sim R$$

$$\text{\textcircled{$\sim$}}P$$

$$\sim(Q \to \sim R)$$

命题 $\sim(Q \to \sim R)$ 也是单分支，接下来要分解的就是这个命题：

$$\sim(\sim P \to (Q \to \sim R)) \ \checkmark$$

$$\sim(P \lor \sim Q) \to \sim R$$

$$\text{\textcircled{$\sim$}}P$$

$$\sim(Q \to \sim R) \ \checkmark$$

$$\text{\textcircled{Q}}$$

$$\text{\textcircled{R}}$$

还没有处理的命题 $\sim(P \lor \sim Q) \to \sim R$ 是双分支，因此我们现在对其进行分解如下：

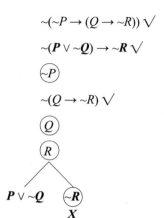

144　　　这个步骤封闭了一个分支。最后，我们分解 $P \vee \sim Q$，可知：

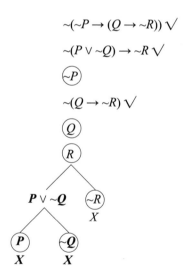

至此，每棵真值树的分支均已封闭，你由此可知，两个命题语义等价。

语句逻辑中的证明、句法和语义

他拿出了真值表，摆出来几个定理，然后我就鬼使神差买了防锈产品。

在本部分……

　　证明是逻辑学最核心的内容。不过，对有些学生来说，写逻辑学证明让人灰心受挫。但不要害怕！只要掌握了正确的方法——证明并不像你想象的那样困难。

　　在这一部分，你会掌握语句逻辑的证明。第9章会告诉你什么是证明，以及如何构建证明，同时会讲到前八条推理规则——蕴涵规则。第10章会讲到剩下的十条推理规则——等价规则。第11章会介绍两种新的证明方法：条件证明法和间接证明法。在第12章中，我会在讲解证明策略时告诉你如何使用这些工具，以及何时使用。

　　此外，你会构建对语句逻辑的整体概念。第13章会告诉你为什么五个语句逻辑运算符就足以生成语句逻辑所有的真值函数。第14章会讲解与语句逻辑的句法和语义相关的各种主题。由此，我会说明如何判断语句逻辑中的一串符号是否为合式公式。最后，我会带你简单领略布尔代数的魅力。

你究竟要证明什么？

本章提要

- 介绍直接证明
- 使用推理规则构建证明

你应该已经有写证明的经验了，毕竟那些难解决的问题是高中几何的重要部分。在几何学证明中，你首先从一组简单的公理（也叫作"公设"）开始，如"所有直角都相等"，之后想办法构建更复杂的命题，即定理。

为计算机编程时，你会使用简单的命题编制复杂的软件，这也与证明的方法类似。在语句逻辑的证明中，这种从简单过渡到复杂的理念也很常见。

从某种意义上说，构建证明就如同从河的一岸构建通往对岸的桥梁。起点是给定的一组前提，终点就是你想得到的结论。你用于构建桥梁的材料就是*推理规则*，也就是18种将原命题转化为新命题的方法。

在本章中，我会介绍前八条推理规则——蕴涵规则。你在学习的过程中会对证明有所认识。

尽管这些规则清晰明确，但在某些特定情况下的应用并不总是显而易见的。写证明是一门艺术，如果你能写对，那整个过程都会非常有趣，让人心满意足，但如果没写对，就会让人相当懊恼。幸好，我们现在有很多技巧。一旦你掌握了这些技巧，那么遇到困难时就有了应对方法。

弥合前提与结论之间的鸿沟

一个有效论证就像一座桥——为你提供了一条从这里（前提）到那里（结论）的路径，哪怕桥下海水汹涌。证明就是建造桥梁的方法，让你能够从一端安全地到达另一端。

我们以这个论证为例。

前提：

$$P \to Q$$

$$P$$

结论：

$$Q$$

由于证明非常倚重论证，因此，我在这一章中会介绍写论证的新方法，非常节省纸张。使用这种方法，你可以将之前的论证写成：

$$P \rightarrow Q, P : Q$$

如你所见，一个逗号将两个前提 $P \rightarrow Q$ 和 P 隔开，且前提与结论 Q 之间用冒号隔开。如果你说一个论证有效，那就意味着你搭建的桥梁是安全的，也就是说，如果你从左边出发（即前提为真），就可以安全地到达右边（即结论也为真）。

以简单的算术题为例，请看这道加法题：

$$2 + 3 = 5$$

这个等式是正确的，所以如果你同时在两边加 1，也会得到一个正确的等式：

$$2 + 3 + 1 = 5 + 1$$

验证这个等式是否仍然正确非常简单，因为两边相加都是 6。

现在，我们换成变量试一下：

$$a = b$$

假设你同时在两边加上了第三个变量：

149

$$a + c = b + c$$

这个等式正确吗？其实，由于你并不知道变量代表什么，所以并不能确定。但是，尽管不知道变量代表什么，你还是可以说，如果第一个等式是正确的，第二个等式也必然正确。

因此，以下是一个有效命题：

$a = b \rightarrow a + c = b + c$

因此，有了这些信息，你可以构建以下论证：

前提：

$a = b$

$a = b \rightarrow a + c = b + c$

结论：

$a + c = b + c$

如果已知一个有效论证的左边为真，那你就确定自己可以安全地到达右边——换言之，右边也为真。此外，你填入的数字并不重要。只要你从真命题出发，并且使用了论证的惯用形式，最终总能得到一个为真的命题。

对语句逻辑使用八条蕴涵规则

语句逻辑中的证明与算术中的证明非常类似。唯一不同的是，语句逻辑的证明不会使用算术符号，而是使用你熟悉且喜欢的语句逻辑运算符（更多关于这些有趣的运算符的内容，请参阅第14章）。

语句逻辑中有八条*蕴涵规则*，也就是让你建立桥梁、从此处到达彼处的规则。换言之，你可以从一个或多个真命题开始，最后以另一个真命题结束。大多数规则都非常简单——甚至看起来微不足道。然而，这种简单性就是其巨大作用所在，因为这样你就能更自信地处理相当复杂的问题。

我会在这个小节介绍这八条规则，告诉你如何将之应用于语句逻辑证明的书写。在介绍的过程中，我会讲解一些小技巧，帮助你更轻松地完成任务。（关于证明策略更深入的讲解，请参阅第12章。）此外，我还会介绍几个方法，让你考试时也能一下想到这些规则。

毕竟，你得记住这些规则。不过，用过几次，你就会发现，自己很轻松就能记住大部分。

→规则：肯定前件和否定后件

在第3章中，我把if命题比作滑梯：要想命题最后为真，那么假设命题的第一部分为真，那第二部分也*必然*为真。本部分会讲到的两个蕴涵规则——*肯定前件*（**MP**）和*否定后件*（**MT**）——通过不同的方式运用了上述理念。

肯定前件（MP）

MP : $x \to y, x : y$

MP的意思是，*所有*这种形式的论证都是有效的。以下是它最简单的形式：

$P \rightarrow Q, P : Q$

不过，根据同样的规则，类似的论证也同样有效：

$\sim P \rightarrow \sim Q, \sim P : \sim Q$

$(P \& Q) \rightarrow (R \& S), P \& Q : R \& S$

$(P \leftrightarrow \sim(Q \& \sim R)) \rightarrow (\sim S \vee (R \rightarrow P)), (P \leftrightarrow \sim(Q \& \sim R)) : (\sim S \vee (R \rightarrow P))$

一个标准的证明包括很多带有编号的行。最上面几行是前提，最后一行是结论，中间几行是逻辑上连接它们的中间步骤。每一行都有一个行号和一个命题，最后是对该命题采用这个规则的说明（包括所使用的规则及受其影响的那一行的行号）。

151

例如，以下是对论证 $(P \& Q) \rightarrow R, (P \& Q) : R$ 的证明：

1. $(P \& Q) \rightarrow R$ **P**

2. $(P \& Q)$ **P**

3. R 1、2 **MP**

如你所见，这个证明并不需要任何中间步骤。前提（**P**）直接可以导向结论，对规则的说明写出了 **MP** 规则，也写明了将这条规则应用于行1和行2。

接下来，我们来试着证明这个稍微复杂的论证是有效的：

$$P \rightarrow Q, Q \rightarrow R, R \rightarrow S, P : S$$

所有证明的第一步都是一样的：抄写所有的前提，写明行号和对规则的说明。以下是第一个步骤完成之后的样子：

1. $P \rightarrow Q$ **P**

2. $Q \rightarrow R$ **P**

3. $R \rightarrow S$ **P**

4. P **P**

抄写好前提之后，你要找到可以采取的步骤。在这个例子中，你可以在行 1 和行 4 使用 **MP** 规则：

5. Q 1、4 **MP**

MP 规则可以让你得到一个新的命题 Q，作为下一步骤的一部分。这一次，你可以在行 2 和行 5 应用 **MP** 规则：

6. R 2、5 **MP**

由此，你再一次得到了一个新命题 R，可以将之用于下一步。最后一步已经不言自明：

7. S 3、6 **MP**

论证中的结论出现时，你就知道证明已经完成了。在这种情况下，S 是你想要证明的，所以你已经完成了整个证明。

否定后件（MT）

MT 也运用了滑梯理念，但运用的方式与 **MP** 有所不同：它告诉你，"如果已知一个形式为 $x \to y$ 的命题为真，且 y 部分为假，你就可以得出结论，x 部分也为假"。换言之，如果你滑滑梯到底时*没有*到达 y 处，就说明你最初就*不是*在滑梯上的 x 处。

MT : $x \to y, \sim y : \sim x$

与 **MP**（前一小节的内容）一样，**MT** 和其他推理规则可以普遍适用。由此，利用该规则容易证明的几种有效论证如下：

$P \to Q, \sim Q : \sim P$

$(P \,\&\, Q) \to R, \sim R : \sim(P \,\&\, Q)$

$(P \lor Q) \to (R \leftrightarrow S), \sim(R \leftrightarrow S) : \sim(P \lor Q)$

认识这个规则后，你现在可以对上述论证的有效性进行证明：

$P \to Q, \sim P \to R, \sim Q : R$

和之前一样，你要先抄写下前提：

1. $P \to Q$ **P**

2. $\sim P \to R$ **P**

3. $\sim Q$ **P**

目前为止，我已经给了你两条可以运用的规则——**MP** 和 **MT**。你的证明需要这两条规则。

在大多数证明中，短命题比长命题更容易处理。

此处，最短的命题是~Q，因此，相对较好的方法是先找到处理这个命题的方法。其实你不用很费力，因为你可以像这样使用否定后件规则：

4. ~P   1、3 **MT**

之后，你可以运用 **MP** 规则：

5. R   2、4 **MP**

同样，结论出现的一刻，证明就完成了。

& 规则：连接和简化

两条 & 规则都有一个共同的元素：& 命题。*简化*（**Simp**）有助于在证明的最开始分解 & 命题，*连接*（**Conj**）有助于在证明结束时将它们联系在一起。

连接（*Conj*）

Conj 表示："如果你已知两件事分别为真，那你也知道它们结合之后依然为真。"

Conj : $x, y : x \& y$

连接规则非常直截了当：已经给定两个真命题 x 和 y，你就可以得出结论，命题 $x \& y$ 也为真。

用这个证明一试身手：

$$P \rightarrow Q, R \rightarrow S, P, \sim S : (P \,\&\, \sim S) \,\&\, (Q \,\&\, \sim R)$$

首先，先抄写前提：

1. $P \rightarrow Q$ **P**

2. $R \rightarrow S$ **P**

3. P **P**

4. $\sim S$ **P**

写证明有些像寻宝：尝试通过各种方式找到下一条线索。例如，你可以先研究结论，确定前进的方向。之后再看前提，思考如何能够得到结论。

一般而言，长结论比短结论更容易证明。我们应用的策略是，每次将长命题当作一个子命题。

在这个例子的证明中，你需要构建的是子命题$(P \,\&\, \sim S)$和子命题$(Q \,\&\, \sim R)$。两个子命题之间的是&运算符，这就说明你可以用**Conj**将它们连接起来。其实，你可以在一个步骤中使用一个子命题：

5. $P \,\&\, \sim S$ 3、4 **Conj**

154

我们先找到包含相同常量的命题，之后看看是否可以用推理规则将之结合。

来看例子，你会发现第1行和第3行有同样的常量，第2行和第4行也是：

6. Q 1、3 **MP**

7. $\sim R$ 2、4**MT**

你可以将两个命题用 **Conj** 结合起来：

8. $Q \& \sim R$ 6、7 **Conj**

由此，你得到了结论的另一个子命题。接下来，你唯一要做的就是用收集到的子命题构建结论：

9. $(P \& \sim S) \& (Q \& \sim R)$ 5、8 **Conj**

这是一个长达九行的证明，但如果一部分一部分单独处理，它最终会变得完整。

现在，你已经完成了这个证明，接下来可以把论证抄下来，合上书，看看是否能独立再完成一次。你或许会在过程中发现难以解决的问题，但现在发现总比考试时发现要好！

简化（Simp）

Simp 的意思是："如果你已知两件事结合在一起为真，那么你也知道它们分别为真。"

Simp : $x \& y : x$

$\qquad x \& y : y$

Simp 有些像 **Conj** 的反面。但是，你并不是从子命题开始构建整体，而是从整体开始还原各个子命题。

尝试为这个论证写证明：

$$P \to Q, R \to S, P \& \sim S : Q \& \sim R$$

和之前一样，先把前提抄下来：

1. $P \to Q$ **P**

2. $R \to S$ **P**

3. $P \& \sim S$ **P**

你可以在证明时尽早使用 **Simp** 规则来*分解* & 命题，以便将很长的 & 命题分解为较短的子命题。这样你要处理的命题，也就是用来构建结论的命题，就会更加简单。

第 3 行是应用这一规则的唯一机会：

4. P 3 **Simp**

5. $\sim S$ 3 **Simp**

你可能已经注意到本章中的证明有某种相似性。如果你注意到了，那很好！你现在应该很熟悉接下来的两个步骤了：

6. Q 1、4 **MP**

7. $\sim R$ 2、5 **MT**

最后就是把所有子命题放在一起，如下：

8. $Q \& {\sim}R$ 6、7 **Conj**

∨规则：加法和选言三段论

Simp 与 **Conj** 具有关联性，同样，选言三段论（**DS**）也与加法（**Add**）具有关联性。这两个规则都是针对∨命题的。**DS** 可以将命题拆解，**Add** 则是将命题联系在一起。

加法（Add）

Add 表示："如果已知 x，就可以得出 x 或 y 的结论。"

Add : $x : x \vee y$

乍看上去，这条规则似乎很是奇怪。你可能会问："如果只是从 x 开始，那为什么会涉及 y？"无论你是否相信，**Add** 的魅力就在于让 y 神奇地凭空出现。

记住，要构建一个为真的∨命题，你只需要它部分为真（请参阅第4章），另一部分可以任你选择。

156

以这个证明为例：

$$Q \to S, Q : ((P \leftrightarrow {\sim}Q) \leftrightarrow R) \vee ((P \vee S) \& (Q \vee R))$$

这个证明确实看上去让人崩溃。毕竟也没有太多可以处理的素材——只有两个前提而已：

1. $Q \to S$ **P**
2. Q **P**

第一步基本不用多说：

3. *S*   1、2 **MP**

如果某个论证的结论为∨命题，你只需要构建两个子命题中的一个，之后用加法将其叠加在剩余部分上。

在此，我们需要认识到的关键一点是，你有两个选择：你可以选择证明结论的第一部分——((P ↔ ~Q) ↔ R)——也可以选择证明结论的第二部分(P ∨ S) & (Q ∨ R)。在这个例子中，你应该用第二部分进行尝试，因为我还没有教过你处理↔命题的规则。

证明就像一座桥：桥体越大，越有可能是从两端开始建造而非从一端开始。因此，面对像这样较为复杂的证明，你可以把要得到的结论写在页面底部，然后逐渐向上书写证明过程。

在这个例子中，结论如下：

6. (P ∨ S) & (Q ∨ R)
7. ((P ↔ ~Q) ↔ R) ∨ ((P ∨ S) & (Q ∨ R))   6 **Add**

这样设置好之后，我的意思基本就是："我并不确定自己是怎么得到这个结论的，但最后一步用**Add**来处理了略微棘手的↔命题。"（我要在此顺便提一下，即使是逆向处理问题，你也不用太过担心命题的编号——随手写就可以了，因为我有超感。）

现在，我们来看行6。还是一样，逆向处理问题时，你需要问的问题是："我怎样才能得到这个结论？"这一次，你注意

到 $(P \vee S) \& (Q \vee R)$ 是一个 & 命题。构建 & 命题的方式之一，就是将两个部分用 **Conj** 连接在一起：

4. $P \vee S$

5. $Q \vee R$

6. $(P \vee S) \& (Q \vee R)$ 4、5 **Conj**

7. $((P \leftrightarrow \sim Q) \leftrightarrow R) \vee (P \vee S) \& (Q \vee R))$ 6 **Add**

同样，你也并不非常确定自己*如何*得到的这个结论，但你可以找到一种方法，构建 $P \vee S$ 和 $Q \vee R$ 这两个命题，其他的就会顺理成章而来。

现在，你很容易就能发现魔法是如何出现的。因为构建 $P \vee S$ 和 $Q \vee R$ 这两个命题并不很难。回到行2和行3，使用 **Add** 将空隙弥合。以下是整个证明从头至尾的情况：

1. $Q \to S$ **P**

2. Q **P**

3. S 1、2 **MP**

4. $P \vee S$ 3 **Add**

5. $Q \vee R$ 2 **Add**

6. $(P \vee S) \& (Q \vee R)$ 4、5 **Conj**

7. $((P \leftrightarrow \sim Q) \leftrightarrow R) \vee (P \vee S) \& (Q \vee R))$ 6 **Add**

选言三段论（DS）

DS 表达的是："面对两个选择，你如果可以先排除其中之

 一，就能判定剩下的那一个为真。"

DS : $x \vee y, {\sim}x : y$

$x \vee y, {\sim}y : x$

DS与**Add**的关联方式为：**DS**会分解∨命题，**Add**则会将其构建起来。

你可以试试处理这个论证：

$P \rightarrow {\sim}Q, \ P \vee R, \ Q \vee S, \ {\sim}R : {\sim}P \vee S$

首先，先抄下前提：

1. $P \rightarrow {\sim}Q$ **P**

2. $P \vee R$ **P**

3. $Q \vee S$ **P**

4. ${\sim}R$ **P**

158 在这种情况下，最简单的命题是${\sim}R$。此外，行2也包含常量R。因此，你可以马上用**DS**来处理这两个命题：

5. P 2、4 **DS**

现在，你有了常量P，接下来的命题就很容易处理了：

6. ${\sim}Q$ 1、5 **MP**

现在，你又一次得到了使用**DS**的机会：

7. S 3、6 **DS**

最后，不要忘记使用 **Add** 的机会：

8. $\sim P \vee S$ 7 **Add**

双重 → 规则：假言三段论和构造性二难

假言三段论（**HS**）和*构造性二难*（**CD**）可以让你从两个 → 命题开始得出最终结论。跟我在本章中介绍的其他六条规则相比，你可能不会经常用到这两条规则，但偶尔还是会需要的。

假言三段论（HS）

仔细思考 **HS**，你就会发现它的存在是有意义的。这个规则告诉你："如果已知 x 会引起 y，且 y 会引起 z，那么 x 会引起 z。"

HS : $x \to y, y \to z : x \to z$

请注意，**HS** 是迄今为止第一个不包含独立常量的规则。它既不分解命题，也不构建命题。

你可以尝试以下例子：

$P \to Q, Q \to R, R \to S, \sim S : \sim P \,\&\, (P \to S)$

和之前一样，你要先写下前提：

1. $P \to Q$ **P**

2. $Q \to R$ **P**

3. $R \to S$ **P**

4. ~S **P**

159　　从结论来看，你需要得到两个部分——~P和$P \to S$——之后将它们用**Conj**连接在一起。无论以哪种顺序开始都可以。我选择先用**HS**：

5. $P \to R$ 1、2 **HS**

6. $P \to S$ 3、5 **HS**

由此，你就得到了第一部分。现在，第二部分也不难处理：

7. ~P 4、6 **MT**

接着，你只需要用**Conj**把它们连接在一起：

8. ~P & ($P \to S$)   5、7 **Conj**

构造性二难（CD）

与本章中学到的其他规则相比，**CD**更不直观，除非你真正进行过思考。简单而言，这条规则的意思是："假设已知给定了w或x，且已知w可以导出y，x可以导出z。那么，你就能得到y或z。"

    CD：$w \lor x, w \to y, x \to z : y \lor z$

这条规则是唯一一条使用三个命题来产生一个命题的规则，因此你使用**CD**的机会很少。然而，当这个机会出现时，它通常就和挂在楼上的霓虹灯一样，也就是说，你一眼就能发现。

在以下例子中，我给你了六个前提，就是想拼命掩盖这个机会：

$$P \to Q, Q \to R, S \to T, U \to V, S \lor U, {\sim}R : ({\sim}P \& {\sim}Q) \& (T \lor V)$$

因此，你首先写下前提：

1. $P \to Q$ **P**

2. $Q \to R$ **P**

3. $S \to T$ **P**

4. $U \to V$ **P**

5. $S \lor U$ **P**

6. ${\sim}R$ **P**

乍一看，这个例子似乎非常混乱。不过，你需要注意，结论是&命题。也就是说，如果你能得到两个部分——${\sim}P \& {\sim}Q$ 和 $T \lor V$——就可以使用**Conj**得到整体。

首先，用**CD**来得到 $T \lor V$：

160

7. $T \lor V$ 3、4、5 **CD**

现在，你要如何得到 ${\sim}P \& {\sim}Q$？当然是得到 ${\sim}P$ 和 ${\sim}Q$。没那么难，对吧？请看以下步骤：

8. ~Q   2、6 **MT**

9. ~P   1、8 **MT**

10. ~P & ~Q   8、9 **Conj**

最后，为了完成整个证明，你只需要将它们用 **Conj** 连接在一起：

11. (~P & ~Q) & (T ∨ V)   7、10 **Conj**

机会平等：运用等价规则

本章提要

● 认识等价规则和蕴涵规则的区别

● 运用十条重要的等价规则

如果你喜欢蕴涵规则（请参阅第9章），那一定也会非常喜欢另外的十条推理规则——我会在本章讲解的*等价规则*。为何如此？我这就来说明一下。

首先，这些规则会让你眼花缭乱（很多崇拜者都是这样）。你在解决问题时，它们提供的便利会让你震惊。例如，请尝试只用蕴涵规则来证明以下论证的有效性：

$\sim(P \& Q), P : \sim Q$

可惜，你做不到。但是，你很幸运，因为本章会讲到更高级的新规则，也就是等价规则。这样，如上这种问题就只不过是万里晴空的一片乌云而已。此外，还有个更好的消息等着你：

等价规则在证明中的应用一般都更简单、更灵活，其中的几个重要原因也会在本章中有所涉及。

在这一章节中，你会学到如何应用十条重要的等价规则，也会学到何时使用它们，以此继续提高你论证的有效性。此外，本章也会继续充分运用蕴涵规则。

区分蕴涵与等价

我在第9章提到过，蕴涵规则有几个重要限制，但本章中将要学到的等价规则却没有这些限制。由此可见，等价规则要比蕴涵规则更灵活，而且一般来说作用也更大。请继续阅读，了解这两套规则之间的区别。

把等价规则看成双刃剑

等价和蕴涵之间最重要的区别之一就是二者发挥作用的方式：等价规则是双向的，蕴涵规则是单向的。

例如，已知 $x \rightarrow y$ 及 x 均为真，肯定前件（**MP**）可以告诉你 y 也为真（请参阅第9章）。然而，逆向推导则行不通，因为即使已知 y 为真，你也不能确定 $x \rightarrow y$ 及 x 均为真。

幸好，十条等价规则并不会受此局限。等价规则让你知道，两个命题可以互换：能使用一个命题的情况，也适用于使用另一个，反之亦然。

将等价规则作为整体的一部分应用

等价规则和蕴涵规则的另一个区别在于，等价规则可以应用于命题的局部，蕴涵规则却不可以。以下是运用蕴涵规则时明显错误的例子：

1. $(P \& Q) \to R$ **P**
2. P 1 **Simp**（错！）

记住，简化规则（**Simp**）表明 $x \& y : x$，因此，此处出现错误的原因在于，你认为可以将 **Simp** 这条蕴涵规则应用于行1的 $(P \& Q)$ 部分。然而，等价规则却不受这种限制。

认识十条有效的等价规则

163

让我猜一下，你已经迫不及待想要认识这十条等价规则了。顺便提一下，你必须记住它们才行。好了，以下就是这十条规则，我还配了例子。

你需要知道的另一个符号是双冒号"::"。双冒号出现在两个命题之间时，表示这两个命题是等价的，也就是说，如有必要，你可以用一个命题替换另一个。

双重否定律（DN）

DN很简单，它的意思是："如果x为真，那么否否x也为真。"

DN : $x :: {\sim}{\sim}x$

如果学过了第9章，你或许做梦时都可以完成以下证明，根本不必使用等价原则：

${\sim}P \to Q, {\sim}Q : P$

1. ${\sim}P \to Q$	**P**
2. ${\sim}Q$	**P**
3. P	1、2 **MT**

然而，每次你否定一个否定时——比如，你否定${\sim}P$，将之转换为P——你实际上需要遵循以下步骤：

1.否定${\sim}P$，将之改写为${\sim}{\sim}P$。

2.使用双重否定（**DN**）规则，将${\sim}{\sim}P$转换为P。

所以，本节开始的证明实际上缺少了一个步骤。请看以下版本：

${\sim}P \to Q, {\sim}Q : P$

1. ${\sim}P \to Q$	**P**
2. ${\sim}Q$	**P**

3. ~(~P)   1、2 **MT**

4. *P*   3 **DN**

 先想想你的老师是否在技术性问题方面比较严格。如果比较严格的话，请注意，如果没有将 **DN** 明确写在证明过程里，不要随意假设它存在。

我在这方面或许会比较善变：在本章中，我在使用 **DN** 时，通常不会明确写出来。我的理念是，你不需要每次从否定变为肯定时都弄得太复杂。因此，随便你怎么想我都可以，但关于双重否定，我*并非一无所知*。

换质换位律（Contra）

在第4章，你已经知道 $x \rightarrow y$ 这种形式的命题及其逆否形式($\sim y \rightarrow \sim x$)总是有相同的真值。第6章告诉你，两个真值相同的命题语义等价。将以上两个事实结合在一起就是换质换位律（**Contra**）。

Contra : $x \rightarrow y :: \sim y \rightarrow \sim x$

Contra 与我在第9章讲到的否定后件（**MT**）具有关联性。这些规则的每一条要表达的都是："假设一开始就已知 $x \rightarrow y$ 为真，那么通过 $\sim y$ 为真的事实，你很快就能得出 $\sim x$ 为真。"

思考 **Contra** 的一个简单方法是：*倒置和否定*二者。也就是说，只要你否定了 → 命题的*两部分*，你就可以*倒置*其两部分。举例来说，我们可以看一下下面这个证明：

164

$P \rightarrow Q, \sim P \rightarrow R : \sim R \rightarrow Q$

1. $P \rightarrow Q$ **P**

2. $\sim P \rightarrow R$ **P**

这个证明给了你两次使用**Contra**的机会:

3. $\sim Q \rightarrow \sim P$ 1 **Contra**

4. $\sim R \rightarrow P$ 2 **Contra**

现在,你可以通过一个步骤,使用**HS**完成证明:

5. $\sim R \rightarrow Q$ 1、4 **HS**

顺便提示一下,请注意,在这个证明中,你并没有使用到第3行。其实,如果你愿意,可以直接划掉这一行。(你的教授或许不会因为出现不必要的步骤而扣分,但如果你不确定,直接划掉就好。)

165

你不用使用每一个命题,甚至不用使用每一个前提(不过大多数时候,你会全部用到它们)。但是,先写出你能推导出的所有命题,之后再看看自己是否需要,或许会很有帮助。你将在第12章学到更多关于写下这种简单内容的技巧。

蕴涵律(Impl)

Impl的道理非常简单:已知 $x \rightarrow y$ 为真,则你可知 x 为假

（也就是~x为真）或y为真。换言之，你可知~x ∨ y为真。

Impl : x → y :: ~x ∨ y

不过，你可能不知道的是，这条规则也可以逆向发挥作用（所有有效的等价关系都一样）。因此，如果你已知x ∨ y，就可以将之转换为~x → y。严格的教授可能会坚持认为，你首先要使用 **DN** 将x ∨ y改写为~~x ∨ y，之后再用 **Impl** 将之转换为~x → y才可以。

记住 **Impl** 的简单方法是：*改变并否定第一部分*。例如，只要你否定了命题的第一个部分，之后就可以将→命题改变为∨命题（反之亦可）。请看以下证明：

P → Q, P ∨ R : Q ∨ R

1. P → Q　　　　　　　　　　　　　　　**P**

2. P ∨ R　　　　　　　　　　　　　　　**P**

正如你所见，这个小证明比较难，因为你没有太多可供处理的素材，而且这个证明里也没有单独的常量命题。

Impl 将每个∨命题与→命题关联在一起。此外，**Contra** 可以让你得到→命题的两个版本。这样一来，你就有三种形式可以使用。

例如，P → Q有两个等价形式：通过 **Impl** 得到的~P ∨ Q，以及通过 **Contra** 得到的~Q → ~P。将这两种形式写出来非常简单，毫不费力，而且可能会给你一些灵感，所以你一定要把自己能想到的所有步骤都写下来。请看：

3. ~P ∨ Q   **1 Impl**

4. ~Q → ~P   **1 Contra**

对 $P \vee R$ 的处理也是如此：

5. ~P → R   **2 Impl**

6. ~R → P   **5 Contra**

166 现在，我们来看一下自己想要证明的结论：$Q \vee R$。根据 **Impl**，这个命题就相当于是~$Q \to R$。啊哈！现在，我们要采取的步骤如下：

7. ~Q → R   **4、5 HS**

8. $Q \vee R$ **7 Impl**

你并不需要行3和行6，但写下来也没什么损失，所以谁会在意呢？（如果对这个反问的回答是"我教授在意——他会因为多余的步骤扣分"，那你就回到证明中，把不需要的划掉就行了。）

对一个证明有疑问时，你可以尽可能多地写下命题。这种做法没什么坏处，而且常常很有帮助。我将这种策略称为"*物尽其用*"，毕竟你在解决问题时肯定会不遗余力。我会在第12章详细解释它以及其他的证明策略。

提取律（Exp）

Exp并不是非常直观，所以只有你将之用文字表达出来（我马上就为你写出来）后，它的含义才会跃然于眼前。

Exp : $x \rightarrow (y \rightarrow z) :: (x \,\&\, y) \rightarrow z$

为了理解这个规则，你可以思考这个例子，$x \rightarrow (y \rightarrow z)$ 可能表达的是某个自然语言命题。以下就是一种可能：

如果我今天去上班，那么如果我见到老板，那么我就会要求加薪。

现在，我们来思考一个类似的例子 $(x \,\&\, y) \rightarrow z$：

如果我今天去上班而且我见到了老板，那么我就会要求加薪。

这两个命题表达的内容基本上是一样的，你由此可知，它们依据的两种命题形式语义等价。

别把小括号的位置搞错！你通过**Exp**可不会知道关于命题$(x \rightarrow y) \rightarrow z$ 或命题 $x \,\&\, (y \rightarrow z)$ 的任何内容。

我们用这个证明小试身手：

$(P \,\&\, Q) \rightarrow R, \sim R \lor S, P : Q \rightarrow S$

1. $(P \,\&\, Q) \rightarrow R$ **P**

2. $\sim R \lor S$ **P**

3. P P

命题1是 **Exp** 可以处理的两种形式之一，因此，我们可以尝试一下：

4. $P \rightarrow (Q \rightarrow R)$ 1 **Exp**

现在，我们又开辟出了一条路径：

5. $Q \rightarrow R$ 3、4 **MP**

好了，现在你已知 $Q \rightarrow R$，但你需要的是 $Q \rightarrow S$。如果你能很快得到 $R \rightarrow S$，那你就能够运用 **HS** 搭建你需要的桥梁。请看以下步骤：

6. $R \rightarrow S$ 2 **Impl**

7. $Q \rightarrow S$ 5、6 **HS**

交换律（Comm）

你或许记得算术的交换律，这条规则告诉你，顺序并不影响加法和乘法运算——例如，$2+3=3+2$，还有 $5 \times 7 = 7 \times 5$。

在语句逻辑中，**Comm** 表示的是，顺序不会影响 & 运算符或 ∨ 运算符的运算。因此，**Comm** 可以有两个变式：

Comm：$x \& y :: y \& x$

$x \vee y :: y \vee x$

和**DN**一样，**Comm**或许看上去太过直接，所以你会认为没必要单独讲解它。但是，和**DN**不一样的是，我觉得它之所以值得讲解，是因为你会在证明中使用到，而且你的教授或许也会用到。

Comm就在以下这个证明中派上了用场：

$P \& (\sim Q \to R) : (R \vee Q) \& P$

1. $P \& (\sim Q \to R)$	**P**
2. P	1 **Simp**
3. $\sim Q \to R$	1 **Simp**
4. $Q \vee R$	3 **Impl**

这时，你运用**Comm**的机会来了——不要错过！

5. $R \vee Q$	4 **Comm**
6. $(R \vee Q) \& P$	5 **Conj**

168

结合律（Assoc）

Assoc表达的是，对于所有&命题以及所有∨命题，你都可以自由移动括号。

Assoc：$(x \& y) \& z :: x \& (y \& z)$

$(x \vee y) \vee z :: x \vee (y \vee z)$

和**Comm**类似，**Assoc**在算术中也有对应的内容。例如，$(3 + 4)$

$+5 = 3 + (5 + 4)$。

Assoc 和 **Comm** 一起运用时的威力可谓相当强大。通过使用这两条规则，你可以按照任何自己喜欢的方式，重新排列所有&命题和所有∨命题。你需要注意的只是按照步骤操作。

请尝试以下证明：

$(P \rightarrow Q) \vee R : Q \vee (R \vee \sim P)$

一如既往，首先抄写下前提：

1. $(P \rightarrow Q) \vee R$ **P**

请注意，结论只有∨命题。所以，如果你可以找到一种方法写出只有∨命题的前提，那么你就能在只使用 **Comm** 和 **Assoc** 的情况下完成证明。

2. $(\sim P \vee Q) \vee R$ **1 Impl**

请注意，我只对前提的一部分使用了 **Impl**。

到目前为止，我们的策略是重新排列行2中的常量，让整个命题向结论靠拢。由于结论中的第一个常量是 Q，那么下一步就是让 Q 出现在恰当的位置：

3. $(Q \vee \sim P) \vee R$ **2 Comm**

注意看，我再一次对命题的一部分应用了等价规则。接下来，我要使用 **Assoc** 将括号移动到右边：

4. Q ∨ (~P ∨ R)   **3 Assoc**

之后要做的就只是实现~*R*和*P*之间的对换：

5. Q ∨ (R ∨ ~P)   **4 Comm**

逆向证明这个例子也是可以的，也就是说，你可以用结论证明前提。*任何*证明，只要只有一个前提，且只需要应用等价原则，那就可以使用逆向证明。这也是在告诉你，前提和结论语义等价。

分配律（Dist）

与 **Exp** 一样，在用文字表达出来之前，**Dist** 也令人困惑，不过之后它就很好理解了。

Dist：$x \mathbin{\&} (y \lor z) :: (x \mathbin{\&} y) \lor (x \mathbin{\&} z)$

$x \lor (y \mathbin{\&} z) :: (x \lor y) \mathbin{\&} (x \lor z)$

这个规则在算术中也有类似的形式。例如：

$2 \times (3 + 5) = (2 \times 3) + (2 \times 5)$

正因如此，乘法可以分配于加法。请注意，调换符号之后是不能应用这条规则的：

$2 + (3 \times 5) \neq (2 + 3) \times (2 + 5)$

不过，在语句逻辑命题中，& 运算符和 ∨ 运算符可以相互分配。我会从一个满足 $x \& (y \lor z)$ 这种形式的命题出发讲解其作用方式：

我有一只宠物，且它要么是一只猫要么是一只狗。

以下是 $(x \& y) \lor (x \& z)$ 的对应命题：

要么我有一只宠物，且它是一只猫，要么我有一只宠物，且它是一只狗。

上述两个命题表达的含义一样，这有助于你理解为什么 **Dist** 可以发挥作用。

同样，∨ 运算符也可以分配在 & 运算符上。现在，我会从符合 $x \lor (y \& z)$ 这种形式的命题开始：

我必须要么选修有机化学，要么同时选修植物学和动物学。

其 $(x \lor y) \& (x \lor z)$ 形式的对应命题在翻译时有些别扭，不过我们还是来看一下：

我必须要么选修有机化学，要么选修植物学，且我也要么选修有机化学，要么选修动物学。

你可以花些时间对比上述两个命题，直到理解二者表达的含义是一样的。

你可以从下面这个证明入手：

$Q \lor R, \sim(P \& Q), P : R$

1. $Q \lor R$ **P**

2. $\sim(P \& Q)$ **P**

3. P **P**

你可以对行1应用**Impl**和**Contra**，这样做没有什么不好，而且如果你正在寻找思路，那我推荐你使用这种方法。不过，我这样做的目的是向你展示如何使用**Dist**：

4. $P \& (Q \lor R)$ 1、3 **Conj**

5. $(P \& Q) \lor (P \& R)$ 4 **Dist**

齿轮已经开始转动。接下来要做什么呢？

在证明过程中卡住时，你可以先观察尚没有用过的前提，或许就有了思路。

请注意，第二个前提实际上只是对命题5第一部分的否定，那此时你可以使用**DS**：

6. $P \& R$ 2、5 **DS**

7. R 6 **Simp**

这个证明并不是很简单，你或许会想，如果不知道用**Conj**推导出来命题4该怎么办。在下一小节中，我会告诉你如何使用完全不同的方法来处理同样的证明。

德摩根定律（DeM）

与 **Dist** 和 **Exp** 一样，如果使用自然语言表达，**DeM** 就会变得更清晰一些：

DeM :$\sim(x \,\&\, y) :: \sim x \lor \sim y$

$\sim(x \lor y) :: \sim x \,\&\, \sim y$

以下是一个符合 $\sim(x \,\&\, y)$ 形式的自然语言命题。请注意，这个命题是我在第 4 章中讨论过的*并非……二者*的情况。

我既富有也出名，这不是真的。

以下是符合 $\sim x \lor \sim y$ 这种形式的对应命题：

要么我不富有，要么我不出名。

由此可知，这两个命题表达的是同样的含义。这让你能直观地掌握为何两种形式是等价的。

以下这个自然语言命题符合 $\sim(x \lor y)$ 的形式。请注意，这个命题是我在第 4 章中讨论过的*既不……也不……*的情况。

杰克既不是医生，也不是律师。

符合 $\sim x \,\&\, \sim y$ 这一形式的对应命题是：

杰克不是医生，且他不是一个律师。

使用 **DeM** 将 ~(x & y) 和 ~(x ∨ y) 这两种形式的命题转换为更好操作的命题形式。

以下是我在上一小节用到过的论证：

Q ∨ R, ~(P & Q), P : R

1. Q ∨ R   **P**

2. ~(P & Q)   **P**

3. P   **P**

这一次，我没有为了使用 **Dist** 而构建条件，反而是先将 **DeM** 应用于命题 2：

4. ~P ∨ ~Q   **2 DeM**

由于这个命题更容易操作，所以你更容易看出这一步：

5. ~Q   **3、4 DS**

现在，证明已经可以自行结束了：

6. R   **1、5 DS**

在证明中，你几乎总能找到至少一种方法达到自己的目的。 172
如果第一次尝试不成功，你也总可以尝试另一种方法。

恒真律（Taut）

Taut 是本章最简单的规则。

Taut ：$x \mathrel{\&} x :: x$

$\quad\quad x \lor x :: x$

其实，这里你可能会说一句："没错！"那为什么还要花费篇幅讲解这条规则呢？

实话实说，在 & 命题中，你并不是真的需要 **Taut**。你可以使用 **Simp** 将 $x \mathrel{\&} x$ 转换为 x，也可以使用 **Conj** 将 x 转换为 $x \mathrel{\&} x$。同样，在 ∨ 命题中，你可以使用 **Add** 将 x 转换为 $x \lor x$。然而，如果你在 $x \lor x$ 这里卡住，而且你需要得到 x，那 **Taut** 就会是个好方法。

即便如此，我也只能想到一种你遇到这种情况时需要的方法，而且这种方法还很有意思：

$P \to {\sim}P : {\sim}P$

我已经听见你说了："这个真的可以证明吗？"是的，可以证明。请看：

1. $P \to {\sim}P$	**P**
2. ${\sim}P \lor {\sim}P$	1 **Impl**
3. ${\sim}P$	2 **Taut**

因此，给定命题 $P \to \sim P$ 为真，你就可以证明 $\sim P$ 为真。

等价律（Equiv）

你或许以为我已经忘了 $\leftrightarrow$ 命题。其实，你可能已经注意到，在本章和第9章我讲到的18条推理规则中，**Equiv** 是唯一一个包含 $\leftrightarrow$ 命题的规则。

Equiv : $x \leftrightarrow y :: (x \to y) \,\&\, (y \to x)$

$\qquad\qquad x \leftrightarrow y :: (x \,\&\, y) \lor (\sim x \,\&\, \sim y)$

现在，我可以说实话了：我一直在忽略这些命题，因为它们在证明中很难处理，非常棘手。

$\leftrightarrow$ 命题之所以相对难处理，原因之一在于其真值表是完全对称的。与其他三个二元运算符的真值表相比，$\leftrightarrow$ 运算符的真值表平均分成了两个真命题和两个假命题。这种对称性从视觉角度看非常完美，但如果你想把一个领域缩小到一种可能性时，它就没什么帮助了。

173

因此，当一个论证包含 $\leftrightarrow$ 运算符时，你就要先摆脱它，而且越早越好。你很幸运，因为有两条 **Equiv** 规则都可以帮你完成这项任务。

两种 **Equiv** 形式之一运用了这样的理念：$\leftrightarrow$ 命题的箭头都是双向的。它只是将命题分解成了两个 $\to$ 命题，并用 & 运算符将之连接在一起。对于 **Equiv** 的第二种形式，其背后的理念是，$\leftrightarrow$ 命题的两部分都有同样的真值，也就说明 x 和 y 要么同为真，要么同为假。

请看以下这个论证：

$P \leftrightarrow (Q \& R), Q : P \vee \sim R$

1. $P \leftrightarrow (Q \& R)$ **P**

2. Q **P**

遇到↔命题作为前提时，你要自然而然地就将 **Equiv** 的两种形式写在证明中：

3. $(P \to (Q \& R)) \& ((Q \& R) \to P)$ **1 Equiv**

4. $(P \& (Q \& R)) \vee (\sim P \& \sim(Q \& R))$ **1 Equiv**

完成这个步骤之后，使用 **Simp** 分解 **Equiv** 中的 & 命题：

5. $P \to (Q \& R)$ **3 Simp**

6. $(Q \& R) \to P$ **3 Simp**

好了！你已经自动写出了四个命题。现在，看看自己已有的素材。在这个例子中，行6看似可以马上应用 **Exp**：

7. $Q \to (R \to P)$ **6 Exp**

这一步结束之后，你会发现，自己还没用到行2，但所有的都可以得到解答了：

8. $R \to P$ **2、7 MP**

9. ~R ∨ P   8 **Impl**

10. P ∨ ~R   9 **Comm**

在这种情况下，你不必用到 **Equiv** 的第二种形式。但请看 174
这个证明，你会在这个证明中用到它：

$$P \leftrightarrow Q, R \rightarrow (P \vee Q) : R \rightarrow (P \& Q)$$

这是本章节难度最大的证明。

请你仔细思考所有步骤，保证自己理解了每一步，之后合
上书，再重新做一遍。如果你能掌握这个证明，说明你已经很
好地掌握了18条推理中最难的那些。

和之前一样，我们先抄写下前提：

1. $P \leftrightarrow Q$ **P**

2. $R \rightarrow (P \vee Q)$ **P**

下面是你不用多想就能写出来的四个命题，它们都源自第
一个前提：

3. $(P \rightarrow Q) \& (Q \rightarrow P)$ 1 **Equiv**

4. $(P \& Q) \vee (\sim P \& \sim Q)$ 1 **Equiv**

5. $P \rightarrow Q$ 3 **Simp**

6. $Q \rightarrow P$ 3 **Simp**

这时，你会发现，行2是$R \rightarrow (P \vee Q)$，结论是$R \rightarrow (P \& Q)$。

因此，如果你能找到一种方法推导出来$(P \vee Q) \rightarrow (P \& Q)$，那么蕴涵规则 **HS** 就可以让你得出这个结论。

不过，最后，只有行4能够引出以下神奇的步骤：

7. $\sim(P \& Q) \rightarrow (\sim P \& \sim Q)$ **4 Impl**

8. $\sim(\sim P \& \sim Q) \rightarrow (P \& Q)$ **7 Contra**

9. $(P \vee Q) \rightarrow (P \& Q)$ **8 DeM**

10. $R \rightarrow (P \& Q)$ **2、9 HS**

运用条件证明和间接证明大胆假设

本章提要

- 认识条件证明
- 假设和释放前提
- 运用间接证明证明论点
- 将条件证明与间接证明相结合

你有没有见过那种俗气的电视购物节目，主持人一直在问："*现在你要付多少钱？*"他边说，边拿出价格19.95美元的烤箱护目镜，同时，还甩出一堆你并不想要的其他东西——芝士研磨器、碎冰器以及能在水里写字的土豆削皮器。本章内容跟这种广告有些类似，但有一处重大区别：我甩出来的一大堆东西，*正是*你真正想要的。

在本章中，我将介绍两种新的证明形式——*条件证明和间接证明*——完全免费。和第9章以及第10章讲到的*直接证明*不同，条件证明和间接证明涉及*假设*，也就是额外假设一个前提，且你并不*确定*它是真的，只是*假设*它为真。

此外，你也无须额外付费就会在本章中看到，这些方法该如何使用以及在什么情况下使用。

条件证明几乎总可以让证明变得更简单，但你并不能总是使用这种方法。然而，如果某个论证的结论是 → 命题，那条件证明通常就会是最合适的方法。此外，也被称为*矛盾证明*的间接证明是适用于每一种证明的超强方法。然而，尽管间接证明有时是*唯*一行得通的方法，但并不一定总是*最简单*的方法。所以必要时再使用这种方法就好。

用条件证明假设前提

176

你是一个勤奋的学生——勤于练习如何书写证明，甚至做梦都在写。你甚至已经记下了第 9 章和第 10 章中的每一条蕴涵规则和等价规则。恭喜你，你已经成功渡过了难关!

由此，你大概已经跃跃欲试，要成为学校的常驻逻辑学家，可是，"轰"的一声，这个论证颠覆了你的世界:

$$P \rightarrow {\sim}Q, P \vee {\sim}R : Q \rightarrow (({\sim}P \mathbin{\&} {\sim}R) \vee (Q \rightarrow P))$$

不过，至少你知道该如何入手:

1. $P \rightarrow {\sim}Q$ **P**

2. $P \vee \sim R$ **P**

好了，写下这些前提后，你就会发现，这毫无疑问会是一个非常棘手的证明。

可是，按照老套的方法尝试一下有什么损失呢？以下是你在这一思维过程中想到的诸多命题：

3. $Q \rightarrow \sim P$ **1 Contra**

4. $\sim P \vee \sim Q$ **1 Impl**

5. $\sim(Q \& P)$ **4 DeM**

6. $\sim(\sim P \& R)$ **2 DeM**

7. $\sim P \rightarrow \sim R$ **2 Impl**

8. $R \rightarrow P$ **7 Contra**

9. $R \rightarrow \sim Q$ **1、8 HS**

10. $Q \rightarrow \sim R$ **9 Contra**

11. $\sim Q \vee \sim R$ **10 Impl**

以上命题都不会让你得到你想要的东西。所以，你现在应该尝试新的策略了——这种策略易于使用，且真正有效。没错，你已经猜到了：这种简便策略就是条件证明。

177

认识条件证明

通过条件证明，你可以将结论的一部分作为前提，用以证明结论的其余部分。

如某个论证的结论是 $x \to y$ 的形式（也就是任何一个 $\to$ 命题），那么为了证明其有效性，你可以遵循以下步骤：

1.分离子命题 x。

2.将 x 添加到前提部分，作为假设前提（**AP**）。

3.将子命题 y 当作结论加以证明。

这种方法的原理非常简单，但非常聪明。因此，在上一小节的例子中，你在证明结论 $Q \to ((\sim P \& \sim R) \lor (Q \to P))$ 是有效的时，不用大费周章，运用条件证明，你可以这样做：

1.分离子命题 Q。

2.将 Q 作为 **AP** 添加到前提部分。

3.将子命题 $(\sim P \& \sim R) \lor (Q \to P)$ 当作结论加以证明。

前提还是一样的，只不过你现在多了一个额外的*假设前提*（**AP**）。以下是它的作用：

1. $P \to \sim Q$ **P**

2. $P \lor \sim R$ **P**

3. Q **AP**

在这个证明中，你可以尝试构建这个命题 $(\sim P \& \sim R) \lor (Q \to P)$。不过，这一次，你可以找到方法分解前提，得到你想要的部分。举例来说，请思考以下步骤：

4. ~*P*   1、3 **MT**

5. ~*R*   2、4 **DS**

有了三个单一常量构成的命题作为素材，你接下来的操作可以说手到擒来：

6. ~*P* & ~*R*   4、5 **Conj**

7. (~*P* & ~*R*) ∨ (*Q* → *P*)   6 **Add**

现在，只需最后形式性的一步，证明就完成了：

8. *Q* → ((~*P* & ~*R*) ∨ (*Q* → *P*))   3–7 **CP**

最后的这个步骤被称为**释放假设前提**，让看到证明的人知道，尽管在第3到第7个操作步骤中，你将假设当作真命题一样来进行操作，但你在第8条时，已经不再将之当作命题中的假设了。换言之，即使假设不是真的，结论也为真！

你或许会问："但我不能这样做，不是吗？我并没有证明*实际给出*的结论为真。我证明的只是结论的一部分为真。更可怕的是，我是从结论中偷取了一部分，假装将之当作前提来完成证明。"

你说得没错。这种安排似乎美好到不真实。毕竟，前提就像银行中的存款，结论就是可怕到你根本不想多看一眼的信用卡还款额。可如果我告诉你，你可以把还款额砍掉一半，*同时*把钱存入银行呢？这就是条件证明的方法——这很公平，完全合法，不会有信贷机构找上门。

举例来说，我们回忆一下，最初的论证是这样的：

$$P \to \sim Q, P \vee \sim R : Q \to ((\sim P \& \sim R) \vee (Q \to P))$$

如果结论会说话，那它会说："你需要告诉我，如果Q为真，那么$\sim(P \vee R) \vee (Q \to P)$也为真。"

通过运用条件证明，你可以回应结论，说："好吧，我来告诉你，假设Q为真，$\sim(P \vee R) \vee (Q \to P)$也为真。"之后，你就这样操作：先*假设*$Q$为真，之后证明剩余部分。

调整结论

你可以将等价规则应用于某个证明的结论，这样条件证明法运用起来会更简单。

利用Contra翻转结论

为了更好理解这一小节的内容，你首先要记住，每个$\to$命题都有两种使用方式：其本身以及其经过**Contra**转换的形式（见第10章）。因此，如果结论是$\to$命题，那么你可以通过条件证明，从两个不同的角度来解决问题。

例如，我们可以看看这个证明，它非常直白：

$$P \to Q, R \vee (Q \to P) : \sim(P \leftrightarrow Q) \to R$$

1. $P \to Q$ 　　　　　　　　　　　　　**P**

2. $R \vee (Q \rightarrow P)$ **P**

3. $\sim(P \leftrightarrow Q)$ **AP**

如果从这个角度入手，你假设的前提就不会有很大帮助。

但是，想象一下，如果对结论应用 **Contra** 规则，你就可以

得到 $\sim R \rightarrow (P \leftrightarrow Q)$。应用 **Contra** 之后，你可以采取这些步骤：

1. $P \rightarrow Q$ **P**

2. $R \vee (Q \rightarrow P)$ **P**

3. $\sim R$ **AP**

在这种情况下，你要证明的是 $(P \leftrightarrow Q)$。这个方案看起来

要直接得多：

4. $Q \rightarrow P$ 2、3 **DS**

5. $(P \rightarrow Q) \,\&\, (Q \rightarrow P)$ 1、5 **Conj**

6. $P \leftrightarrow Q$ 5 **Equiv**

现在，你可以像这样释放出 **AP**：

7. $\sim R \rightarrow (P \leftrightarrow Q)$ 3–6 **CP**

最后，不要忘记让证明一直进行到结论部分：

8. $\sim(P \leftrightarrow Q) \rightarrow R$ 7 **Contra**

你对结论所做的所有修改，都要出现在证明结束的时候，

哪怕你已经释放了假设。

在这个例子中，尽管你首先想到了使用**Contra**，且写证明的时候也考虑到了这一点，但实际上，**Contra**直到最后才出现。

运用Impl获得胜利

你也可以运用**Impl**（请参阅第10章）将任何一个∨命题转换为→命题。**Impl**规则的运用，可以让∨命题成为条件证明的潜在选项。

举例而言，请看以下论证：

$$P : \sim R \lor (Q \to (P \ \& \ R))$$

如果不利用条件证明，你基本没有成功的希望。不过，一旦你注意到自己可以使用**Impl**规则改写结论，那么问题就简单多了：

$$R \to (Q \to (P \ \& \ R))$$

更妙的是，你可以使用**Exp**再次对其进行改写：

$$(R \ \& \ Q) \to (P \ \& \ R)$$

现在，你已经准备好开始证明了：

1. P **P**

2. $R \ \& \ Q$ **AP**

180

现在，你想得到的是 *P* & *R*。以下步骤其实可以说是自然而然出现的：

3. *R*   2 **Simp**

4. *P* & *R*   1、3 **Conj**

几乎不费吹灰之力，你就已经准备好释放 **AP** 了：

5. (*R* & *Q*) → (*P* & *R*)   2–4 **CP**

释放 **AP** 之后，最后要做的就是追溯到结论的最初形式：

6. *R* → (*Q* → (*P* & *R*))   5 **Exp**

7. ~*R* ∨ (*Q* → (*P* & *R*))   6 **Impl**

叠加假设

假设了一个前提后，如果新的结论仍是一个 → 命题（或者可以转换为该类命题），你就可以假设另一个前提。这是个非常好的方法，你只需要用一部分，就可以得到两个（或者更多）假设。请看以下举例：

~*Q* ∨ *R* : (*P* ∨ *R*) → ((*Q* & *S*) → (*R* & *S*))

和之前一样，从前提和 **AP** 做起：

1. ~$Q \lor R$ **P**

2. $P \lor R$ **AP**

可惜，要想证明$(Q \& S) \to (R \& S)$还需要付出不少努力。不过，由于新的结论仍是一个 → 命题，你可以像这样再次提取另一个 **AP**：

3. $Q \& S$ **AP**

现在，我们新的目标是证明$R \& S$。以下是证明的步骤：

4. Q **3 Simp**

5. S **3 Simp**

6. R **1、4 DS**

7. $R \& S$ **5、6 Conj**

目前为止，你可以释放第二次假设的 **AP**：

8. $(Q \& S) \to (R \& S)$ **3–7 CP**

接着，你可以释放第一次假设的 **AP**：

9. $(P \lor R) \to ((Q \& S) \to (R \& S))$ **2–8 CP**

如果你假设了不止一个前提，就必须倒序将其一一释放：首先释放*最后*一个前提，接着逐步回到第一个前提。

间接思考：利用间接证明完成论证

就在你觉得一切都在按照自己的心意顺利进行时，你遇到了一个无法解决的证明。请看以下例子：

$P \to (Q \ \& \sim R), R : \sim(P \lor \sim R)$

1. $P \to (Q \ \& \sim R)$ **P**

2. R **P**

面对这个论证，你似乎没有太大操作空间，对不对？因为你无法把这种形式的结论转换为→命题，所以你没有办法使用条件证明，由此，你认为自己真的卡在这里了。不过，好消息是，你完全不会被卡住。事实上，一个崭新的世界正逐渐向你敞开大门。这是一个美丽的新世界！

本部分会告诉你如何使用*间接证明*。和条件证明不同，无论结论是何种形式，间接证明*总是*一种解决方案。

182

认识间接证明

间接证明（也被称为*矛盾证明*）是一种逻辑学上的"柔道"。这种证明方法的理念是，假设结论为假，之后说明这种假设是错的。如果能成功说明，就意味着结论自始至终为真。

为了证明论证的有效性，你可以按照以下步骤操作：

1. 否定结论。

2. 把上一步的否定作为假设前提加入前提部分。

3. 证明相互矛盾的命题（任何以 $x \& \sim x$ 形式出现的命题）。

在处理本节此前的例子时，为了证明结论 $\sim(P \vee \sim R)$，你可以使用间接证明使用其否定 $P \vee \sim R$ 作为假设前提（**AP**）。请记住，你现在要证明这一假设会带来矛盾的命题。

以下是证明的步骤：

$P \to (Q \& \sim R), R : \sim(P \vee \sim R)$

1. $P \to (Q \& \sim R)$ **P**

2. R **P**

3. $P \vee \sim R$ **AP**

现在，你的目标是证明一个命题及其否定，之后利用它们构建一个矛盾的 & 命题：

使用已经掌握的 **AP**，你很快就有了不少选择：

4. P 2、3 **DS**

5. $Q \& \sim R$ 1、4 **MP**

6. $\sim R$ **Simp**

至此，你已经得到了 R 和 $\sim R$，所以可以将之结合，构建成一个单独的矛盾命题：

7. $R \& \sim R$ 2、6 **Conj**

这个假设带来了一种不可能的情况，所以你可以确定AP肯定为假。如果$P \lor \sim R$为假，那么$\sim(P \lor \sim R)$必然为真：

8. $\sim(P \lor \sim R)$ **3–7 IP**

和条件证明一样，你需要释放**AP**，这样就可以清楚地表明，尽管在第3–7步中，你假设命题为真来操作，但是在第8个步骤中，你已经不需要这个假设了。实际上，你要证明的就是假设*并非*为真！

183

短结论的证明

正如我在第9章说过的，对于要论证的内容，如果结论比前提短，那么比起结论比前提长的那些，它们更难证明，因为分解较长的前提会非常麻烦。

不过，要是结论比前提短，间接证明的效果通常会非常好。因为被否定的结论会转变为很好的短前提供你使用。举例来说，请看以下论证：

$\sim((\sim P \lor Q) \& R) \to S, P \lor \sim R, \sim Q \lor S : S$

1. $\sim((\sim P \lor Q) \& R) \to S$ **P**

2. $P \lor \sim R$ **P**

3. $\sim Q \lor S$ **P**

无论如何，你都要分解第一个前提，不过有帮助的话会更容易一些：

| 4. ~S | **AP** |

一瞬间，事情就好办多了，你可以遵循以下步骤：

5. (~P ∨ Q) & R	1、4 **MP**
6. ~P ∨ Q	5 **Simp**
7. R	5 **Simp**

记住，你要推导的是两个相互矛盾的命题。不过，现在可操作的机会更多了：

8. P	2、7 **DS**
9. Q	6、8 **DS**
10. S	3、9 **DS**

完成间接证明时，不要被迷惑，认为证明到结论就完成了。请记住，你还需要构建一个矛盾的命题。

在这个例子中，**AP**导致其否定了自己，所以你就可以完成证明了：

| 11. S & ~S | 4、10 **Conj** |
| 12. S | 4–11 **IP** |

很容易看得出来，第12行就像第10行，不过你现在已经释放了**AP**，所以证明就此完成。

184

警告提醒

将条件证明与间接证明相结合

学生们总会问到这样一个问题："如果在条件证明中已经使用了**AP**，那么在间接证明的过程中，如果我想增加一个**AP**，还需要重新开始吗？"

好消息是，你不用重新开始，请看以下例子：

$\sim P \, \& \, Q \to (\sim R \, \& \, S), Q : R \to P$

1. $\sim P \, \& \, Q \to (\sim R \, \& \, S)$ **P**

2. Q **P**

在第一轮证明中，你只能得到这个

3. $\sim(\sim P \, \& \, Q) \vee (\sim R \, \& \, S)$ **1 Impl**

或许下一步就在那里，但无论出于何种原因，你没能看出来。所以，你必须继续证明。这时，由于可以使用条件证明，你可以先进行如下尝试：

4. R **AP**（用于条件证明）

现在，你想要证明的是 P，但你还是不太确定要如何直接加以证明。不过，你可以使用间接证明，否定你想证明的内容，并将之作为前提：

5. ~P	**AP**（用于间接证明）

在这一步之后，我们的目标是找到矛盾命题。突然之间，所有材料可以结合在一起了：

6. ~P & Q	2、5 **Conj**
7. ~R & S	1、6 **MP**
8. ~R	7 **Simp**

现在，你已经准备好为间接证明释放 **AP** 了：

9. R & ~R	4、8 **Conj**
10. P	5–9 **IP**

当然，证明 P 是原条件证明的目标，所以以下是你得到的内容：

11. R → P	4–10 **CP**

同时使用条件证明和间接证明的方法时，你要从最后添加的 **AP** 开始释放，之后逐渐回到你最先添加的 **AP**。

综合运用：巧妙解决各类证明

本章提要

- 迅速处理简单的证明
- 使用条件证明解决相对较难的证明
- 攻克棘手的证明

有些逻辑问题几乎可以不证自明。有些第一眼看起来很难，但很快你就能找到解决的思路，后续步骤也就顺理成章出现了。还有一些逻辑问题，每一个步骤都在与你作对，直到你使出浑身解数将之驯服。

这一章的内容可概括为"辨异的智慧"。你收获的智慧就是你在书写语句逻辑证明时冷静的信心，让你尽可能放松，同时在必要的时候保持内心坚定。

正如美国司法体系所宣称的，被告"被证明有罪之前是无罪的"，本章中，我会建议你对证明采用同样的策略："在被证实非常困难之前，证明都是简单的。"首先，我会告诉你如何迅速评估一个证明，通过直觉了解证明的难度。之后，我会告诉你一些小技巧，让你能够在不到五分钟的时间里处理简单的证明。

对于较为困难的证明，我会告诉你该如何使用以及何时使用第11章讲到的条件证明的技巧。这一技巧通常已经足够完成中等难度的证明。

最后，对于真正非常困难的证明，我会告诉你如何利用语句逻辑证明的形式，拆解长命题，并按照从两端到中间的方法完成证明。此外，我还会向你展示一种间接证明的高级方法。

简单的证明：依靠直觉

你不会用高射炮打蚊子。同样的道理，解决简单的问题时，你也不用设计一套相当精准的策略。你只需要用五分钟看看眼前的问题，把自己的想法写下来就可以。通过接下来的几个小节，你会学到一些快速反应的技巧，能优雅且迅速地写出简单的证明。

观察问题

我所说的观察真的就是让你去看。我接下来要讲到的三个建议或许只需要一分钟就能看完，但这肯定是非常有价值的一分钟。

对比前提和结论

前提看起来与结论非常相似吗？还是有很大不同？如果二者看起来很相似，那么证明或许不会很难，否则，证明或许会相对难以完成。

无论是何种情况，你可以思考一下如何弥合二者之间的差距。你是否有如何进行操作的预感？

这就是本步骤需要做的——跟着直觉进行思考和工作。

注意前提和结论的长度

一般而言，如果前提较短且结论较长，表明证明比较容易进行。反之，如果前提较长，结论较短，表明证明比较困难。

如果你的前提非常短，那么你可以建立几乎所有你喜欢的结论。然而，从另一个角度看，充分分解长前提以得到较短的结论或许会比较困难。

在之后"把简单的内容写下来"部分，我会告诉你一些分解前的方法。现在，你只需要根据经验法则，对证明的难度有直观的感受就可以：*前提越短，证明越简单*。

寻找重复出现的命题部分

如果你注意到论证中有重复出现的命题部分，可以用下划线将之突出显示。对于这些部分，最好的方法不是进行分解，而是暂且搁置。

举例来说，请看一下这个论证：

$(P \leftrightarrow Q) \rightarrow \sim(R \& S), R \& S : \sim(P \leftrightarrow Q)$

189你可以抓住 $(P \leftrightarrow Q) \rightarrow \sim(R \& S)$ 将之分解，但其实不必这样做。如果你注意到 $(P \leftrightarrow Q)$ 以及 $(R \& S)$ 是命题中重复出现的部分，那么一个步骤就可以解决它：

1. $(P \leftrightarrow Q) \rightarrow \sim(R \& S)$ **P**

2. $R \& S$ **P**

3. $\sim(P \leftrightarrow Q)$ 1、2 **MT**

现在，只需要注意到这些内容，就能让你驶上快车道。

把简单的内容写下来

一分钟过去了，这个小节中，你会学到另外四个让你继续前进的"一分钟策略"。我将这种策略称为*物尽其用*，毕竟你在解决问题时肯定会不遗余力。

 在使用这些策略时，如果看到前路光明，请毫不犹豫往前走。

用 Simp 和 DS 分解命题

 在分解 & 命题和 ∨ 命题时，**Simp** 和 **DS** 是最简单的两条规则（关于使用 **Simp** 和 **DS** 的条件，请参阅第 9 章）。最初分解的前提越多，你构建结论的机会就越多。

使用Impl和Contra扩展你的选择范围

使用**Impl**（请参阅第10章）将∨命题转换成→命题，反之亦然。然后用**Contra**将每个→命题转换为其逆否。

使用这些规则重写每一个你能想到的命题，因为无论从哪个方向入手，这些都是扩大你选择范围的简单方法。

尽可能使用MP和MT

使用**MP**和**MT**的机会（如第9章所述）很容易发现，而且往往能给你提供可供操作的简单命题。

用DeM转换所有的否定命题

一般来说，**DeM**是唯一能让你将语句逻辑命题的四种否定形式转换为肯定形式的规则。

正如我在第10章中介绍的，**DeM**直接作用于~$(x \& y)$和~$(x \lor y)$形式的命题。但是，即使你面对的是→命题和↔命题，即另外两种否定形式，你也可以在使用其他规则后，再使用**DeM**将这些命题变为~$(x \& y)$和~$(x \lor y)$的形式。

例如，要转换~$(x \rightarrow y)$，请使用以下步骤。

190

1. ~$(x \rightarrow y)$ **P**

2. ~$(\sim x \lor y)$ **1 Impl**

3. $x \& \sim y$ **2 DeM**

4. x **3 Simp**

5. $\sim y$ **3 Simp**

仅仅几步，你就把一个看起来很复杂的命题变成了两个简单的命题。

即使你被可怕的 $\sim(x \leftrightarrow y)$ 形式所困扰，你也可以使用 **Equiv**，然后用 **DeM** 拆解每一个部分。例如，请看以下这些步骤：

1. $\sim(x \leftrightarrow y)$ **P**
2. $\sim((x \,\&\, y) \vee (\sim x \,\&\, \sim y))$ **1 Impl**
3. $\sim(x \,\&\, y) \,\&\, \sim(\sim x \,\&\, \sim y)$ **2 DeM**
4. $\sim(x \,\&\, y)$ **3 Simp**
5. $\sim(\sim x \,\&\, \sim y)$ **3 Simp**

此时，你可以再次使用 **DeM** 进一步简化命题4和命题5。当然，这需要额外的步骤，但你已经把一个难以理解的命题变成了两个非常简单的命题。

清楚何时该放手

假设你已经花了大约5分钟来处理一个非常困难的问题。你已经观察过它，并在脑海中反复思考过。此外，你也已经记下了一些简单的内容——或者也许根本就没有什么可记的——但现在你已经无路可走了。

我的建议就是：五分钟。给直觉的时间就只有这么多。如果前提很长，且结论很短，那么时间可以延长一倍。如果五分钟之内，证明还是没能出现让你眼前一亮的情况，那你就需要更强的战术，从而使接下来的五分钟颇有成效，而非让人沮丧。

即使不得不使用新的战术，你也不用完全从头开始。你已经证明的所有命题都是你的，可以在整个证明的其余部分保留和利用。

中等难度的证明：知晓何时使用条件证明

这一节就会讲到更强的战术。此时的你已经放弃了"问题很简单"的希望，所以是时候拿出条件证明了。

如有可能，处理中等难度的证明时，条件证明应该是你的第一选择，因为通常而言，这是最快的方式。

要想知道什么时候可以使用条件证明，你可以先看一下自己要证明的结论，确定它是八种基本形式中的哪一种。（请参阅第5章，了解语句逻辑命题的八种基本形式。）

你随时都可以对八种基本形式中的三种使用条件证明，我将这三种形式称为"*友好形式*"。你还可以对另外两种形式使用条件证明，只是需要额外的工作，我称之为"*稍不友好形式*"。最后，对于剩下的三种形式，你不能使用条件证明的方法，我称之为"*不友好形式*"。

友好形式	稍不友好形式	不友好形式
$x \rightarrow y$	$(x \leftrightarrow y)$	$x \,\&\, y$
$x \lor y$	$(x \leftrightarrow y)$	$\sim(x \rightarrow y)$
$\sim(x \,\&\, y)$		$\sim(x \lor y)$

在本部分，我会讨论你可以使用条件证明的情况，把其他的情况留在"困难的证明：遇到难题时的解决之道"中。

三种友好形式：$x \rightarrow y$、$x \lor y$ 和 $\sim(x \,\&\, y)$

显然，面对 $x \rightarrow y$ 形式的结论，你都可以使用条件证明。但是，你也可以对 $x \lor y$ 和 $\sim(x \,\&\, y)$ 这两种形式的结论使用条件证明。

只要使用 **Impl**，你就可以将 $x \lor y$ 形式的结论转换为可以使用条件证明的形式。这条规则使之可以转换为 $\sim x \rightarrow y$。

192　　　例如，假设你想证明这个论证：

$R : \sim(P \,\&\, Q) \lor (Q \,\&\, R)$

1. R　　　　　　　　　　　　　　　　**P**

此时的可操作性空间不大。不过，你发现，结论与 $(P \,\&\, Q) \rightarrow (Q \,\&\, R)$ 是等价的，你可以使用条件证明：

2. $P \,\&\, Q$　　　　　　　　　　　　　**AP**

3. Q　　　　　　　　　　　　　　　　2 **Simp**

4. $Q \& R$ **1、3 Conj**

5. $(P \& Q) \to (Q \& R)$ **2–4 CP**

释放过 AP 之后，剩下就是说明你刚刚构建的命题与你要证明的结论是等价的：

6. $\sim(P \& Q) \vee (Q \& R)$ **5 Impl**

另一种容易操作的形式是 $\sim(x \& y)$。如果结论是以这种形式出现，你需要使用 **DeM** 使之脱离否定形式，将之改写为 $\sim x \vee \sim y$ 的形式。之后，你可以使用 **Impl** 将之改写为 $x \to \sim y$ 的形式。

例如，假设你想证明这个论证：

$\sim P \to Q, P \to \sim R : \sim(\sim Q \& R)$

1. $\sim P \to Q$ **P**

2. $P \to \sim R$ **P**

此处的要点在于看到结论与 $Q \vee \sim R$ 是等价的（运用 **DeM**），也就是说其与 $\sim Q \to \sim R$ 是等价的（运用 **Impl**）。同样，你也可以使用条件证明：

3. $\sim Q$ **AP**

4. P **1、3 MT**

5. $\sim R$ **2、4 MP**

6. $\sim Q \to \sim R$ **3–5 CP**

和之前的例子一样，释放过AP之后，你需要完成最初从命题开始构建的通往结论的桥梁：

7. $Q \lor {\sim}R$　　　　　　　　　　　　**6 Impl**

8. ${\sim}({\sim}Q \And R)$　　　　　　　　　　　　**7 DeM**

两种不太友好的形式：$x \leftrightarrow y$和${\sim}(x \leftrightarrow y)$

正如我在前文多次说过的：处理$\leftrightarrow$命题时总是有些困难。不过，幸好你在这里用到的原则与遇到友好形式时的一样。

永远不要忘记，面对$\leftrightarrow$命题，第一步就是通过 **Equiv** 摆脱$\leftrightarrow$运算符。如果你迷了路，只要牢记这个原则，就相当于成功了一半。

要处理形式为$x \leftrightarrow y$的结论时，你首先必须使用 **Equiv** 规则，将它转换为$(x \And y) \lor ({\sim}x \And {\sim}y)$的形式。你应该看得出，$\lor$命题是一种友好的形式，你可以使用 **Impl** 将命题转换为${\sim}(x \And y) \rightarrow ({\sim}x \And {\sim}y)$的形式。

举例来说，假设你想对此进行证明：

$((\,{\sim}P \lor Q\,) \lor {\sim}R) \rightarrow {\sim}(P \lor R) : P \leftrightarrow R$

1. $((\,{\sim}P \lor Q\,) \lor {\sim}R) \rightarrow {\sim}(P \lor R)$　　　　　　**P**

我不想骗你：这个证明很难。如果不使用条件证明，那根本就无法解决。幸好，你可以使用 **Equiv** 将结论转换为$(P \And R)$

∨ (~P & ~R)，进而使用**Impl**将之转换为~(P & R) → (~P & ~R)。
请看以下步骤：

2. ~(P & R)   **AP**

3. ~P ∨ ~R   **2 DeM**

现在，你要证明的是~P & ~R。这时，最大的问题是：如何使用行1那个冗长的前提？（这就是为什么我会说，长前提会让证明变得非常困难。）首先，最重要的是，你至少可以使用**DeM**分解前提的第二部分：

4. ((~P ∨ Q) ∨ ~R) → (~P & ~R)   **1 DeM**

这个命题的第二部分看起来与你想要在条件证明中证明的内容非常相似。因此，如果你可以构建命题的第一部分，就可以通过**MP**得到第二部分。由此可见，现在的目标就是对(~P ∨ Q) ∨ ~R加以证明。

不过，你现在或许会想知道怎样才能凭空得到Q。此处，最关键的一点就是，你可以使用**Add**，在~P ∨ ~R上叠加一个Q：

5. (~P ∨ ~R) ∨ Q   **3 Add**

这个证明接下来的部分需要使用**Assoc**和**Comm**：194

6. ~P ∨ (~R ∨ Q)   **5 Assoc**

7. ~P ∨ (Q ∨ ~R)   **6 Comm**

8. $(\sim P \lor Q) \lor \sim R$ **7 Assoc**

最后，你已经看到了胜利的影子：你可以利用行8和行4，推导出你需要释放的前提：

9. $\sim P \,\&\, \sim R$ **4、8 MP**

10. $\sim(P \,\&\, R) \rightarrow (\sim P \,\&\, \sim R)$ **2–9 CP**

和之前一样，释放过 **AP** 之后，你需要让你刚刚构建的命题往结论靠拢：

11. $(P \,\&\, R) \lor (\sim P \,\&\, \sim R)$ **10 Impl**

12. $P \leftrightarrow R$ **11 Equiv**

好了，这就完成了这个困难的证明。将困难的结论转换成更好操作的形式，证明就变得很好处理了。

有时，证明不太友好的形式的结论会非常困难。这个例子无疑是在挑战我所说的中等难度证明的极限。在本章稍后"困难的证明：遇到难题时的解决之道"这个部分，我会举例说明如何证明 $\sim(x \leftrightarrow y)$ 这种形式的结论。

三种不友好的形式：$x \,\&\, y$、$\sim(x \lor y)$ 以及 $\sim(x \rightarrow y)$

如果结论属于这一类别，那你几乎不能使用条件证明，因为你不能把这三种形式转换为 $x \rightarrow y$ 的形式。

要想知道这些情况下为什么不能使用条件证明，你首先要注意，没有任何规则可以将 $x \& y$ 形式的命题转换为 → 命题。同样，对于另外两种不友好的形式，你可以将之轻易转换为 & 命题，但还是一样，你在将之转换为 → 命题时也会遇到困难。

如果遇到了以不友好形式出现的结论，我建议你继续前进，尝试某种直接或间接证明的方法。无论如何，你面对的都可能是一则困难的证明。

195

困难的证明：遇到难题时的解决之道

如凭借直觉进行的直接证明失败，而且也不能使用条件证明的话，说明你拿到的可能是困难的证明。在这种情况下，你可以选择硬着头皮继续，也可以选择转换为间接证明。

接下来的几个小节中，你会看到一些策略，帮助你解决真正困难的证明。

在直接证明和间接证明之间谨慎选择

如果你遇到了一个问题，其结论无法转换为（可以使用条件证明的）→ 命题，那么你可以首先考虑直接证明，*除非*你遇到的是我在本部分列出的三种例外情况之一。

如果你在最初五分钟里没有想到直接证明的方法，而且你也无法使用条件证明，不妨再多思考一会儿。在最好的情况下，利用本章后面提到的几种思考方式，你或许能找到直接证明的方法，不需要使用间接证明。但如果情况不利，你就需要切换到间接证明，不过你仍然可以使用你在寻找直接证明方法时想到的所有命题。

不过，这种转换方法并不适合逆向进行：如果你过早地切换到了间接证明，那么之后想要放弃，重新尝试直接证明，就不能使用你在寻找间接证明方法时想到的命题。

例外1：结论很短

如果结论是简短的命题，且大部分或全部前提都很长，那么间接证明或许会非常有帮助。在这种情况下，将难以处理的简短结论转换为能提供帮助的简短前提，是实现双赢的策略。

196

例外2：结论很长且为否定形式

间接证明尤其适合处理以否定形式出现的结论——$\sim(x \vee y)$ 和 $\sim(x \to y)$——因为否定的结论会变成肯定的前提。例如：

$P, Q : \sim((Q \vee R) \to (\sim P \,\&\, R))$

1. P	**P**
2. Q	**P**
3. $(Q \vee R) \to (\sim P \,\&\, R)$	**AP**

通过间接证明，你可以将结论转换为肯定的形式，之后将之作为前提。现在，你可以由此继续：

4. $Q \lor R$	2 **Add**
5. $\sim P \,\&\, R$	3、4 **MP**
6. $\sim P$	5 **Simp**
7. $P \,\&\, \sim P$	1、6 **Conj**
8. $\sim((Q \lor R) \to (\sim P \,\&\, R))$	3–7 **IP**

例外3：无路可走时

使用间接证明的第三种情况是，你已经用直接证明努力尝试过一段时间却没有任何进展。在这种情况下，我只要求大家再耐心一些。从直接证明转换到间接证明通常比较容易，即使你已经使用了条件证明，也总是可以通过再添加一个**AP**，转换到间接证明。（请参阅第11章，学习**AP**发挥作用的方式。）

从结论倒推

我曾把写证明比作建造从此处到彼处的桥梁。通常情况下，情况就该如此：你能够从这里到达对岸。不过，有的时候，这条路似乎走不通。所以，如果你发现自己陷入了困境，无法从此处到达彼处，那么或许从*对岸*来到*此处*更容易些。

在第9章中，我为你快速展示了一个例子，即从结论开始逆向操作。在这个小节中，你会用到这种技巧，完成一个非常困难的证明。举例来说，假设你想证明以下论证：

$$P \to Q, (P \to R) \to S, (\sim Q \lor \sim S) \,\&\, (R \lor \sim S) : \sim(Q \leftrightarrow R)$$

这个论证的结论是~($x \leftrightarrow y$)的形式,是两种"不太友好"的形式之一。所以,如果你想使用条件证明,就必须首先整理结论。不过,在这里,一个好方法是在开始之前先写出证明的*结尾*:

99. ~($Q \leftrightarrow R$)

你可以对证明的最后一行进行编号,写成行99。你不会用到这么多行,不过最后再重新编号也未尝不可。如你所见,最后一行包含了结论的全部内容。

接着,你可以从结论开始逆向思考,尤其是如何能在结束时得到这个结论。在这种情况下,最好的方法就是使用条件证明,这意味着,结论必须是→命题。所以,第一步就是使用**Equiv**将命题转换为友好的~($x \& y$)的形式。

98. ~(($Q \rightarrow R$) & ($R \rightarrow Q$))

99. ~($Q \leftrightarrow R$)   **98 Equiv**

现在,你需要决定的是,在你刚想出来的那个步骤之前应该进行怎样的操作。这一次,你使用了**DeM**,让命题97脱离了否定形式:

97. ~($Q \rightarrow R$) ∨ ~($R \rightarrow Q$)

98. ~(($Q \rightarrow R$) & ($R \rightarrow Q$))   **97 DeM**

99. ~($Q \leftrightarrow R$)   **98 Equiv**

掌握了上述步骤之后，你可以看得出来，下一步就是使用 **Impl** 将命题97转换为 → 命题：

95. ~(R → Q)

96. (Q → R) → ~(R → Q)　　　　　　4–95 **CP**

97. ~(Q → R) ∨ ~(R → Q)　　　　　　96 **Impl**

98. ~((Q → R) & (R → Q))　　　　　　97 **DeM**

99. ~(Q ↔ R)　　　　　　　　　　　98 **Equiv**

完成上述步骤后，你已胜利在望。你已经看到了事情的结局：在假设 Q → R 并用它构建了 ~(R → Q) 之后，你就可以使用 → 运算符将两个子命题连接起来，进而释放假设前提。

当然，现在你已经对过程有了更多了解。而且，你知道 **AP** 应该是 Q → R。所以，你已经看出来，最开始的几个步骤应该是这样的：

1. P → Q　　　　　　　　　　　　**P**

2. (P → R) → S　　　　　　　　　**P**

3. (~Q ∨ ~S) & (R ∨ ~S)　　　　　**P**

4. Q → R　　　　　　　　　　　　**AP**

现在，你的目标是构建 ~(R → Q) 这个命题，也就是你想到的最后一个逆向进行的步骤。看到 **AP** 和行1的内容，你或许可以想到：

198

5. $P \rightarrow R$ 1、4 **HS**

接着看到行2，你会觉得幸运降临：

6. S 2、5 **MP**

现在该如何？行3是唯一还没有用到的前提了，而且它的形式看起来非常非常熟悉：

7. $(\sim Q \,\&\, R) \vee \sim S$ 3 **Dist**

接着，你得到了另一个突破：

8. $\sim Q \,\&\, R$ 6、7 **DS**

证明进行到这一步时，你学到的有关操作八种基本语句逻辑命题形式的知识派上了用场：

9. $\sim(Q \vee \sim R)$ 8 **DeM**

10. $\sim(\sim R \vee Q)$ 9 **Comm**

11. $\sim(R \rightarrow Q)$ 10 **Impl**

目前为止，你已经实现了自己的目标，需要的只是对最后几行重新编号：

12. $(Q \rightarrow R) \rightarrow \sim(R \rightarrow Q)$ 4—11 **CP**

13. $\sim(Q \rightarrow R) \vee \sim(R \rightarrow Q)$ 12 **Impl**

14. $\sim((Q \rightarrow R) \,\&\, (R \rightarrow Q))$ 13 **DeM**

15. ~$(Q \leftrightarrow R)$ 14 **Equiv**

深入认识语句逻辑命题

目前，你或许已经非常善于判断命题属于八种基本形式中的哪一种了。不过，有时候能判断还不够。如果证明很难，那么通常来说，你需要依靠的是对命题结构更深层次的理解。

可能你已经注意到了，有三条等价规则可以将一个命题分解为三部分（x、y和z），而非两个。这三条规则就是**Exp**、**Assoc**和**Dist**（请参阅第10章）。不过，跟其他规则比起来，你运用这些规则的频率或许不高。可是，面对困难的证明时，你肯定需要用到它们。当你寻找运用这三条规则的机会时，你会发现它们触手可及。

举例来说，请看以下三个命题：

$(P \lor Q) \lor R$

$(P \& Q) \lor R$

$(P \& Q) \lor (R \lor S)$

你能看出来吗？上述三个命题都有相同的基本形式，即$x \lor y$。不过，不要让这种基本结构上的相似性蒙蔽你的双眼，你需要看到这些命题在深层结构上的重要差别。

举例来说，你可以将**Assoc**应用于第一条命题，但不能应用于第二条。同样，你可以将**Dist**应用于第二条命题，但不能应用于第一条。最后，对于第三条命题，你既可以应用**Assoc**，也可以应用**Dist**。阅读完本节内容，你会学到发现差别、利用差别的方法。

使用Exp

Exp：$x \rightarrow (y \rightarrow z)$ 与 $(x \& y) \rightarrow z$ 等价

例如，请看这个命题：

$$(P \& Q) \rightarrow (R \rightarrow S)$$

这个命题是 $x \rightarrow y$ 的形式。但是你可以从另外两个角度思考它。其中一种角度是将 $(P \& Q)$ 看作一个整体，你会发现命题是这样的形式：

$$x \rightarrow (y \rightarrow z)$$

在这种情况下，你可以使用**Exp**将命题转换为：

$$((P \& Q) \& R) \rightarrow S$$

第二种角度就是将 $(R \rightarrow S)$ 看作一个整体，你会发现命题是这样的形式：

$$(x \& y) \rightarrow z$$

现在，你可以逆向使用**Exp**，将命题转换为：

$$P \rightarrow (Q \rightarrow (R \rightarrow S))$$

将 Assoc 与 Comm 相结合

Assoc：$(x \& y) \& z$ 与 $x \& (y \& z)$ 等价

$(x \vee y) \vee z$ 与 $x \vee (y \vee z)$ 等价

例如，请思考这个命题：

$\sim(P \vee Q) \to (R \vee S)$

一种方法是使用 **Impl**，这样你会得到：

$(P \vee Q) \vee (R \vee S)$

现在，你可以用两种不同的角度使用 **Assoc**：

$P \vee (Q \vee (R \vee S))$

$((P \vee Q) \vee R) \vee S$

你也可以使用 **Comm**，通过多种不同方式重新排列变量。例如，仅对 $P \vee (Q \vee (R \vee S))$ 进行操作，你可以得到：

$P \vee (Q \vee (S \vee R))$

$P \vee ((R \vee S) \vee Q)$

$(Q \vee (R \vee S)) \vee P$

如果你可以仅使用一个 $\vee$ 运算符（或 $\&$ 运算符）来表达一个命题，那么你就可以使用 **Assoc** 和 **Comm** 的组合，将变量按照你需要的方式重新排序。这是非常强大的工具，可以帮你把命题变成你想要的样子。

使用 Dist

Dist：$x \, \& \, (y \vee z)$ 与 $(x \, \& \, y) \vee (x \, \& \, z)$ 等价

$x \vee (y \, \& \, z)$ 与 $(x \vee z) \, \& \, (y \vee z)$ 等价

你应该知道 **Dist** 还有另外两种形式，带括号的子命题可以放在前面：

$(x \vee y) \, \& \, z$ 与 $(x \, \& \, z) \vee (y \, \& \, z)$ 等价

$(x \, \& \, y) \vee z$ 与 $(x \vee z) \, \& \, (y \vee z)$ 等价

大多数教授都能接受这条规则的另外两种形式。不过，有少数人比较固执，要求你使用 **Dist** 之前，必须使用 **Comm** 将 $(x \vee y) \, \& \, z$ 转换为 $z \, \& \, (x \vee y)$ 才行。同样，他们或许还会要求你在使用 **Dist** 之前，用 **Comm** 将 $(x \, \& \, y) \vee z$ 转换为 $z \vee (x \, \& \, y)$。

举例来说，假设你看到的是这样的命题：

201

$P \vee (Q \, \& \, (R \vee S))$

在这个例子中，你可以通过两种方法使用 **Dist**。首先，把 $(R \vee S)$ 当作一个整体，你会发现，命题变成了如下形式：

$x \vee (y \, \& \, z)$

如此，你可以把命题改写为：

$(P \vee Q) \, \& \, (P \vee (R \vee S))$

这一步骤的好处是，你可以使用 **Simp** 将这个命题分解为两个较短的命题：

$P \vee Q$

$P \vee (R \vee S)$

第二种选择是对子命题 Q & $(R \vee S)$ 使用 **Dist**，这样你可以得到：

$P \vee ((Q \& R) \vee (Q \& S))$

现在，你已经有三个子命题了——P、$(Q \& R)$ 和 $(Q \& S)$——且它们通过 $\vee$ 命题连接，也就是说你可以使用 **Assoc** 和 **Comm**，按照你喜欢的顺序将它们重新排列（只要括号内的内容不变即可）。

Dist 的 ·大作用是，你可以将主运算符从 & 转换为 $\vee$。以这种方式改变主运算符，你可以将一个不友好的结论——一个你不能使用条件证明的结论——转换为友好的结论。

以这个命题为例：

$P \& (Q \vee R)$

在大多数情况下，如果你面对的是一个 $x \& y$ 这种形式的结论，你就无法使用条件证明。不过，在这个例子中，你可以使用 **Dist** 将它进行改写：

$(P \& Q) \vee (P \& R)$

经过这个步骤，你得到了一个友好形式的结论，接着，你可以使用**Impl**将之改写为→命题：

$\sim(P \& Q) \rightarrow (P \& R)$

同样，另一种不友好的形式是$\sim(x \rightarrow y)$。看到这种形式，你可能会放弃对以下这一结论使用条件证明：

$\sim(P \rightarrow \sim(Q \vee R))$

202　　不过，幸运的是，你可以通过两个步骤让它脱离否定形式。首先，你可以使用**Impl**，得到以下命题：

$\sim(\sim P \vee \sim(Q \vee R))$

接下来，你可以使用**DeM**：

$P \& (Q \vee R)$

令人惊讶的是，这个结论与我们在$P \& (Q \vee R)$这个例子中开始的结论是一样的（往前数五个命题），所以你可以像之前那样，用**Dist**将它转化为友好形式，然后使用条件证明攻克难题。

分解长前提

正如我多次提到的，分解长前提或许很困难。不过，有时候，这也是不可避免的。举例来说，请看以下论证：

$(P \& Q) \lor (Q \to R), Q, {\sim}R : P$

1. $(P \& Q) \lor (Q \to R)$ **P**

2. Q **P**

3. ${\sim}R$ **P**

问题的关键——无论你采用直接证明还是间接证明——就是找到一种方法分解这个长长的前提。我建议采用直接证明。

处理长前提时，你首先要判断前提属于哪种形式的语句逻辑命题。这一判断通常有助于让你看到下一步要采取的行动。

第一个前提是 $x \lor y$ 的形式。面对 $\lor$ 命题，首先可以尝试使用 **Impl**：

4. ${\sim}(P \& Q) \to (Q \to R)$ **1 Impl**

之后，观察这个命题，你会发现它是 $x \to (y \to z)$ 的形式，这样你可以尝试一下 **Exp**：

5. $({\sim}(P \& Q) \& Q) \to R$ **4 Exp**

目前一切顺利，因为你已经把 R 独立出来，作为命题的第二部分。因此，你现在可以使用 **MT**：

6. ${\sim}({\sim}(P \& Q) \& Q)$ **3、5 MT**

请注意，你现在要做的不是摆脱两个 ~ 运算符。这两个运算符一个作用于整个命题，另一个只作用于子命题 $(P \& Q)$。

203

现在，命题的形式变成了~(x & y)，也就是使用 **DeM** 的好时机：

7. $(P \& Q) \lor \sim Q$ **6 DeM**

接下来的步骤非常明显：

8. $P \& Q$ **2、7 DS**
9. P **8 Simp**

请注意，判断命题形式在一层一层分解前提方面很有帮助。有时候，学生看到像这样不好解决的证明时就会问："要是我看不出来怎么办？要是我想不到下一个步骤该怎么办？"

好消息是，你几乎总能找到不止一种方法进行证明。所以我要告诉你，即使你的出发点不同，也总是可以找到一种行得通的方法：

以下是我刚刚讨论过的证明，但我这次要使用另一种方法：

1. $(P \& Q) \lor (Q \to R)$ **P**
2. Q **P**
3. $\sim R$ **P**

在这种情况下，你可以先将 **Impl** 应用于命题的第二个部分，而非命题的主运算符：

4. $(P \& Q) \lor (\sim Q \lor R)$ **1 Impl**

现在，你可以看到，命题是 $x \vee (y \vee z)$ 的形式：

5. $((P \& Q) \vee \sim Q) \vee R$ **4 Assoc**

惊喜来了，惊喜就在这里——又到了使用 **DS** 的时候，而且这次你可以连续使用两次：

6. $(P \& Q) \vee \sim Q$ 3、5 **DS**
7. $P \& Q$ 2、6 **DS**

至此，答案再次浮现出来：

8. P 7 **Simp**

204

巧妙地进行假设

在第 11 章中，我讲过如何通过假设结论的否定进而使用间接证明，之后再对其进行反驳。

不过，在使用间接证明时，你不仅可以将之用于结论的否定。实际上，你可以使用*任何*假设，接下来努力推翻它就好。如果你成功了，那就说明你证明了假设的*否定*，这通常可以帮助你证明结论。

尽管你可以随意假设，但我们要使用的策略是选择能尽快导致矛盾的假设。举例来说，对于这个论证，我在"分解长前题"部分已经证明了结论的有效。

$(P \& Q) \lor (Q \to R), Q, \sim R : P$

1. $(P \& Q) \lor (Q \to R)$ **P**

2. Q **P**

3. $\sim R$ **P**

在这个证明中，你要快速找到分解第一个前提的方法。这一次，你凭空创造出了一个前提，帮助你实现自己的目标：

4. $\sim(P \& Q)$ **AP**

和所有的间接证明一样，你现在需要寻找的是矛盾。不过，这一次你只需要几行就可以完成：

5. $Q \to R$ 1、4 **DS**

6. R 2、5 **MP**

7. $R \& \sim R$ 3、6 **Conj**

如之前一样，下一步是释放 **AP**：

8. $P \& Q$ 4—7 **IP**

现在，完成证明简直轻而易举：

9. P 8 **Simp**

我为人人，人人为我

本章提要

● 理解语句逻辑运算符的充分性

● 创建少于五个运算符的语句逻辑系统

● 认识谢费尔竖线

我在第4章中说过，在英语中，"或"这个字有两种不同的含义：包含性"或"表示"要么这个要么那个，要么二者"，排他性"或"则表示"要么这个要么那个，但并非二者"。

我还提到过，语句逻辑中，∨运算符可以消除歧义，因为它自始至终表示包含性"或"。当时，你或许认为这种说法非常不公平，具有歧视性。事实上，你们之中更叛逆的人或许已经蠢蠢欲动，想发起一场运动，为语句逻辑再增加一个运算符。

不过，在你们举着自制的标语，高呼"二、四、六、八，排他性'或'最伟大"之前，不妨先学习完本章的内容。在这一章节中，你会发现，排他性"或"——还有你自己想到的其他运算符——已经被语句逻辑的五个运算符所涵盖。在这一章中，我会告诉你这五个符号能让你表达你想要设计的*所有*可能的真值函数。

你还会发现，你可以用不到五个运算符来表达所有可能的真值函数。说实话，一旦发现少数几个运算符竟然可以发挥这么大的作用，你或许会非常惊讶。

运用五个语句逻辑运算符

接触五个语句逻辑运算符一段时间后，你或许会想，如果有更多的运算符，这种语言是否会更强大。在这个部分，我会告诉你，答案是响亮的"否"！

为了证明这一点，我发明了一个新的虚拟运算符——?运算符——仅用于此次讨论。?运算符发挥作用的方式就像排他性"或"（请参阅第4章），也就是说，这个运算符表示"要么……要么……但并非二者"。以下是这个新运算符的真值表：

x	y	$x\,?\,y$
T	T	F
T	F	T
F	T	T
F	F	F

接下来，你可以按照使用其他运算符的方法使用这个新的运算符。例如，你可以将其和之前已经熟悉的运算符结合起来运用，创造出$(P\,?\,Q) \to P$这个命题。

你甚至可以使用真值表，看看在每种赋值下，命题的真值是**T**还是**F**：

P	Q	$(P$	$?$	$Q)$	$\to$	P
T	T	T	F	T	**T**	T
T	F	T	T	F	**T**	T
F	T	F	T	T	**F**	F
F	F	F	F	F	**T**	F

这个想法似乎很不错，可为什么至今都没有被采纳？其实，原因很简单——你不需要这个运算符。只要有标准的语句逻辑运算符，你就可以得到同样的结果：

x	y	$x\,?\,y$	$\sim$	$(x$	$\leftrightarrow$	$y)$
T	T	**F**	**F**	T	T	T
T	F	**T**	**T**	T	F	F
F	T	**T**	**T**	F	F	T
F	F	**F**	**F**	F	T	F

如你所见，命题$x\,?\,y$和$\sim(x \leftrightarrow y)$语义等价（关于更多语义等价的内容，请参阅第6章）。如果两个命题语义等价，那就可以用一个替换另一个。

例如，你可以用$\sim(P \leftrightarrow Q) \to P$替换命题$(P\,?\,Q) \to P$。通

207

过以下真值表的验证，两个命题在语义上等价：

P	Q	(P	?	Q)	→	P	~	(P	↔	Q)	→	P
T	T	T	F	T	**T**	T	F	T	T	T	**T**	T
T	F	T	T	F	**T**	T	T	T	F	F	**T**	T
F	T	F	T	T	**F**	F	T	F	F	T	**F**	F
F	F	F	F	F	**T**	F	F	F	T	F	**T**	F

因此，你并不需要?运算符来表示排他性"或"。五个运算符已经可以满足你对排他性"或"的需要。

实际上，你可能发明的*任何*运算符同样没有必要。也就是说，你不用借助其他运算符，因为这五个语句逻辑运算符已经足够表达所有你想用语句逻辑表达的命题。

裁员——一个真实的故事

208

在前一个小节中，我通过说明如何用~(x ↔ y)来表示(x ? y)，告诉你?运算符其实是不必要的。换言之，我告诉你的是，上述两个命题语义等价。

如果两个命题语义等价，你可以随时用一个替代另一个。在写证明时，这种互换会带来极大便利。同时，它也会带来意想不到的结果，如接下来这几个小节提到的寓言一样。

在这个部分，你会利用等价规则（请参阅第10章）的相关知识，学会如何去除语句逻辑运算符，同时仍用语句逻辑来表达你想表达的内容。

多数人暴政

假如你已经厌倦了 ↔ 运算符。这个运算符总是迟到，而且总是请病假。你想像唐纳德·特朗普一样，说："你被解雇了！"但你很担心其他四个运算符无法完成任务。这时，你想到了一个方法。

运用 **Equiv** 规则（请参阅第 10 章），任何以 $x \leftrightarrow y$ 这种形式表达的命题都与 $(x \& y) \vee (\sim x \& \sim y)$ 等价。由于这种等价的存在，你决定赋予其他运算符华丽的新头衔，改变它们的作用。从现在开始，你不再使用 ↔ 运算符，而是使用其他变量和运算符的组合。

例如，对于以下命题：

$P \& (Q \leftrightarrow R)$

你会把它写作：

$P \& ((Q \& R) \vee (\sim Q \& \sim R))$

同样，再看这个命题：

$(P \rightarrow \sim Q) \leftrightarrow (R \& S)$

你会把它写作：

$$((P \rightarrow \sim Q) \& (R \& S)) \vee (\sim(P \rightarrow \sim Q) \& \sim(R \& S))$$

这确实有些复杂，但至少行得通。事实上，此处最伟大的发现就是，你现在可以用四个运算符完成之前你需要五个运算符才可以完成的所有表达。而且，我说的是所有你想完成的，真的是*所有*。

叛乱

高处不胜寒——对于逻辑运算符来说也是一样。周一一大早，→ 运算符一来就冲进你的办公室，连门都没敲。它一点儿都不喜欢新的工作安排，大喊大叫地抱怨了一番之后，它给你下了最后通牒："要么重新雇佣 ↔ 运算符，要么就开除我！"

当然，你对这种谈话不以为然，所以你就让一对强壮的括号带走了 → 运算符。（从此开始，就是故事真正的寓意所在。）稍稍冷静之后，你发现，自己面临着要填补的空缺。

但是，利用 **Impl** 规则（请参阅第 10 章），你可以用 $\sim x \vee y$ 这种命题形式替换所有以 $x \rightarrow y$ 为形式的命题。举例来说，这意味着，你可以将以下这个命题：

$$(((P \rightarrow Q) \& R) \rightarrow S)$$

改写为：

$(\sim((\sim P \lor Q) \& R) \lor S)$

此时，整个系统再一次恢复运作。你可以使用三个运算符（$\sim$、& 和 $\lor$）完成之前需要五个运算符完成的所有工作。

这三个运算符足以表达所有语句逻辑命题。对于逻辑学首先出现的严格形式——布尔代数——来说，这一点的意义举足轻重。关于布尔代数的更多内容，你可以查阅第14章。

进退两难

就在运算符语言的世界似乎回归正常的时候，& 运算符和 $\lor$ 运算符要求开会。它们的工作时间延长了，而且也知道你非常需要它们，所以希望能大幅度加薪。

你给两个操作符送上雪茄和白兰地，告诉它们下次董事会上，它们的要求会排在日程表的最前面。等它们离开了你的办公室，你就开始制定计划，准备甩开其中一个，然后给另一个加薪50%，使其能同时完成两份工作。

利用德摩根定律（请参阅第10章 **DeM** 部分），你发现所有以 $x \& y$ 为形式的命题都可以用等价形式 $\sim(\sim x \lor \sim y)$ 来替换。不过，话说回来，你也可以把 $x \lor y$ 形式的命题用其等价形式 $\sim(\sim x \& \sim y)$ 替换掉。

此时，你第一次犹豫起来。你甚至想过开除两个运算符，然后再次雇佣 $\to$ 运算符（因为你发现自己可以用 $\sim(x \to \sim y)$ 来

替代 $x \& y$，也可以用 $\sim x \rightarrow y$ 来取代 $x \lor y$）。

无论是哪种情况，你现在已经有很大的谈判空间。下面列出的三种组合能让你用两个运算符完成之前五个运算符完成的工作：

$\sim$ 和 &

$\sim$ 和 $\lor$

$\sim$ 和 $\rightarrow$

谢费尔的天才竖线

你压根没有想到。你最忠实的员工 $\sim$ 运算符走了进来，送上一个月后离职的通知。这一次，它辞职不是因为钱，也不是因为工作时间太长，甚至不是因为办公室氛围不好。事实上，它只是想要拿到一份妥善的安置方案，提前退休。

得到这个消息后，你或许会不得不永远关店。即使其他四个运算符全部回来，你也不能在没有 $\sim$ 运算符的情况下否定某个命题。

现在，前景黯淡，但一个不速之客出现了：| 运算符。| 运算符就是*与非运算符*（*nand* 运算符，是 *not* 和 *and* 的结合）。这个运算符有时也被称为*谢费尔竖线*，因为发明这个运算符的正是亨利·谢费尔。命题 $x \mid y$ 与命题 $\sim(x \& y)$ 语义等价。

x	y	$x\,|\,y$	$\sim$	$(x$	$\&$	$y)$
T	T	**F**	**F**	T	T	T
T	F	**T**	**T**	T	F	F
F	T	**T**	**T**	F	F	T
F	F	**T**	**T**	F	F	F

有了新的助手，事情变得容易多了。例如，通过这个运算
符，遇到如~一样否定的表达时，可以用$x\,|\,x$来表达：

x	y	$x\,|\,x$
T	F	F
F	T	T

你也可以用$(x\,|\,y)\,|\,(x\,|\,y)$这种形式来表达&命题。此外，你
也可以用$(x\,|\,x)\,|\,(y\,|\,y)$来表达如$x \lor y$这种$\lor$命题。

实际上，有了谢费尔竖线，你就可以用一个运算符表达所
有五个语句逻辑运算符表达的内容。例如，请看这个表达式：

$X \rightarrow (Y \leftrightarrow R)$

你首先可以先摆脱$\leftrightarrow$运算符：

$\sim X \rightarrow ((Y \& R) \lor (\sim Y \& \sim R))$

接着，再处理掉$\rightarrow$运算符：

$\sim X \lor ((Y \& R) \lor (\sim Y \& \sim R))$

现在，你可以处理 & 运算符和 ∨ 运算符：

$\sim X \vee (((Y \mid R) \mid (Y \mid R)) \vee (\sim Y \& \sim R))$

$\sim X \vee (((Y \mid R) \mid (Y \mid R)) \vee (\sim Y \mid \sim Y) \mid (\sim R \mid \sim R))$

$\sim X \vee ((((Y \mid R) \mid (Y \mid R)) \mid ((Y \mid R) \mid (Y \mid R))) \mid (((\sim Y \mid \sim Y) \mid (\sim R \mid \sim R)) \mid ((\sim Y \mid \sim Y) \mid (\sim R \mid \sim R))))$

$(\sim X \mid \sim X) \mid (((((Y \mid R) \mid (Y \mid R)) \mid ((Y \mid R) \mid (Y \mid R))) \mid (((\sim Y \mid \sim Y) \mid (\sim R \mid \sim R)) \mid ((\sim Y \mid \sim Y) \mid (\sim R \mid \sim R)))) \mid ((((Y \mid R) \mid (Y \mid R)) \mid ((Y \mid R) \mid (Y \mid R))) \mid (((\sim Y \mid \sim Y) \mid (\sim R \mid \sim R)) \mid ((\sim Y \mid \sim Y) \mid (\sim R \mid \sim R)))))$

最后，你可以处理 ~ 运算符

$((X \mid X) \mid (X \mid X)) \mid (((((Y \mid R) \mid (Y \mid R)) \mid ((Y \mid R) \mid (Y \mid R))) \mid ((((Y \mid Y) \mid (Y \mid Y)) \mid ((R \mid R) \mid (R \mid R))) \mid (((Y \mid Y) \mid (Y \mid Y)) \mid ((R \mid R) \mid (R \mid R))))) \mid ((((Y \mid R) \mid (Y \mid R)) \mid ((Y \mid R) \mid (Y \mid R))) \mid ((((Y \mid Y) \mid (Y \mid Y)) \mid ((R \mid R) \mid (R \mid R))) \mid (((Y \mid Y) \mid (Y \mid Y)) \mid ((R \mid R) \mid (R \mid R))))))$

好吧，虽然有一些烦琐无聊，但你可以做得到。所以，深思熟虑之后，你大声宣布："你被雇用了！"（此处需要闪光灯和掌声。）

212

故事的寓意

当然，在现实生活中，五个逻辑命题运算符基本不会面临被解雇的风险，而且我怀疑它们也不会很快退休。这绝对是件

好事。即使从逻辑上看，|运算符可以处理所有语句逻辑，但前一小节最后的例子已经让你看到，如果没有其他运算符，这些命题肯定会让人眼花缭乱。

以此类推，如果你精通电脑，就会知道你在电脑上所做的一切都会被翻译为1和0。不过，你电脑的键盘可绝非只有这两个按键。

按照逻辑来看，这种冗余或许是不必要的，但能让计算机使用起来更容易（就像五个语句逻辑运算符能让逻辑变得更容易一样）。你可以使用自然语言而非计算机语言。

同样，通过类似的方式，五个语句逻辑运算符与*和*、*或*及*非*等字词非常类似，能让你更轻松地思考自己做一件事的意义，而非做一件事的规则。

第14章

句法方面的技巧和语义方面的考量

本章提要

● 认识句法和语义

● 探索合式公式（WFF）

● 发现布尔代数和语句逻辑之间的符号联系

史蒂夫·马丁曾经说过，你永远不会听到人们说："把钢琴递给我。"这句话之所以值得琢磨，是因为从一种层面看，它是完全正常的句子；但从另一个层面考虑，这个句子荒谬得彻头彻尾。本章节的内容就关于这两个层面，包括以下内容：

√ **句法：**句法，也就是语法的层面，也就是能让史蒂夫·马丁那句话被伪装成正常语句的层面。毕竟，"把钢琴递给我"这句话从开头到结尾完全符合语法要求。句法只与语言的形式，也就是语言的内部结构有关。有了句法的规则，语言才可以使用。

✓ **语义**：语义，也就是含义的层面，也就是让史蒂夫·马丁那句话显得荒谬的层面。换言之，你可以递给某人一支笔、一个钱包，甚至是一只臭鼬，但是你不能递给某人一架钢琴。语义与语言的功能，也就是语言的外部使用有关。从这个角度看，语义关乎使语言有意义的含义。

无论你是在描述一种如英语一样的自然语言，还是如语句逻辑一样被发明出来的语言，句法和语义都会发挥至关重要的作用。在这个章节中，我会澄清语句逻辑中句法和语义之间的关键区别，也会讲到语句逻辑中合式公式的规则。有了这些规则，你就可以将语句逻辑命题与一串符号区分开。最后，我会讲到布尔代数，这是一种较早出现的逻辑系统。

214

你是赞成还是反对？

我有一个简单的问题，以下哪个是语句逻辑命题？

A） $(P \lor Q) \to \sim R$

B） $\lor R\ Q \to)\sim(P$

如果你选择命题A，那么你答对了。现在，我要问一个更难的问题：你怎么知道的？

或许你很想大声说："呃，哈！"然而，值得注意的是A和

B两个命题都有同样的符号。甚至这两个命题中空格的数量都是一样的。（都有四个，可谁会数呢？）好吧，命题B看着就像被打散的命题A。但用这个理由拒绝让它成为语句逻辑命题足够好吗？实际上，这是非常好的理由。

和其他所有语言一样，语句逻辑可不是一系列以任意顺序组合在一起的符号。符号的顺序是让某种语言发挥作用的因素之一。如果顺序不那么重要，那你可能会写出这样的句子：狗狗食品比帝国粥大楼眼镜蛇红酒烤焦被芭芭拉史翠珊玻璃塔fdao udos keowe !voapa–aifaoidao– faid, ; s; j?jj;ag u,R。

没错，你说对了，最后这个"句子"没有任何意义。然而，它提醒了你，自然语言中有一套让你能够组合其符号的规则。这些规则通常被称为语法，即使你可能说自己对语法毫不了解，但在阅读本书的过程中，你的大脑还是在飞快地精准运用这些规则。

语法——也被称为"句法"——就是一系列关于如何对离散的语言材料进行排序的规则。在书面语言中，这些语言材料被称为"单词"和"标点"。在语句逻辑中，这些语言材料被称为常量、运算符和括号。

在本节中，你会学到如何区分语句逻辑命题和精心伪装出来的假命题。你会学到构建语句逻辑符号的精准规则，进而判断某个句子是否为一个命题。

认识合式公式

一系列任意的语句逻辑符号被称为*字符串*。有些字符串是命题，有些则不是。判断字符串是否为一个命题是一个*句法*问题，也就是说，这是关于字符串形式的问题。

从句法层面讨论时，你可以用合式公式来替代命题这种表达。请注意，"式"这个字出现了两次，强调了讨论的主题是字符串的形式（换言之，就是句法）。合式公式的缩写是WFF，逻辑学家们会将之读作"wiff"。

每一个语句逻辑字符串要么是合式公式，要么是非合式公式。

不要误会，在语句逻辑中，*命题*和合式公式表达的意义完全相同。但是，在下一次鸡尾酒会或者逻辑学家聚会上，再聊到字符串时，你要使用合式公式这个词，而不是*命题*。因此，我现在也会这样做。

你凭借直觉就已经知道$(P \vee Q) \to \sim R$是一个命题，$\vee R Q \to)\sim (P$则不是。在这个例子中，你的直觉是正确的——但你为什么会有这种直觉？我在这里会告诉你三条简单的规则，帮助你把直觉转化为知识。

有了这三条简单的规则，你不仅可以构建本书中出现的所有语句逻辑命题，还可以构建你未来会见到的那些。此外，同样重要的是，你可以避免构建不属于合式公式的字符串。闲话少叙，以下就是这三条至关重要的规则：

✓ **规则1**：所有常量（P、Q、R 等）都是合式公式。

✓ **规则2**：如果字符串 x 是合式公式，那么字符串 $\sim x$ 也是合式公式。

✓ **规则3**：如果两个字符串 x 和 y 都是合式公式，那么字符串 $(x \& y)$、$(x \vee y)$、$(x \rightarrow y)$ 以及 $(x \leftrightarrow y)$ 也都是合式公式。

现在，你可以来小试身手：如何构建 $(P \vee Q) \rightarrow \sim R$？

根据规则1，P、Q 和 R 都是合式公式：

P	Q	R	规则1

接着，根据规则2，字符串 $\sim R$ 同样也是合式公式：

P	Q	$\sim R$	规则2

按照规则3，字符串 $(P \vee Q)$ 也是合式公式：

$(P \vee Q)$	$\sim R$	规则3

最后，我们再次使用规则3，此时，$(P \vee Q) \rightarrow \sim R$ 就成了合式公式。

$((P \vee Q) \rightarrow \sim R)$	规则3

放宽规则

从专业角度看，语句逻辑中的每个合式公式都应以括号开始，并以括号结束。可是，在实际操作中，这种情况很少见。正如你在本书中看到的，命题很少以括号开始或结束。

去掉合式公式外面的括号，会得到逻辑学家所谓的合式公式放宽版本。

从上一节的例子中可以看出，按照规则，$((P \lor Q) \to \sim R)$是一个合式公式。那么这个合式公式是否和$(P \lor Q) \to \sim R$一样？严格意义上说，二者并不相同。因此，规则4——也被称为*放宽规则*——应运而生。

按照惯例，根据这条规则，你可以去掉合式公式最外面的括号，构建这个合式公式的放宽版本。然而，从专业角度看，合式公式的放宽版本并非合式公式，且规则4并不是真正的规则。其实，它只是一种惯例，让人在阅读合式公式时更方便一些。

你或许不会使用这个放宽的版本来构建新的合式公式。

区分合式公式与非合式公式

请记住，构建语句逻辑命题诸多规则的目的不仅仅是让你构建合式公式，还有让你避免构建类似于合式公式但实际并不是合式公式的字符串。请看以下这个混乱的字符串：

$$\vee R \, Q \rightarrow)\text{~}(P$$

你或许不会构建出这样古怪的字符串。不过有些字符串完全有合式公式的样子：

$$(P \vee \text{~}Q) \rightarrow (R \vee S) \, \& \, \text{~}T$$

运用之前学到的规则，你可以构建这个命题吗？或许你会这样开始尝试：

P	Q	R	S	T	规则1
P	$\text{~}Q$	R	S	$\text{~}T$	规则2
$(P \vee \text{~}Q)$	$(R \vee S)$	$\text{~}T$			规则3

进行到这个步骤，你已经添加了所有你希望添加的括号，但是还缺少两个运算符。即使你对这个命题使用放宽版本，也无法在不添加另一组小括号的情况下，将两个缺失的运算符加入命题中。这就是问题的关键所在。这个字符串：

$$(P \vee \text{~}Q) \rightarrow (R \vee S) \, \& \, \text{~}T$$

并不是合式公式。它的主运算符可以是 $\rightarrow$ 运算符，也可以是 & 运算符。这种不确定性绝对不可以出现。因为正如我在第4章中讲到的，一个语句逻辑命题只会有一个主运算符。

从某种意义上说，判断一个字符串是否是合式公式，就如同判断一艘船是否适航。例如，把船放进水里，之后登船，在真正出海之前，你肯定会想看看船上是否有裂缝或者漏洞。如果你发现了一些漏洞，那最好开船之*前*就将它们修补好（如果可以修补）。

出海的船只是这个道理，语句逻辑中的字符串也是这个道理。如果你犯了错，将之当作合式公式（适航的船只），并且试图在真值表或证明中使用它（开船），那么你肯定会遇到麻烦（比如像石头一样沉入大海）。

语句逻辑与布尔代数的比较

在第13章中，我告诉过你，如何只用三个运算符（~、& 和 ∨）完成用五个运算符可以完成的工作。

形式逻辑最早的版本——也就是使用符号而非自然语言的逻辑——就利用了这个事实，即只使用三个运算符。如我在第2章中讲到的，由乔治·布尔创立的布尔代数在将哲学逻辑转化为严格的数学系统方面，做出了第一次尝试。实际上，与语句逻辑相比，你在学校学到的数学与这种形式逻辑的联系更为紧密。

无论你是否相信，布尔代数实际上比你在学校学到的（或还没有学到的）更简单。其中一个原因是，你只需要处理两个数字：0和1。此外，你也只需要进行加法和乘法这两种运算。在这个小节中，我会讲到语句逻辑和布尔代数之间的相似性。

218

阅读符号

布尔代数实际上只是使用了不同符号的语句逻辑，因此，在这个小节中，我会对语句逻辑稍做改变，以此讲解布尔代数。

实际上，我只会改变五个符号，也就是我在表14-1中列出的。

表14-1　语句逻辑与布尔代数对应的符号

语句逻辑符号	布尔代数符号
T	1
F	0
~	−
&	×
∨	+

布尔代数中常量的使用方法与语句逻辑中的相同，因此，使用新的符号时，你可以像之前一样，使用同样的基础真值表（请参阅第6章）。例如，你可以使用以下真值表，将语句逻辑中的&运算符和布尔代数中的乘法联系起来：

P	Q	$P \& Q$
T	T	T
T	F	F
F	T	F
F	F	F

P	Q	$P \times Q$
1	1	1
1	0	0
0	1	0
0	0	0

请确保你知道语句逻辑中的&运算符等同于布尔代数中的×。因为&表示"*和*",你或许会错误地将这个运算符与加法联系在一起。

请注意，布尔代数中用符号×表示的乘法，与用1和0进行的一般性乘法完全一样：$1 \times 1 = 1$，且所有数字与0相乘都等于0。

同样，你可以使用以下真值表，将语句逻辑中的∨运算符和布尔代数中的加法联系起来：

P	Q	$P \vee Q$
T	T	T
T	F	T
F	T	T
F	F	F

P	Q	$P+Q$
1	1	1
1	0	1
0	1	1
0	0	0

在这种情况下，布尔代数的加法与普通的加法运算毫无二致，只有一处例外：在布尔代数的加法中，$1 + 1 = 1$，因为1就是整套系统中最大的数字。

最后，你可以使用以下真值表，将语句逻辑中的~运算符和布尔代数中的否定联系起来：

P	$\sim P$
T	F
F	T

P	$-P$
1	0
0	1

或许，你会觉得奇怪，因为布尔代数中的$-1 = 0$，且$-0 = 1$。但是，你要记住，布尔代数中的1和0与语句逻辑中的**T**和

F类似。因此，很明显，你将它看作~**T** = **F**和~**F** = **T**也就不足为奇了。

自然而然，我们会和其他数学符号一起使用等号（＝）。布尔代数中的相等与语句逻辑中的真值是同样的含义。你也可以这样认为，等号表示的是两个命题语义等价，也就是说，无论常量的真值如何，两个命题都有同样的真值（关于语义等价的内容，请参阅第6章）。

表14-2列明了语句逻辑中真值赋值与布尔代数中相等之间的联系。

表14-2　使用布尔代数中的等号（＝）

语句逻辑真值或语义等价	布尔代数的相等
P的真值为**T**	$P = 1$
Q的真值为**F**	$Q = 0$
$P \lor \sim P$的真值为**T**	$P + -P = 1$
$P \& Q$与$Q \& P$语义等价	$P \times Q = Q \times P$
$\sim(P \lor Q)$与$\sim P \& \sim Q$语义等价	$-(P + Q) = -P \times -Q$

数学运算

在语句逻辑中，你要避免写出混合了常量与真值**T**和**F**的字符串。而在布尔代数中，你无须如此。实际上，你可以通过混合不同类型的符号，探究更多逻辑学知识。例如：

$$P \times 0 = 0$$

它会提醒你，对于所有&命题——请记住，乘号代表&运算符——无论命题其余的部分如何，都包含一个真值为假的子命题（0）。同样，以下等式：

$$P + 0 = P$$

它会告诉你，如果一个∨命题中包含一个真值为假的子命题，那么其真值取决于另外一个子命题的真值。还有，通过这个等式：

$$P \times 1 = P$$

你可以知道，如果一个&命题包含一个真值为真的子命题，那么其真值取决于另外一个子命题的真值。

同样，对于这个等式：

$$P + 1 = 1$$

你可以知道，如果一个∨命题中包含一个真值为真的子命题，那么它的真值永远为真。

221

认识半环和其他事项

布尔代数和非负整数（0、1、2、3等）的算术都是*半环*，这表明，二者具有一些共同的属性。

例如，请注意，上一节中前三个等式在常规的算术中也是正确的。同时从两个层面看，它们都是正确的——一是从逻辑学真值的方面来看，二是从算术正确性的方面来看。

在第10章中，我已经告诉你，在语句逻辑中，算术中的交换、结合和分配属性都会延续到逻辑学中。表14-3是布尔代数重要属性的简短列表。

表14-3　布尔代数及算术（和所有其他半环）的共同属性

性质	加　　法	乘　　法
单位元	$P + 0 = P$	$P \times 1 = P$
零化子	不适用	$P \times 0 = 0$
交换	$P + Q = Q + P$	$P \times Q = Q \times P$
结合	$(P + Q) + R = P + (Q + R)$	$(P \times Q) \times R = P \times (Q \times R)$
分配	$P \times (Q + R) = (P \times Q) + (P \times R)$	不适用

这一组性质足以说明布尔代数和传统算术都是*半环*。每个半环都具有表14-3中列出的五种性质。

探索布尔代数的语法和语义

布尔代数为我们带来了值得探究的机会，让我们关注本章之前所讲到的句法和语义。

布尔代数和语句逻辑在句法方面有很大不同，但在语义方面却十分相似。

从句法层面看，布尔代数和语句逻辑之间的差异就如同法语和德语之间的：即使你理解其中一个，但如果想理解另一个，就还是要学习。

不过，在你知道二者的句法规则后，就会发现，这两个系统都可以用于表达类似的观念。对于语义学来说，符号如何表达观念才是核心。请注意，布尔代数中的一个命题具有两层独立的含义，二者互不依赖。例如，请看以下这个命题：

$$1 \times 0 = 0$$

从一个层面看，这个命题体现了算术方面的真值。换言之，当你用1乘以0时，结果是0。然而，从另一个层面看，它表达的是逻辑方面的真值，也就是说，当你将一个真命题和一个假命题用"且"这个字相连接时，命题的真值为假。根据你所处语义环境的不同，布尔代数中的等式也可以用于表达数学上的真值和逻辑学上的真值。

量词逻辑（QL）

在本部分……

在第四部分，你将对逻辑有更深入的认识。你要学习关于量词逻辑的知识。量词逻辑简称QL，会运用你所知道的语句逻辑的全部内容，同时有所延伸，以处理更多不同类型的问题。事实上，量词逻辑非常强大，能够处理早期逻辑形式（长达两千余年！）可以处理的一切。

第15章会讲解量词逻辑的基本知识，包括两个新的量化运算符。第16章会谈到如何将命题从自然语言翻译成量词逻辑命题。第17章会向你展示如何使用你在语句逻辑学习中已经掌握的技能，书写量词逻辑证明。在第18章，我会介绍让量词逻辑更强大的两种工具：关系和同一性。最后，在第19章中，你会学到如何在量词逻辑中使用真值树，并发现无限树令人惊讶的真相。（这个悬念设置得怎么样？）

用质量体现数量：量词逻辑入门

本章提要

● 初步认识量词逻辑

● 用全称和存在量词超越语句逻辑

● 区分命题和命题形式

在第3章中，我已经告诉过你，逻辑最重要的是判断某个论证是有效的还是无效的。所以，如果你已经学过了第3章，那看到这个论证时，你或许就能告诉我这是完全有效的论证：

前提：

我所有的孩子都是诚实的。

我的孩子中至少有一个是律师。

结论：

至少存在一个诚实的律师。

这个论证的确有效。不过，你用语句逻辑来证明其有效性时，问题就出现了。以上三个命题都没有包含你很熟悉的词，比如"*且*""*或*""*如果*""*否*"，所以你不能使用五个逻辑运算符来表示它们。

因此，你最多只能用语句逻辑中的常量来表达命题。例如：

设 *C* ＝ 我所有的孩子都是诚实的

设 *L* ＝ 我的孩子中至少有一个是律师

设 *H* ＝ 至少存在一个诚实的律师

当你用常量表达这些命题时，你可以这样表达上述论证：

C, *L* : *H*

显然，在从自然语言翻译为语句逻辑命题的过程中，某些重要元素消失了。所以，无论你使用的是什么方法（包括真值表、快速表、真值树或证明），这个论证都是无效的。因此，这种情况的出现要么是因为原始论证真的无效（不是这个原因），要么就是因为语句逻辑是错误的（不是这个原因）。或许，你应该检查一下三号门背后的内容！

本章（以及第16—19章）会让你看到那扇神奇的门背后的内容。你会在那扇门后面找到解决问题的方案。我会在这一章中告诉你为什么这个论点是有效的，而且不会动摇你迄今为止了解到的关于逻辑的一切。

相反，我会向你展示如何利用所有语句逻辑的知识，并将其扩展为全新的、更强大的形式逻辑语言——量词逻辑。这种新奇的语言伴随着两个全新的符号，能让你表达语句逻辑无法表达的逻辑概念。现在，请做好准备，因为全新的逻辑学世界正在等待着你!

量词逻辑概览

量词逻辑（QL）使用的结构和语句逻辑（SL）基本相同。你或许还记得，语句逻辑中既有常量，也有变量（请参阅第4章）。

常量表示自然语言（如英语）中的语句，变量表示语句逻辑中的命题。量词逻辑也包含常量和变量，但对常量和变量的运用方式有所不同。它能让你把命题分解为更小的片段，使之更为精确。

在某些书中，量词逻辑也被称为*谓词逻辑*或*一阶谓词逻辑*。

使用个体常量和属性常量

量词逻辑中有以下两种常量（但语句逻辑中只有一种）：

✓ **个体常量**：用从*a*到*u*的小写字母表示的句子的*主语*。

✓ **属性常量**：用从*A*到*Z*的大写字母表示的句子的*谓语*。

和语句逻辑一样，量词逻辑这种形式逻辑语言能让你将自

227

然语言中的语句翻译为符号。你应该记得，在语句逻辑中，如果你想将自然语言语句翻译为逻辑命题，第一步就是定义常量。举例来说，如果你想翻译以下语句：

大卫很高兴。

首先，你要定义个体常量表示句子的主语：

设 d = 大卫

接下来，你要定义属性常量表示句子的谓语：

设 Hx = x 很高兴

用量词逻辑表达这个命题时，你只需要用个体常量替代 x：

Hd

在英语等自然语言中，主语通常会出现在谓语之前。但在量词逻辑中，二者的顺序通常是颠倒的。这种颠倒或许一开始会令人困惑，因此请一定要清楚地认识到这一点。

从这个例子中，你已经看得出来，量词逻辑能带来更多灵活性。在语句逻辑中，你只能给整个语句分配一个常量，如下所示：

设 D = 大卫很高兴　　　（语句逻辑翻译）

以下是将自然语言语句翻译为量词逻辑命题的例子：

那只猫在垫子上。

首先定义个体常量和属性常量：

设 c = 那只猫

设 Mx = x 在垫子上

现在，你可以将最初的句子翻译为：

Mc

请注意，无论主语和谓语有多长，这个翻译都是正确的。
例如，你甚至可以翻译下面这个冗长的句子：

我来自威斯康星州的古板姨妈带着三只哼哼唧唧的法国狮子狗要启程去欧洲和非洲进行三个月的六国游。

在这个案例中，你可以这样定义常量：

设 a = 我来自威斯康星州的古板姨妈带着三只哼哼唧唧的法国狮子狗

设 Lx = x 要启程去欧洲和非洲进行三个月的六国游

接着，你很容易就能将语句翻译为：

La

一个个体常量只能表示一件事——最多只能是一件事。

例如，看前面提到的例子，语句的主语是"姨妈"，"狮子狗"只是用于描述她的部分。但是，假设句子是这样的：

我来自威斯康星州的古板姨妈和她三只哼哼唧唧的法国狮子狗都要启程去欧洲和非洲进行三个月的六国游。

在量词逻辑中，你不能用一个常量表示"三只狮子狗"。相反，你需要多定义三个个体常量——每个狮子狗都需要有一个。举例来说，假设这三只狮子狗分别叫"菲菲""琪琪"和"艾维斯"。接着，你可以使用以下定义：

设 f ＝菲菲

设 k ＝琪琪

设 e ＝艾维斯

229

接着，由于他们要一起去旅游，你可以将命题表达为：

La & *Lf* & *Lk* & *Le*

如你所见，语句逻辑中的 & 运算符也可以被用于量词逻辑中。在下一小节中，你可以看到五个逻辑运算符是如何发挥作用的。

从形式上定义常量是非常重要的技术要点，但这一点很容易，你或许很快就可以掌握。所以，从现在开始，如非必要，我就不再提这一点了。

融入语句逻辑运算符

量词逻辑会用到语句逻辑中的五个运算符：~、&、∨、→ 和 ↔。你可以从新的命题表达中发现很多优势，将你已经学会的语句逻辑运算符融入其中更是如此。一瞬间，你可以利用量词逻辑，将语句转化为符号，且这种转化比你之前使用的语句逻辑的层次更深。

我们以这个命题为例："纳丁是一名会计，她的秘书在休假。"使用语句逻辑，你只能粗略地将语句分为两部分：

N & S　　（语句逻辑翻译）

然而，通过量词逻辑，你可以将语句的四个独立部分都区分出来，并用四个部分来表示。请看：

An & Ms

同样，下面这个命题：

吉纳维芙不是天蝎座就是水瓶座。

可以被翻译为：

Sg ∨ Ag

这个例子中的句子可以被理解为："要么吉纳维芙是天蝎

座，要么吉纳维芙是水瓶座。"

同样，以下命题：

如果亨利是好人，那么我就是示巴女王。

230   可以被翻译为：

$$Nh \rightarrow Qi$$

最后，这个语句：

当且仅当五不能被二整除时，它是奇数。

可以被翻译为：

$$Of \leftrightarrow \sim Df$$

在这个句子中，"它"是代词，表示"五"，所以我会用f这个个体常量表示。

你从这些例子中可以看出来，语句逻辑中的单字母常量可以被量词逻辑中的双字母常量替代。不过不用担心，你还是可以按照在语句逻辑中用到的同样的规则将这些常量组合在一起。

认识个体变量

在量词逻辑中，个体变量用小写字母v、w、x、y或z表示未

*指定的*主语。

你已经见过在属性常量形式定义中使用的个体变量。例如，在以下定义中：

设 $Hx = x$ 很高兴

个体变量为 x。此外，你也已经看到，你可以用个体常量替代这个变量，进而构建一个量词逻辑命题。例如，在量词逻辑中，你表示"大卫很高兴"时使用了以下表达：

Hd

就说明，你是用常量 d 取代了变量 x。

或许，你已经注意到，量词逻辑有个体常量、个体变量和属性常量，却没有*属性变量*。属性变量只在*二阶谓词逻辑*（请参阅第21章）中发挥作用。也正因如此，量词逻辑被称为一阶谓词逻辑。

为节约篇幅，我会在第四部分将*个体变量*称为变量。

用两个新运算符表达数量

到目前为止，你已经见到了几个例子，知道量词逻辑是如何表达*可以*用语句逻辑表达的命题的。在这一部分，你会看到量词逻辑会如何探索语句逻辑无法触及的领域。

这种新表达方式要借助的两个主要工具是两个新的符号：∀和∃。

认识全称量词

符号∀被称为全称量词。它总是和x等变量一起出现。用语言来表达，$\forall x$表示的是"对于所有x……"。

在本章最开始，你已经发现，用语句逻辑中所有有效的方式翻译"我所有的孩子都是诚实的"这个语句非常复杂。不过，有了全称量词，你就有了新的能力。

举例来说，你首先需要将全称量词附加在某个变量上。你可以用空括号设置问题，如下所示：

$$\forall x\ [\qquad]$$

设置好问题后，你可以使用已经学到的规则来翻译语句的其他部分，之后将结果填写在括号中：

$$\forall x\ [Cx \rightarrow Hx]$$

你可以将这个命题解读为："对于所有x，如果x是我的孩子，那么x是诚实的。"一开始，这看似有些复杂，但只要习惯了这种设置，其可能性可以说是无穷无尽。

你可以用∀翻译"*所有*"和"*每个*"这种词。我会在第16章中详细讲解。

表达存在

符号∃被称为*存在量词*。它总是和x等变量一起出现。用语言来表达，∃x表示的是"存在一个这样的x……"。

在本章开始时，你已经看到语句逻辑很难表达"我的孩子中至少有一个律师"这个语句。不过，存在量词的出现使对其的表达成为可能。

首先，和全称量词一样，你要先把存在量词附加到一个变量上：

∃x [　　　]

现在，你可以在方括号中翻译语句的剩余部分：

∃x [Hx & Lx]

这个命题的字面意思是："存在一个x使得x是律师且x是诚实的。"

因此，第一个论证用量词逻辑表达如下：

∀x [Cx → Hx], ∃x [Cx & Lx] ∴ ∃x [Hx & Lx]

如你所见，比起语句逻辑，此处表达的信息更多。这是一件好事，因为量词逻辑通过符号准确地捕捉到了论证中有效的内容。不过，在研究如何证明这个论证是有效的之前，你需要了解更多背景知识。

你可以用∃翻译"*有些*""*存在*"和"*存在几个*"这种词。我会在第16章中进行讨论。

233

通过论域创建语境

由于量词逻辑可以处理比语句逻辑更宽泛的领域，因此，从自然语言翻译为量词逻辑时，会带来一种新的歧义。

例如，请看这个语句：

每个人都穿着西装。

你可以将这句话像这样翻译为量词逻辑：

∀*x* [*Sx*]

这实际上表示的是："对于所有*x*，*x*穿着西装。"但这是错误的。如果这句话的背景是四位男同事参加的会议，那这个命题可能为真。

为了避免这种可能的混淆，你需要清楚了解语句的语境。正因如此，你必须把变量放在被称为*论域*的语境中考虑。

论域为包含变量的命题提供了语境。举例来说，如果论域是人，那么*x*可以是我，可以是你，也可以是你的汉丽埃塔姨妈，但*x*不会是巴特·辛普森，不会是你的手机，也不会是木星。

在数学中，论域往往是自然而然存在的。例如，你写方程

$x + 2 = 5$ 时，可以假设变量 x 代表一个数字，所以在这个例子中，论域就是所有数字的集合。

如何将语句从英语翻译为量词逻辑往往取决于论域。为了说明为何如此，我们可以以两个论域不同的论证的翻译为例：

前提：

> 我所有的孩子都是诚实的。
>
> 我至少有一个孩子是律师。

结论：

> 至少有一个诚实的律师。

对于第一种翻译，以下是我需要首先说明的：

234

论域：无限制

无限制的论域意味着 x 可以表示所有事物：一只跳蚤、一只独角兽、《独立宣言》、仙女座星系、"黄油"这个词，也可以是你的初吻。（我刚才说"*所有事物*"的时候你还不信来着是吗？）不过，宽泛的范围并非问题所在，因为命题本身对 x 可以是什么进行了限制。

有了这个论域，论证在被翻译为量词逻辑时可以是：

$$\forall x\, [Cx \rightarrow Hx],\ \exists x\, [Cx\ \&\ Lx] : \exists x\, [Hx\ \&\ Lx]$$

你或许认为论域只是一个技术方面的问题，并不会真正影响论证，但实则并非如此。实际上，写论证时，你可以利用论域的优势，巧妙地选择论域，在将语句翻译为量词逻辑时，做到更轻松也更简洁。

对于同一个论证的第二个翻译，我可以先说明另一个不同的论域：

论域：我的孩子们

现在，所有的变量都要受到这一重要的限制，也就是说，我可以将"我所有的孩子都是诚实的"这个语句翻译为：

∀x [Hx]

而非之前我写的那个命题：

∀x [Cx → Hx]

你会将∀x [Hx]这个命题解读为"对于所有x，x是诚实的"，或者简单而言，"所有x都是诚实的"。请注意，这个命题本身并没有说明x是"我的孩子之一"（Cx来自之前那个命题），因为论域已经说明了这一限制。

同样，使用同样的论域，你可以这样翻译"我至少有一个孩子是律师"这个语句：

∃x [Lx]

你会将这个命题解读为"存在一个这样的x，x是律师"。你再次发现，命题本身并没有指明x是我的孩子之一，因为这个限制被论域所涵盖。

最后，你可以将"至少存在一个诚实的律师"这个语句翻译为：

∃x [Hx & Lx]

这个命题和论域未受到限制时的命题一样，因为这个命题并没有提到"我的孩子们"。因此，在论域"我的孩子们"下，同一个论证可以被翻译为：

∀x [Hx], ∃x [Lx] : ∃x [Hx & Lx]

如你所见，和没有受到论域限制的论证相比，这个论证更短一些，也更简单。

你要确保每个论证，或者你将要分析的一组命题，都只使用一个论域。在不同的论域之间切换，就如同把苹果和橙子混合在一起，结果只能得到一个混乱的论证，无法给你带来正确的结果。

从技术角度看，论域非常重要，不过大多数时候，你都可以使用不受限制的论域。所以，从现在开始，除非我另有说明，否则就默认所有论域都是不受限制的。

区分命题和命题形式

在第5章中，我描述了语句逻辑中命题和命题形式的区别：

前者以(*P* & *Q*) → *R*为例，后者以(*x* & *y*) → *z*为例。简而言之，命题中有常量，但没有变量，命题形式中只有变量，而没有常量。

不过，在量词逻辑中，单一的表达可以既有常量，也有变量。在这个小节，我会解释常量和变量是如何使用的，也会告诉你量词逻辑中命题的构成。

确定量词的范围

在第5章中，我讲解过括号是如何限制了语句逻辑运算符的范围。例如，请思考以下这个语句逻辑命题：

P & (*Q* ∨ *R*)

这个命题中的&运算符在括号*外面*，因此其影响范围为整个命题，也就是说这个运算符会影响到命题中的每个变量。∨运算符是在括号*里面*，因此其作用范围只限于括号内。也就是说，这个运算符只会影响到常量*Q*和*R*，而不包括*P*。

在量词逻辑中，量词∀和∃的影响范围也以类似的方式受到限制，只是用方括号取代了小括号。以这个命题为例：

∀*x* [*Cx* → *Nx*] & *Rb*

量词∀的影响范围仅限于方括号里面的内容：*Cx* → *Nx*。换言之，量词∀并不会影响到&运算符，也不会影响到子命题*Rb*。

认识约束变量和自由变量

你觉得自己已经非常了解变量了对吧？那么，请准备好，因为这也是一节令人兴奋的课程。如果你正坐在书桌前思考某个表达式，请记住，这个表达式中的每个变量要么是*约束变量*，要么是*自由变量*。我的意思是：

✓ *约束变量指的是被量化的变量。*

✓ *自由变量指的是没有被量化的变量。*

看似非常简单，对吗？为了完全掌握约束变量和自由变量之间的区别，请看以下表达式：

$\exists x \, [Dx \to My] \, \& \, Lx$

你能猜到这个表达式中，哪个变量是约束变量，哪个是自由变量吗？

当一个变量出现在所有括号*外面*时，它通常是自由变量。因为量词的影响范围总是局限于一组括号*里面*的内容。因此，Lx 中的 x 是自由变量。

然而，你也要记住，只知道变量在一组括号里面，并不意味着它是约束变量。在例子中，变量 y 虽然也在括号里面，但它却是自由变量。这是因为括号定义的范围是 $\exists x$，它影响的是 x，而不是 y。

237

你可能已经猜到了，Dx 中的变量 x 是一个约束变量。你之所以可以确定，是因为它出现在方括号里面，且这些方括号定义的范围是 $\exists x$，所以它一定会对 x 进行量化。

在第 17 章，你深入研究量词逻辑证明时，约束变量和自由变量之间的区别就会变得非常重要。现在，你只需要确保自己已经理解约束变量是被量化的，自由变量是没有被量化的就可以了。

认识命题和命题形式之间的区别

上一节中，你掌握了关于约束变量和自由变量的内容，所以可以轻易区分命题和命题形式。

对一个表达式进行判断时，你可以确定每个表达式均属于以下两类中的一个：

√ **命题**：*命题中不包含自由变量。*

√ **命题形式**：*命题形式包含至少一个自由变量。*

区分命题和命题形式就是如此简单。举例来说，请思考以下表达式：

$\forall x\,[Cx \rightarrow Hx]\ \&\ Ok$

这个表达式是一个命题，因为其中没有任何自由变量。请注意，变量 x 出现了两次，但都出现在量词 $\forall x$ 影响范围内的方括号中。此外，虽然 k 出现在方括号外，但它是一个常量，而非变量。

接下来，请思考这个表达式：

∀x [$Cx \rightarrow Hx$] & Ox

这个表达式中有一个自由变量（Ox 中的 x），位于方括号外，因此，不在量词 ∀x 的影响范围内。因此，这个表达式是一种命题形式，而非一个命题。

量词逻辑中的形式定义使用的是命题形式，因此你可以将之转换为命题。例如，请看这个定义：

设 Ix = x 是意大利人

这个表达式中，Ix 是一种命题形式，因为变量 x 是自由变量。但是，你可以将这个命题形式转换为一个命题，只需要用一个个体常量代替变量即可。例如，要想翻译这个命题：

安娜是意大利人。

你或许会写：

Ia

同样，通过绑定命题形式中的变量，你也可以将命题形式变为命题。例如，要翻译以下命题：

有人是意大利人。

你可以这样写：

∃*x* [*Ix*]

等到第18章，你开始写量词逻辑证明时，命题和命题形式之间的区别就会显得尤为重要。目前，你只要理解命题中是没有自由变量的就可以了。

量词逻辑翻译

本章提要

- 认识直言命题的四种基本形式：*所有是、有些是、有些非以及所有非*

- 使用量词∀或∃翻译每一种基本形式

- 翻译以*所有是、有些是、有些非以及所有非*以外的词为开头的自然语言语句

在第 15 章中，我介绍了量词逻辑（QL），着重讲到了∀和∃这两个量词。此外，我还介绍了如何将简单的语句翻译为量词逻辑。

在本章中，我会告诉你如何将*直言命题*中最重要的四种基本形式从自然语言翻译为量词逻辑语言。这些命题往往是以*所有是、有些是、有些非以及所有非*开头的。（关于直言命题的更多内容，请参阅第 2 章迅速复习。）

这个章节还会介绍如何使用量词∀或∃翻译四种基本形式

中的每一种。最后，我会告诉你如何判断不是以上述四种关键
词开头的直言命题。

翻译直言命题的四种基本形式

在本节中，我会告诉你如何翻译*所有是、有些是、有些非*以
及*所有非*等词语。从自然语言翻译到量词逻辑语言时，你会经常
用到这些基本形式。（如有必要，你可以简单翻回第2章，确保自
己已经学会了这四种基本形式。）接下来，我会告诉你如何翻译
以*所有是*和*有些是*开头的语句。一旦你学会了如何翻译这些语句，
翻译以*有些非*和*所有非*开头的语句就非常容易了。

学会翻译以*所有是、有些是、有些非*和*所有非*开头的语句
后，你就完成了大部分困难的工作。一般来说，处理这些类型
的语句，最简单的方法就是如表16-1中列出的那样设置量词和
方括号。

表16-1　翻译直言命题的四种基本形式

英语单词	量词逻辑量词
所有是	∀ [ ]
有些是	∃ [ ]
有些非	~∀x [ ]
所有非	~∃x [ ]

"所有是"和"有些是"

　　将语句从英语等自然语言翻译为量词逻辑语言并不是很困难，但你必须认识到受限论域与非受限论域的几个关键方面。（如需复习如何运用论域，请翻回第15章。）

　　在本部分，我会向你展示如何将以*所有是*和*有些是*开头的语句翻译为量词逻辑语言。

使用受限论域

　　除了*所有是*和*有些是*之外，自然语言中两个语句的剩余部分或许是完全相同的。正因如此，你可能会认为，除了量词的选择（∀或∃），句子剩余部分的翻译也会是相同的。如果是受限论域，情况往往就是这样。

　　请看以下两个命题：

　　所有马是棕色的。

　　有些马是棕色的。

　　如果你使用了受限论域：

　　论域：马

　　你需要定义唯一一个属性常量来翻译两个语句。例如：

241

　　设 $Bx = x$ 是棕色的

现在，你可以这样翻译两个语句：

$\forall x\,[Bx]$

$\exists x\,[Bx]$

正如你所见，两个量词逻辑命题中，唯一的区别就是你用第二个命题中的 $\exists$ 取代了第一个命题中的 $\forall$。和你想象的一样，这个步骤并不难。

在本章余下的部分，我会重点讲解在非受限论域中的翻译。

使用非受限论域

你不可能总是限制论域，因此，你现在可以假设论域是不受限制的：

论域：非受限

现在，为了翻译上一小节出现的语句，你需要另一个属性常量。所以，算上前一小节中已经出现的那个，你现在需要两个常量：

设 $Bx = x$ 是棕色的

设 $Hx = x$ 是一匹马

现在，你可以将命题"所有马是棕色的"翻译为：

$\forall x\,[Hx \rightarrow Bx]$

这个命题读作："对于所有x，如果x是马，那么x是棕色的。"

不过，你可以将"有些马是棕色的"翻译为：

$\exists x\,[Hx \,\&\, Bx]$

这个命题读作："存在一个这样的x，x是马且x是棕色的。"
请注意，两个命题之间的区别不仅仅在于量词$\forall$或$\exists$的不同。在第一个命题中，你使用的是$\rightarrow$运算符，但在第二个命题中，你使用的是$\&$运算符。

你可以看看如果混用运算符会出现怎样的状况。假设你将第一个命题翻译为：

$\forall x\,[Hx \,\&\, Bx]$ 错！

这种翻译之所以是错的，是因为它读作："对于所有x，x既是马也是棕色的。"更平白一些来看，它的意思是"所有事物都是棕色的马"。由于论域是非受限的，因此"所有事物"的意思就是*所有事物*，这显然不是你要表达的含义。

再看另一个例子，设$Fx = x$会飞，假设你想将这个命题：

有些马会飞。

翻译为：

$\exists x\,[Hx \rightarrow Fx]$ 错！

同样，这个翻译是错误的。因为这个命题读作："存在一个这样的x，即如果x是马，则x会飞。"这里出现的问题更不容易察觉。

假设x是除了马之外的事物——例如，一只鞋。那么命题方括号中的第一部分就是假的，使得括号中的全部内容为真。因此，在这种情况下，这个命题好像是在说，鞋子的存在意味着有些马会飞。同样，这个翻译也出现了问题。

将自然语言语句翻译为量词逻辑语言时，请使用以下经验法则：

√ 使用∀时，括号中使用的是→命题。

√ 使用∃时，括号中使用的是&命题。

"有些非" 和 "所有非"

知道如何翻译两种直言命题的肯定形式后，翻译其两种否定形式——*有些非*和*所有非*——就非常容易了。正如我在第2章所说，*有些非*的命题就是*所有是*命题的矛盾命题，*所有非*命题就是*有些是*命题的矛盾命题。

例如，你已经知道如何翻译这个命题：

所有马都是棕色的。

也就是

$\forall x\,[Hx \to Bx]$

因此，其矛盾形式是：

有些马不是棕色的。

这个命题可以很轻松地被翻译为：

$\sim\forall x\,[Hx \rightarrow Bx]$

此外，由于*所有是*和*有些非*相互矛盾，那么你就能确定，二者之一为真时，另一个为假。

同样，你也知道如何翻译这个命题：

有些马会飞。

也就是：

$\exists x\,[Hx \,\&\, Fx]$

这个命题的矛盾命题是：

所有马都不会飞。

和你猜到的一样，这个命题可以被翻译为：

$\sim\exists x\,[Hx \,\&\, Fx]$

同样，由于*有些是*和*所有非*互为矛盾命题，因此一个为真时，另一个肯定为假。

认识基本形式的替代性翻译

量词逻辑的运用非常灵活，对每种形式都能提供不止一种翻译方法。在这个小节中，我会告诉你如何使用∀和∃这两个量词，翻译直言命题四种基本形式。

学习每种翻译的两个版本可以帮助你认识∀和∃这两个量词之间的隐藏联系。

在本小节的例子中，我会使用以下定义：

设 Dx = x 是一只狗

设 Px = x 很顽皮

表16-2整理了这个小节中将四种基本形式从自然语言语句翻译为量词逻辑语言的信息。对于每一种形式，我都列出了两种表达：第一种是自然语言中最简单的表达方式，及其翻译为量词逻辑时最直接的形式。第二种是相同内容的另一种表达，也包括其翻译。

表 16-2 直言命题四种基本形式的替代性翻译

自然语言翻译	量词逻辑翻译
所有狗都很顽皮。 （没有狗不顽皮。）	$\forall x\,[Dx \rightarrow Px]$ ($\sim\exists x\,[Dx \,\&\, \sim Px]$)
有些狗很顽皮。 （不是所有狗都不顽皮。）	$\exists x\,[Dx \,\&\, Px]$ ($\sim\forall x\,[Dx \rightarrow \sim Px]$)

自然语言翻译	量词逻辑翻译
不是所有狗都顽皮。 （有些狗不顽皮。）	$\sim\forall x\,[Dx \rightarrow Px]$ （$\exists x\,[Dx\ \&\ \sim Px]$）
没有狗顽皮。 （所有狗都不顽皮。）	$\sim\exists x\,[Dx\ \&\ Px]$ （$\forall x\,[Dx \rightarrow \sim Px]$）

245

用∃翻译"所有是"

将"所有狗都很顽皮"翻译为：

$$\forall x\,[Dx \rightarrow Px]$$

非常合理。思考一下，即使它是颠倒的，∀也表示"所有是"[①]。正因如此，我会先讨论这种翻译。

不过，请再想一想，你或许会意识到，你说"所有狗都很顽皮"时，你实际表达的是这个等价命题：

没有狗不顽皮。

换言之，这个命题只是插入了"不"这个字的"所有非"命题。因此，完美的翻译是：

$$\sim\exists x\,[Dx\ \&\ \sim Px]$$

---

① ∀是颠倒的大写字母A，A可表示"All"（所有是）。

这个命题读作："存在一个这样的x，即x是一只狗，且x不贪玩，这不是真的。"不过，两个自然语言语句表达的含义相同，因此两个量词逻辑命题也是语义等价的。（关于语义等价的更多内容，请参阅第6章。）

用∀翻译"有些是"

如同你可以用∃翻译*所有是*一样，你可以通过同样的方式，用量词∀翻译*有些是*。例如，请看以下这个语句：

有些狗很顽皮。

将之直接翻译为量词逻辑命题就是：

$\exists x\,[Dx \,\&\, Px]$

在这个例子中，请注意这个语句和下面这个语句表达的内容相同：

并不是所有狗都不顽皮。

因此，由于"不"这个字的出现，你可以将这个语句当作*有些非*语句，并将其翻译为：

$\sim\forall x\,[Dx \rightarrow \sim Px]$

在这种情况下，这个命题读作："对于所有x，如果x是一只狗，那么x不顽皮，这不是真的。"不过，两个自然语言语句表示同样的内容，因此，两个量词逻辑命题也是语义等价的。

用∃翻译"有些非"

假设你想翻译下面这个语句：

不是所有狗都很顽皮。

你已经知道自己可以把这个语句翻译为：

$\sim\forall x\,[Dx \to Px]$

不过，我们可以从另一个角度思考这个问题：由于不是所有的狗都顽皮，因此世界上至少存在一只狗是*不顽皮*的。所以，你可以把最初的语句改写为：

有些狗不顽皮。

为了表达这个语句，你可以使用以下翻译：

$\exists x\,[Dx \,\&\sim Px]$

对这个命题更确切的翻译是："存在一个这样的x，即x是一只狗，且x不顽皮。"不过，两个自然语言语句表达的是同样的内容，因此其在量词逻辑中的翻译也是语义等价的。

用∀翻译"所有非"

假设你想翻译这个语句：

没有狗顽皮。

最简单的翻译是：

$\sim\exists x\,[Dx \,\&\, Px]$

更确切的翻译是："存在一个这样的x，即x是只狗，且x很顽皮，这不是真的。"

正如你已经猜到的，你可以想到对这个语句的另一种翻译。例如，没有狗是顽皮的这个语句表达的是以下这种含义：

所有狗都不顽皮。

你可以用量词逻辑语言将之表达为：

$\forall x\,[Dx \rightarrow \sim Px]$

在这种情况下，更确切的翻译是："对于所有x，如果x是一只狗，那么x不顽皮。"

同样，由于两个自然语言语句表达的内容相同，其在量词逻辑中的翻译也是语义等价的。

识别伪装的语句

你现在已经学会如何将直言命题最基本的四种形式从自然语言翻译为量词逻辑语言。果真如此，你将在本小节得到奖励，因为我会帮你深化理解。

在这个小节中，我会告诉你如何识别不是以你熟悉的词语开头的语句。完成学习后，你就能理解更多种类的自然语言语句，并将之翻译为量词逻辑语言。

识别"所有是"语句

即使一个语句并不是以"*所有是*"为开头，它的意思可能也很接近，所以可以使用量词∀。以下是几个例子，配有量词逻辑的翻译：

任何父亲都会舍身救助自己的孩子。

$\forall x\ [Fx \rightarrow Rx]$

这个房间里的每个人都是单身且适婚。

$\forall x\ [Mx \rightarrow (Sx\ \&\ Ex)]$

一同祈祷的一家人会相互陪伴，而且每个一起去度假的家庭都总是笑得很开心。

$\forall x\ [Px \rightarrow Sx]\ \&\ \forall x\ [Vx \rightarrow Lx]$

在最后一个例子中，你可以对变量 x 进行两次量化，因为你表达的语句是关于*所有家庭的*。

248

识别"有些是"语句

你可能会遇到某些与"*有些是*"很相似的语句，这时，你会想使用量词∃来翻译它们。例如，请看以下语句及其翻译：

这次聚会的客人中至少有一个人犯了罪。

∃x [Gx & Cx]

很多青少年都很叛逆，且很任性。

∃x [Tx & (Rx & Hx)]

世界上既有腐败的水管工，也有廉洁的法官。

∃x [Px & Cx] & ∃y [Jy & Hy]

请注意，在最后一个例子中，你需要两个变量——x 和 y。这些变量能清楚地表明，两个群体（腐败的水管工和廉洁的法官）都存在，但并不一定会重叠。

识别"有些非"语句

通过使用~∨，你可以很轻松地将几个不包含"*有些非*"的语句翻译出来。例如，请看这些被认为是"*有些非*"的语句：

并非每个音乐家都很古怪。

~∀x [Mx → Fx]

会计中既保守又仔细的不到百分之百。

~∀x [Ax → (Rx & Tx)]

所有会发光的不一定是金子。

~∀x [Ix → Ox]（由于表示"发光的"单词"glitter"和表示"金子"的单词"gold"都以字母"g"开头，因此此处的大写字母选择了这两个单词中的元音字母。）

尽管最后一个例子是以"*所有*"开头，但它是一个"*有些是*"的语句，意思是"并不是所有会发光的事物都是金子"。因此，你一定要在翻译之前想清楚这个语句究竟表达的是什么！

249

识别"所有非"语句

或许你已经猜到了，有些没有以"*所有非*"开头的语句很容易就可以通过~∃来翻译。你说得很对。请看以下语句及其翻译：

陪审团中没有一个人投票支持被告无罪释放。

~∃x [Jx & Vx]

我们家没有人是医生，甚至也没有人上过大学。

$\sim\exists x\,[Fx\,\&\,(Dx \lor Cx)]$

买餐厅的人之中，没有人能不投入很长时间就赚钱。

$\sim\exists x\,[Bx\,\&\,(Mx\,\&\,\sim Px)]$

你可以这样理解最后一个语句："没有这样的人存在，他买下一家餐厅，*且*能够赚钱，*且*不需要投入很长时间。"

运用量词逻辑进行证明

本章提要

- 对比语句逻辑证明和量词逻辑证明

- 在量词逻辑中使用量词否定（**QN**）

- 使用四种量词逻辑规则：**UI**、**EI**、**UG** 和 **EG**

我要宣布一个好消息：如果你已经掌握了语句逻辑证明，那么就已经掌握了量词逻辑证明中80%的内容。因此，你首先要弄清楚自己已经掌握了多少。如果你需要快速复习，请参阅第三部分的章节，重温你需要知道的一切。

在本章中，我首先会告诉你量词逻辑证明与语句逻辑证明的相似之处。二者之所以相似，其中一点在于它们都会使用八条蕴涵规则和十条等价规则。我会清楚地告诉你如何使用这些规则，以及何时使用。

熟悉了简单的量词逻辑证明之后，我会讲解一条新的规则，即量词否定（**QN**），这样你就可以改变和影响量词（∀或

Ǝ）。幸好，作为量词逻辑特有的第一条规则，这条规则很容易掌握。

本章其余部分主要关注四条量词规则：全称列举（**UI**）、存在列举（**EI**）、全称概括（**UG**）和存在概括（**EG**）。前两条规则能让你从量词逻辑命题中去除任意一种量词。另外两条规则可以让你为量词逻辑命题添加任意一种量词。

作为一个整体，这四条量词规则能让你最大限度地运用语句逻辑中的八条蕴涵规则。请阅读接下来的内容，了解其作用原理。

在量词逻辑中应用语句逻辑规则

你已学过的语句逻辑中的18条推理规则涵盖了量词逻辑证明80%的内容。这些规则包括第9章的八条蕴涵规则，以及第10章的十条等价规则。在很多情况下，你只需要稍作调整，就可以将这些规则应用于量词逻辑证明中。

这一部分将向你展示量词逻辑证明与语句逻辑证明之间的多个相似之处。

比较语句逻辑和量词逻辑中相似的语句

语句逻辑和量词逻辑之间的重大区别之一就在于两种语言

处理简单语句的方式。例如，要想把"霍华德在睡觉"翻译成语句逻辑命题，你可以这样写：

H　　　（语句逻辑翻译）

要想把同样的语句翻译为量词逻辑，你或许会写：

Sh　　（量词逻辑翻译）

同样，要想将更复杂的语句"霍华德在睡觉，且艾玛醒着"翻译成语句逻辑，你可以这样写：

H & E　　（语句逻辑翻译）

要想把同样的语句翻译为量词逻辑，你可以这样写：

Sh & Ae　　（量词逻辑翻译）

这两个自然语言语句都不包含需要你运用量词（∃或∀）的词汇。正因如此，你才可以将它们翻译为语句逻辑命题或量词逻辑命题。

　　实际上，在这种情况下，语句逻辑和量词逻辑的翻译之间只有一个区别：常量。例如，在语句逻辑中，你可以将一个简单的自然语言语句翻译为一个用单个字母表示的常量（比如 H 或 E），这个字母可以作为语句逻辑命题独立存在。

　　然而，在量词逻辑中，你需要将同样的自然语言语句翻译为两个字母的组合，其中一个代表属性常量，另一个代表个体

253 常量（例如 *Sh* 或 *Ae*），这个字母组合可以作为量词逻辑命题存在。（翻回到第4章，阅读更多关于语句逻辑常量的内容，同时参阅第15章，了解更多关于量词逻辑常量的内容。）

对于量词逻辑命题，经验法则就是将两个字母的组合作为更大命题不可分割的组成部分。也就是说，你不会将它们拆开作为独立单元，就像你处理语句逻辑命题中由单独字母表示的常量时一样。（请参阅第18章，了解更多关于这条规则的一个例外——同一性。）

将八条蕴涵规则由语句逻辑转移到量词逻辑中

由于语句逻辑和量词逻辑非常相似，所以你很容易就可以将八条蕴涵规则应用于量词逻辑命题或命题形式中，与在语句逻辑中毫无二致。

如同在语句逻辑中，在量词逻辑中使用八条蕴涵规则时，你只能将之应用于整个命题或命题形式——绝对不能只应用于部分命题或部分命题形式。（如需复习如何使用蕴涵规则，请参阅第9章。）

处理没有量词的量词逻辑命题

在这一部分，我会告诉你如何将八条蕴涵规则应用于没有量词的量词逻辑命题。例如，假如你想证明这个论证：

$Jn \rightarrow Bn, \sim Bn \vee Ep, Jn : Ep$

和之前一样，我们首先要列出前提：

1. $Jn \rightarrow Bn$ **P**

2. $\sim Bn \vee Ep$ **P**

3. Jn **P**

现在，你可以继续使用语句逻辑证明，但你要将两个字母的常量作为不可分割的单元，就像量词逻辑中用单个字母表示的常量和变量一样：

4. Bn 1、3 **MP**

5. Ep 2、4 **DS**

处理带有量词的量词逻辑命题

254

语句逻辑中的八条蕴涵规则也可以用于处理带有量词的量词逻辑命题。正如我在上一小节提到过的，你只需要确保这些规则是应用于整个命题和命题形式。

例如，假设你想要对以下证明进行论证：

$\forall x\,[Nx]\ \&\ \exists y\,[Py] : (\forall x\,[Nx] \vee \forall y\,[Py])\ \&\ (\exists x\,[Nx] \vee \exists y\,[Py])$

同样，我们从前提开始：

1. $\forall x\,[Nx]\ \&\ \exists y\,[Py]$ **P**

现在，你可以像在语句逻辑中一样，处理整个命题：

2. ∀x [Nx]   1 **Simp**

3. ∃y [Py]   1 **Simp**

4. ∀x [Nx] ∨ ∀y [Py]   2 **Add**

5. ∃x [Nx] ∨ ∃y [Py]   3 **Add**

6. (∀x [Nx] ∨ ∀y [Py]) & (∃x [Nx] ∨ ∃y [Py])   4、5 **Conj**

你不能将蕴涵规则应用于命题的一部分，即使在这个带有量词的命题中，那是唯一出现在方括号中的部分。

例如，以下论证是无效的：

前提：

> 我家里的有些成员是医生。
>
> 我家里的有些成员没有读完高中。

结论：

> 有些医生没有读完高中。

以下是对上述论证的"证明"：

∃x [Fx & Dx], ∃x [Fx & Nx] : ∃x [Dx & Nx]

1. ∃x [Fx & Dx]   **P**

2. ∃x [Fx & Nx]   **P**

3. ∃x [Dx]   1 **Simp**   错！

4. ∃x [Nx]   2 **Simp**   错！

5. ∃x [Dx & Nx]   3、4 **Conj**   错！

很明显，论证中出现了一些问题。这个例子要说明的道理
是，你不能只将 **Simp**、**Conj** 或其他蕴涵规则应用于括号中的内
容，而忽略命题的其他部分。（在本章节中，我会告诉你如何在
不违反这一规则的情况下论证。）

处理量词逻辑命题形式

我在第15章中说过，在量词逻辑中，一个属性常量和一个
个体变量的结合（例如 Px）并不是一个真正的命题，这个组合
在方括号中，且被量词修饰（例如 $\forall x\,[Px]$）。如果组合是自由
的，那么它根本就不是一个命题，而是一种*命题形式*。

好在在写证明时，你可以像对待命题一样对待命题形式。
在本章稍后的部分，我会举出具体的例子，说明在量词逻辑证
明中如何处理命题形式。现在，你只需要知道八条蕴涵规则也
适用于命题形式就好。

在量词逻辑中运用语句逻辑的十条等价规则

你可以将十条等价规则应用于任何量词逻辑命题或命题形
式的*整体*或*部分*。

在第10章中，我讲解了能比蕴涵规则给你带来更大灵活性
的等价规则。这种灵活性存在的原因之一是，你不仅可以将这
十条等价规则应用于语句逻辑命题整体，也可以应用于命题的
不同部分。这在量词逻辑中也同样适用。例如，假设你想证明

以下论证：

$\exists x\, [Cx \to \sim Sx] : \exists x \sim [Cx \,\&\, \sim Sx]$

1. $\exists x\, [Cx \to \sim Sx]$ **P**

由于从前提到结论，$\exists x$始终都没有变化，所以此处面临的主要问题就是改变命题的其他部分。你可以通过使用两个你最喜欢的等价规则实现这一点：

2. $\exists x\, [\sim Cx \lor \sim Sx]$ **1 Impl**
3. $\exists x \sim [Cx \,\&\, \sim Sx]$ **2 DeM**

256等价规则的这种灵活性也同样适用于命题形式。例如，$Cx \to \sim Sx$这个表达式是一种命题形式，因为变量x并没有被量化（请参阅第15章）。你可以使用**Impl**这条等价规则（请参阅第10章）将这种命题形式改写为$\sim Cx \lor \sim Sx$。

在本章稍后的部分，我会讲到命题形式如何在量词逻辑中呈现。

用量词否定（QN）转换命题

将语句逻辑证明的规则转而应用于量词逻辑的证明，你不得不围绕量词$\forall$和$\exists$进行。对于某些证明，以量词为中心并不会带来困扰，但假如你遇到的是下面的论证：

$\forall x \, [Hx \rightarrow Bx] : \sim\!\exists x \, [Hx \ \& \sim\!Bx]$

如果你读过第 16 章，那这个论证可能会看起来很熟悉。我在那个章节用前提命题来表示"所有马都是棕色的"，用结论命题表示"没有马不是棕色的"。由于这两个命题是等价的，你可以从第一个命题开始，对第二个命题进行证明。

此处出现的问题在于量词从 $\forall$ 变成了 $\sim\!\exists$，但语句逻辑中并没有可以解决这个问题的工具。幸好，**量词否定**可以在此发挥作用。请继续阅读，看看要如何进行。

量词否定入门

你可以运用量词否定（**QN**）通过以下三个步骤，将一个量词逻辑命题改写为一个与之等价的命题：

1. 在量词前写下 ~ 运算符；
2. 转换量词（将 $\forall$ 转换为 $\exists$，或将 $\exists$ 转换为 $\forall$）；
3. 在量词后紧跟着写下 ~ 运算符。

在语句逻辑中，如果得出的命题有两个相邻的 ~ 运算符，那你可以把这两个运算符同时消除。如我在第 10 章讲到的，消除使用的是双重否定规则（**DN**），但不用明确指出。

表 17–1 列出了四种你可以使用 **QN** 的情况。

表17-1　四种量词否定（QN）规则

	直接命题	等价命题
所有是	$\forall x\,[Px]$	$\sim\exists x \sim[Px]$
有些非	$\sim\forall x\,[Px]$	$\exists x \sim[Px]$
有些是	$\exists x\,[Px]$	$\sim\forall x \sim[Px]$
所有非	$\sim\exists x\,[Px]$	$\forall x \sim[Px]$

请注意，在每种情况下，量词后面的~运算符并不是在改变方括号中的内容，而只是否定其全部内容。

和十条等价规则一样，**QN**可以双向发挥作用。

例如，你可以从这个命题开始：

$\sim\exists x \sim[Gx \vee Hx]$

最后得到这个命题：

$\forall x\,[Gx \vee Hx]$

此外，就像你可以运用十条等价规则一样，你也可以将**QN**应用于命题的一部分。

例如，你可以将以下命题：

$\forall x\,[Mx \vee Lx]\ \&\ \exists x\,[Cx \vee Fx]$

改写为：

$\sim\exists x \sim[Mx \vee Lx]\ \&\ \exists x\,[Cx \vee Fx]$

将量词否定应用于证明

通过**QN**和语句逻辑中学到的规则，你现在可以证明以下论证：

$\forall x\,[Bx \to Cx] : \sim\exists x\,[Bx\,\&\,\sim Cx]$

1. $\forall x\,[Bx \to Cx]$ **P**

QN能处理涉及量词的巨大变化：

258

2. $\sim\exists x \sim[Bx \to Cx]$ 1 **QN**

证明的剩余部分只需要利用等价规则进行一些调整即可：

3. $\sim\exists x \sim[\sim Bx \lor Cx]$ 2 **Impl**

4. $\sim\exists x\,[Bx\,\&\,\sim Cx]$ 3 **DeM**

由于**QN**和等价规则在两个方向上操作都是正确的，因此你可以通过颠倒这个步骤，轻松证明$\sim\exists x\,[Bx\,\&\,\sim Cx] : \forall x\,[Bx \to Cx]$。这种颠倒体现了很严谨的证明，表示两个命题表达的内容一致——也就是说，二者语义等价（关于语义等价的更多内容，请参阅第6章）。

表17–2囊括了"*所有是*"和"*有些非*"命题的内容，列出了每种命题的四种等价情况。

表17–2 "所有是"和"有些非"四种等价情况

	所有是	有些非
直接命题	$\forall x\,[Bx{\rightarrow}Cx]$	$\sim\forall x\,[Bx{\rightarrow}Cx]$
使用QN	$\sim\exists x\,\sim[Bx{\rightarrow}Cx]$	$\exists x\,\sim[Bx{\rightarrow}Cx]$
使用Impl	$\sim\exists x\,\sim[\sim Bx\vee Cx]$	$\exists x\,\sim[\sim Bx\vee Cx]$
使用DeM	$\sim\exists x[Bx\,\&\sim Cx]$	$\exists x\,[Bx\,\&\sim Cx]$

表17–3列出了"*有些是*"和"*所有非*"命题的等价情况。

表17–3 "有些是"和"所有非"四种等价情况

	有些是	所有非
直接命题	$\exists x\,[Bx\,\&\,Cx]$	$\sim\exists x\,[Bx\,\&\,Cx]$
使用QN	$\sim\forall x\,\sim[Bx\,\&\,Cx]$	$\forall x\,\sim[Bx\,\&\,Cx]$
使用DeM	$\sim\forall x\,[\sim Bx\vee\sim Cx]$	$\forall x\,[\sim Bx\vee\sim Cx]$
使用Impl	$\sim\forall x\,[Bx{\rightarrow}\sim Cx]$	$\forall x\,[Bx{\rightarrow}\sim Cx]$

认识四条量词规则

刚开始运用语句逻辑中的证明规则时，你或许会发现不同的规则适用于不同的问题。例如，**Simp**和**DS**适合分解命题，**Conj**和**Add**则适用于构建命题。

类似的观念也适用于量词逻辑。正如你在表17–4中看到的，四条量词规则中的两条是*列举规则*。这两条规则可以让你删除量词逻辑命题中的量词和方括号，并分解命题，以便运用语句逻辑规则。量词规则中另外两条规则是*概括规则*。这些规则能让你添加量词和方括号，构建你完成证明所需要的命题。

表17-4　量词逻辑的四条量词规则及其局限

量词	分　　解	构　　建
∀	全称列举（**UI**） *将约束变量变为自由变量或常量。	全称概括（**UG**） *将自由变量（而非常量）变为约束变量。 *这个约束变量不能在之前的**EI**和未被释放的**AP**部分出现。
∃	存在列举（**EI**） *将约束变量变为自由变量（而非常量）。 *这个变量在之前的证明中不能被释放过。	存在概括（**EG**） *将自由变量或常量变为约束变量。

四条规则中的两条——**UI**和**EG**——相对容易，所以我会先讲解这两条规则。**UI**可以让你分解带有量词∀的命题，**EG**可以让你构建带有量词∃的命题。

掌握了**UI**和**EG**之后，就为学习**EI**和**UG**奠定了基础。这两条规则相对较难，因为它们有一些**UI**和**EG**没有的局限性。但是，从整体上来说，**EI**是另一条分解规则，**UG**是另一条构建规则。接下来的几个小节的内容会讲解怎样运用这四条规则。

简单规则1：全称列举（UI）

通过全称列举（**UI**），你可以完成以下工作：

✓ 通过去除量词和方括号，释放∀命题中的约束变量。

✓ 释放这个变量之后，如果你愿意，可以在其出现之处，统一将之改变为任何单独的常量或变量。

例如，假设你知道以下命题为真：

所有蛇都是爬行动物。

在量词逻辑中，你可以将之表达为：

$\forall x\,[Sx \rightarrow Rx]$

由于已知一个关于*所有*蛇的事实，所以一个关于某条*特定的*蛇的类似命题也是真的。

如果宾奇是一条蛇，那么宾奇是爬行动物。

UI能让你跳过这种形式：

$Sb \rightarrow Rb$

由此得出的命题看似是一个语句逻辑命题，也就是说你可以使用18条语句逻辑规则。

通过证明熟悉规则

作为练习，这个部分会给你一个例子作为热身证明。假设你想证明这个论证的有效性：

前提：

> 所有大象都是灰色的。
>
> 蒂娜是一头大象。

结论：

> 蒂娜是灰色的。

你可以像这样将这个论证翻译为量词逻辑：

$\forall x\ [Ex \rightarrow Gx], Et : Gt$

和语句逻辑证明一样，你首先要列出前提：

1. $\forall x\ [Ex \rightarrow Gx]$ **P**

2. Et **P**

现在，你可以使用 **UI** "解开"第一个前提：

3. $Et \rightarrow Gt$ 1 **UI**

现在，我首先去掉了 $\forall x$ 和方括号。我还将变量 x 统一变成了个体常量 t。我在这个例子中选择 t 是因为这是行 2 出现的常量，也会在接下来的步骤中发挥作用。

现在，你可以使用语句逻辑中你已经熟悉的老规则来完成证明。

4. *Gt*   2、3 **MP**

对 UI 有效和无效的运用

当你思考接下来的证明步骤时，**UI** 可以带来很多选择。

例如，假设你已知以下前提：

$$\forall x \, [(Pa \& Qx) \rightarrow (Rx \& Sb)]$$

262   **UI** 能让你做到的最简单的事情就是去掉量词和方括号，同时保留相同的变量：

$$(Pa \& Qx) \rightarrow (Rx \& Sb)$$

你也可以运用 **UI** 来改变变量，但要在整个表达式中统一改变：

$$(Pa \& Qa) \rightarrow (Ra \& Sb)$$
$$(Pa \& Qb) \rightarrow (Rb \& Sb)$$
$$(Pa \& Qc) \rightarrow (Rc \& Sb)$$

在每个案例中，我都用一个常量统一替换了变量 x——首先是 a，接着是 b，最后是 c。

例如，以下对 **UI** 的运用是*无效的*：

$$(Pa \& Qa) \rightarrow (Rb \& Sb) \quad\quad\quad 错！$$

在这个无效的命题中，我的错处在于将一个x改为a，而将另一个改为b。这种替换是错误的，因为替换必须保持一致——你必须用同样的常量或者同样的变量替换每一个x。以下是对**UI**规则另一个无效的运用：

$$(Px \,\&\, Qx) \rightarrow (Rx \,\&\, Sx) \qquad 错！$$

在这个命题中，我错误地改变了常量a和b。这些改动之所以是错误的，是因为你只能用**UI**改变原始命题中被量化的变量，也就是这个例子中的x。原始命题中的其他变量和常量必须保持不变。

简单规则2：存在概括（EG）

通过存在概括（**EG**），你可以通过添加方括号和量词∃，将个体常量或自由变量变为约束变量。

例如，假设你知道以下命题为真：

我的车是白色的。

使用量词逻辑，你可以这样表达这个命题：

Wc

由于你已经有了关于白色事物的具体例子，所以，从更普遍的意义上，你知道*有些事物*是白色的。正因如此，你可

263

以说：

存在某个这样的 x，即 x 是白色的。

你可以使用 **EG** 实现形式上的飞跃：

$\exists x\,[Wx]$

通过证明熟悉规则

就如同你可以使用 **UI** 在证明开始时分解量词逻辑命题，**EG** 可以让你在证明结束时构建命题。

例如，假设你想证明以下论证是有效的：

$\forall x\,[Px \rightarrow Qx],\ \forall x\,[(Pb\ \&\ Qx) \rightarrow Rx],\ Pa\ \&\ Pb : \exists x\,[Rx]$

1. $\forall x\,[Px \rightarrow Qx]$ **P**

2. $\forall x\,[(Pb\ \&\ Qx) \rightarrow Rx]$ **P**

3. $Pa\ \&\ Pb$ **P**

首先，利用 **UI** 分解前两个前提：

4. $Pa \rightarrow Qa$ **1 UI**

5. $(Pb\ \&\ Qa) \rightarrow Ra$ **2 UI**

行5说明了我在上一节中讨论的问题：你可以用常量 a 来替换命题2中的两个变量 x，但常量 b 必须保持不变。

接下来，使用 **Simp** 分解命题3：

6. *Pa*	3 **Simp**
7. *Pb*	3 **Simp**

现在，你可以调用在语句逻辑证明中学到的技巧了：

8. *Qa*	4、6 **MP**
9. *Pb & Qa*	7、8 **Conj**
10. *Ra*	5、9 **MP**

现在，你已经找到了一个常量（ *a* ），这个常量有你寻求的属性（ *R* ），因此，你可以使用 **EG** 来完成这个证明：

11. ∃*x* [*Rx*]	10 **EG**

对EG有效和无效的运用

EG 和 **UI** 一样，也可以给你同样的选择，但是通过运用 **EG**，你是在添加方括号和绑定变量，而不是删除方括号和释放变量。

你可以通过 **EG** 将任何常量改为变量，然后使用量词 ∃ 将变量绑定。和 **UI** 一样，改变必须是统一的。例如，假设你已知这个前提：

(*Pa & Qb*) → (*Rb* ∨ *Sa*)

你可以使用 **EG** 将任何一个常量（ *a* 或 *b* ）改为变量，并用 ∃ 将之绑定：

$\exists x \, [(Px \, \& \, Qb) \rightarrow (Rb \vee Sx)]$

$\exists x \, [(Pa \, \& \, Qx) \rightarrow (Rx \vee Sa)]$

和 **UI** 一样，使用 **EG** 时，你必须统一对常量做出改变。例如，以下三种对 **EG** 的使用都是无效的：

$\exists x \, [(Px \, \& \, Qx) \rightarrow (Rx \vee Sx)]$　　　　错！

在这个无效的命题中，我错误地将常量 a 和 b 都改成了 x。

$\exists x \, [(Px \, \& \, Qb) \rightarrow (Rb \vee Sa)]$　　　　错！

我在这个命题中的错误在于我只改变了一个常量 a，但没有改变另一个。

$\exists x \, [(Pa \, \& \, Qb) \rightarrow (Rb \vee Sa)]$　　　　错！

在这个命题中，我没有将*任何*常量改为变量。

你也可以运用 **EG** 对命题形式做出类似的改变。命题形式不会成为论证的前提，但它们或许会因为对 **UI** 和其他量词规则的运用而出现。假设你已知这个命题形式：

$(Vx \, \& \, Ty) \vee (Cx \rightarrow Gy)$

你可以使用 **EG** 将其中一个变量绑定：

$\exists x \, [(Vx \, \& \, Ty) \vee (Cx \rightarrow Gy)]$

$\exists y \, [(Vx \, \& \, Ty) \vee (Cx \rightarrow Gy)]$

你也可以使用 **EG** 来改变变量，但这种改变必须是一致的：

$\exists z\,[(Vx \mathbin{\&} Tz) \lor (Cx \to Gz)]$

$\exists z\,[(Vz \mathbin{\&} Ty) \lor (Cz \to Gy)]$

请注意，这四个例子仍都是命题形式，因为在每一种情况下都有一个自由变量。

和常量一样，使用 **EG** 来绑定或改变变量时，这种改变需要在整个命题形式中保持一致。以下是 **EG** 在命题形式中的无效应用：

$\exists x\,[(Vx \mathbin{\&} Tx) \lor (Cx \to Gx)]$ 错！

在这个无效的命题中，我错误地通过 **EG** 用变量 x 绑定了 x 和 y 这两个变量。

$\exists z\,[(Vx \mathbin{\&} Tz) \lor (Cx \to Gy)]$ 错！

在这里，我将一个 y 改成了 z，但并没有改变另一个 y。

$\exists z\,[(Vx \mathbin{\&} Ty) \lor (Cx \to Gy)]$ 错！

在这个命题中，我绑定了变量 z，但并没有将*任何*变量改为 z。

不太容易的规则 1：存在列举（EI）

通过存在列举（**EI**），你可以去掉量词和方括号，释放 $\exists$

命题中被约束的变量（或将其改变为不同的变量）——*前提是*
该变量在之前的证明中没有被释放过。

没错，这种描述确实拗口。因此，为了简化，我会一点一
点解释。我首先要解释的是"*前提是*"之前的部分。

EI 与 UI 的相似之处

对 **EI** 的描述中，第一部分与 **UI** 的类似，只是它影响的是 ∃
命题（而不是 ∀ 命题）。假设你已知以下命题：

有些东西是绿色的。

你可以用量词逻辑这样表达上述命题：

$\exists x\,[Gx]$

和 **UI** 一样，**EI** 可以让你释放被绑定的变量，你可以得到
这样的结果：

Gx

这个命题形式的意思是"x 是绿色的"，与原命题的含义很
接近。**EI** 还能让你改变变量：

Gy

在这个例子中，命题形式表示的是"y 是绿色的"，这与你
最开始要表达的意思很接近，因为变量只不过是占位符而已。

EI可以处理变量，但不能处理常量

然而，和 **UI** 不同，你不能通过 **EI** 将变量改为常量。例如，请思考以下内容：

1. $\exists x\ [Gx]$ **P**

2. *Ga*   1 **EI**   错！

你不能这样使用 **EI** 的原因很简单：因为原始命题说的是
"*有些东西*"是绿色的，所以不能假设苹果酱、犰狳、阿拉斯
加、艾娃·加德纳或其他 *a* 可能表示的任何特定事物也是绿色的。

与 **UI** 相比，**EI** 的限制性更强。通过 **UI**，你知道"*所有东西*"
都有一种给定的属性，所以可以得出结论，任何常量或变量也
有这种属性。但面对 **EI**，你一开始只是知道"*有些东西*"具有
某种属性，所以你只能得出结论，某个变量也具有这种属性。

EI运用示例

为了让你更好地理解如何运用 **EI**，请思考以下论证：

$\forall x\ [Cx \to Dx],\ \exists x\ [\sim Dx] : \sim \forall x\ [Cx]$

1. $\forall x\ [Cx \to Dx]$ **P**

2. $\exists x\ [\sim Dx]$ **P**

首先，使用 **UI** 和 **EI** 去除量词。但是要在使用 **UI** *之前*先使
用 **EI**。（这个顺序与 **EI** 定义中"*前提是*"后面出现的内容有关，
我之后会进行解释。）

3. ~Dx **2 EI**

4. $Cx \rightarrow Dx$ **3 UI**

接下来的步骤很明显，即使你不太清楚这个步骤的作用：

5. ~Cx **3、4 MT**

现在，你已经对变量x有所了解——也就是说，x不具有属性C。所以，你可以使用 **EG** 得到更普遍的命题："存在一个x，这个x不具有C属性。"

6. $\exists x$ [~Cx]

为了完成证明，你可以使用 **QN**。清晰起见，在这个例子中，我会多写一个步骤，明确地使用双重否定（**DN**）。

7. ~$\forall x$ ~[~Cx]   **6 QN**

8. ~$\forall x$ [Cx]   **7 DN**

EI 只允许你释放没有被释放的变量

在前一节的例子中，我特意在使用 **UI** 之前使用了 **EI**。我现在要解释一下。

请注意，在说到 **EI** 的定义时，最后一部分说："*前提是该变量在之前的证明中没有被释放过。*"因此，参考前一小节的例子，如果我把$Cx \rightarrow Dx$写在行3，我就不能运用 **EI**，把~Dx写在行4。

这种限制看似只是技术上的问题，但相信我，这一点非常重要。为了解释原因，我假装证明一个明显错误的论证。接着，我会告诉你问题出在哪里。以下是这个论证：

前提：

> 人是存在的。
>
> 猫是存在的。

结论：

> 有些人是猫。

将论证翻译为量词逻辑之后如下：

$\exists x\,[Px], \exists x\,[Cx] : \exists x\,[Px\ \&\ Cx]$

接着是"证明"过程：

1. $\exists x\,[Px]$	**P**		
2. $\exists x\,[Cx]$	**P**		
3. Px	1 **EI**		
4. Cx	2 **EI**	错！	
5. $Px\ \&\ Cx$	3、4 **Conj**		
6. $\exists x\,[Px\ \&\ Cx]$	5 **EG**		

这里肯定是有陷阱。否则，你就会看到很多猫人混迹于人类种族中（我很好奇它们会不会玩毛球）。那么，问题出在哪里呢？

行3没有问题：我使用**EI**释放了变量x。但在第4行，我想用**EI**再次释放变量x。这一步大错特错，导致这种混乱出现。因为我*已经*在行3释放了变量x，所以不能在行4再通过**EI**来使用这个变量。

我可以在行4写Py或者Pz，但这样一来，论证的其余部分就会坍塌。但是，这是一件好事，因为不好的论证本来就*应该*坍塌。

对EI有效和无效的运用

在这一节中，我切实清晰展示了运用**EI**的方式以及运用的时机。

例如，假设你已知以下两个前提：

1. $\exists x\ [(Rx \ \& \ Fa) \rightarrow (Hx \ \& \ Fb)]$ **P**
2. $\exists y\ [Ny]$ **P**

和**UI**一样，你可以通过**EI**释放一个变量，并可以选择在过程中改变它。以下是三种有效的步骤：

3. $(Rx \ \& \ Fa) \rightarrow (Hx \ \& \ Fb)$ 1 **EI**
4. $(Ry \ \& \ Fa) \rightarrow (Hy \ \& \ Fb)$ 1 **EI**
5. Nz 2 **EI**

在行3，我使用**EI**释放了变量x，在行4，我将变量从x改成了y，接着通过**EI**释放了它。这也是一种有效的选择。接着在行5，我想用**EI**释放行2的变量。但是，由于我*已经*

在前几行释放了 x 和 y，所以我需要使用新的变量 z。

和 **UI** 一样，如果你使用 **EI** 改变变量，那进行改变时一定要做到统一。例如，以下命题是无效的：

6. $(Rv \& Fa) \rightarrow (Hw \& Fb)$ 1 **EI**   错！

在行6，我错误地将一个 x 改为 v，而将另一个改为 w。运用 **EI** 时的这种错误和运用 **UI** 时的一样。

但是，**EI** 会限制你的选择，**UI** 则不会。例如，请看以下无效的命题：

7. $(Ra \& Fa) \rightarrow (Ha \& Fb)$ 1 **EI**   错！

在行7，我统一将变量 x 改变为个体常量 a。这是错的！通过 **EI**，变量必须还是变量。请看最后一个无效的命题：

8. Nx 2 **EI**   错！

在第8行，我将变量 y 改成了 x。但是变量 x 已经在行3被释放，成为自由变量，所以不能再对它使用 **EI**。这种错误是使用 **EI** 时最常见的错误，所以请一定小心。

270

不太容易的规则2：全称概括（UG）

通过全称概括（**UG**），你能够以添加方括号和使用量词 $\forall$ 的方式将一个自由变量变为约束变量——*前提是变量在之前的*

证明中没有被释放，且该变量没有通过 **EI** 或未释放的 **AP**（更多关于释放 **AP** 的，请参阅第11章）得以证明。

和 **EI** 一样，**UG** 的定义在"*前提是*"这几个字出现之前也非常简单直接。为了表达得更简单易懂，我会逐一进行解释。

UG 与 EG 的相似之处

在大多数情况下，**UG** 与 **EG** 非常相似。二者最大的区别是 **EG** 适用于 $\exists$ 命题（**UG** 适用于 $\forall$ 命题）。假设你已知以下设定：

设 $Nx = x$ 非常好

假设在证明之后，你得出了以下命题形式：

Nx

在适当的情况下，使用 **UG** 可以推导出更有普适性的命题："对于所有 x，x 非常好"，更简单地讲就是"一切非常好"：

$\forall x\,[Nx]$

在这种情况下，你选择的变量其实并不重要，所以你也可以用 **UG** 写出这个命题：

$\forall y\,[Ny]$

UG 可以处理变量，但不能处理常量

与 **EG** 不同，**UG** 不能将常量改为变量。请看下面这个例子：

1. *Nc*   **P**

2. $\forall x \, [Nx]$ **1 UG**   **错！**

这个命题之所以是错误的，原因很简单：因为最初的语句271
说的是*c*所代表的（汽车、奶牛、凯迪拉克或者康迪斯·伯根）
东西非常好，所以你不能鲁莽地得出"一切"都非常好的结论。

UG比**EG**受到的限制更多。通过**EG**，你要做的是找到某
个具体的事物——无论是常量还是变量——证明*有些事物*具有
给定的属性。然而，通过**UG**，你要做的是找到一个具有给定
属性的变量，说明*一切*都具有该属性。

UG运用示例

和**EG**一样，**UG**也常出现在证明的最后，用于构建你用$\forall$
进行量化的命题形式。请思考以下论证：

$\forall x \, [Bx \rightarrow Cx]$, $\forall y \, [\sim Cy \vee Dy] : \forall x \, [Bx \rightarrow Dx]$

1. $\forall x \, [Bx \rightarrow Cx]$ **P**

2. $\forall y \, [\sim Cy \vee Dy]$ **P**

第一个步骤是使用**UI**拆解两个前提：

3. $Bx \rightarrow Cx$ **1 UI**

4. $\sim Cx \vee Dx$ **2 UI**

请注意，在第4行，你可以使用**UI**将变量从*y*变为*x*，同时
不用担心*x*已经在第3行被改为了自由变量。一旦变量都已经一

样，你就可以像写语句逻辑证明一样继续进行：

5. $Cx \rightarrow Dx$ **4 Impl**

6. $Bx \rightarrow Dx$ **3、5 HS**

现在，一切准备就绪，证明可以通过 **UG** 完成：

7. $\forall x\, [Bx \rightarrow Dx]$ **4 UG**

只有变量没有被 EI 或未被释放的 AP 证明时，你才能使用 UG 将其约束。

好吧，我现在要坦白了：我觉得 **UG** 这条规则是整本书里最让人讨厌的规则。我终于说出来了。**UG** 之所以会成为问题，就在于这条规则不应被使用的方式。

272

但是，我们要看到好的方面：一旦你掌握了 **UG**，就可以放心了，因为之后再也不会有比这个更可怕的了。

首先，想象你成立了一个俱乐部，俱乐部只有一个成员：你自己。即使最初俱乐部规模很小，但你为它安排了很宏大的未来：最终，你希望每个人都加入进来。你对逻辑学的感觉仿佛有些扭曲，所以你提出了以下论证：

前提：

    我的俱乐部里有一个成员。

结论：

    一切都是我的俱乐部的成员。

之后，你可以像这样将命题翻译为量词逻辑语言：

∃x [Mx] : ∀x [Mx]

1. ∃x [Mx]　　　　　　　　　**P**

2. Mx　　　　　　　　　　**1 EI**

3. ∀x [Mx]　　　　　　　　**2 UG**　　**错!**

不知为何，通过两个简单的步骤，你将俱乐部成员从一个人扩展到了整个宇宙中的一切。试想，联合国儿童基金会将会怎么看待这个论证!

问题是这样的：变量x在行2是自由的，刚刚被 **EI** 所证明，因此你不能在行3使用 **UG** 将之变为约束变量。这种情况就是 **UG** 定义中*"前提是"*这几个字之后表达的内容。

再举一个例子，假设你不是一个亿万富翁。（如果难以想象，请跟我重复："我不是亿万富翁。"）根据这个前提，你要证明唐纳德·特朗普不是亿万富翁。以下是你的论证：

前提:

　　我不是亿万富翁。

结论:

　　唐纳德·特朗普不是亿万富翁。

将这个论证翻译为量词逻辑后如下：

~Bi : ~Bt

以下是对其的"证明":

1. ~Bi   **P**

2. Bx   **AP**

我在这里使用了第12章详细讲解的间接证明:我首先提出了一个假设前提(**AP**),之后努力证明矛盾的存在。如果我成功了,那就证明了 **AP** 的*否定*。一般而言,这是非常有效的策略,但接下来的步骤中有致命的错误:

3. ∀x [Bx]   2 **UG**   **错**!

4. Bi   3 **UI**

5. Bi & ~Bi   1、4 **Conj**

6. ~Bx   2—5 **IP**

释放了 **AP** 之后,证明的其他部分看似都非常简单:

7. ∀x [~Bx]   6 **UG**

8. ~Bt   7 **UI**

这一次,问题在于,变量 x 在行 2 是被*未释放的* **AP** 证明的自由变量,也就是说你不能使用 **UG** 约束 x。

然而,请注意,在行 7,证明中使用了 **UG** 来约束 x,这样做完全有效。唯一的区别就在于,在这一步的证明中,**AP** 已经被释放了。

上述例子告诉我们,无论在什么情况下,要使用 **UG**,你都要首先检查一番，确保你想要约束的变量没有因以下原因而成为自由变量：

✓ 该行被 **EI** 所证明。

✓ 该行被未释放的 **AP** 所证明。

对 UG 有效和无效的运用

下面的内容总结了什么情况可以使用 **UG**，什么情况不可以。假设你正在处理以下证明（首先需要一点铺设）：

1. $\forall x\, [Tx]$ **P**

2. $\exists y\, [Gy]$ **P**

3. Sa **P**

4. Tx 1 **UI**

5. Gy 2 **EI**

6. $Tx \,\&\, Sa$ 3、4 **Conj**

7. $(Tx \,\&\, Sa) \,\&\, Gy$ 5、6 **Conj**

8. Hz **AP**

现在，你可以使用 **UG** 对行 7 的变量 x 进行约束：

9. $\forall x\, [(Tx \,\&\, Sa) \,\&\, Gy]$ 7 **UG**

但是，你不能使用 **UG** 将行 7 的常量 a 变为变量，进而将其绑定：

10. $\forall w\,[(Tx\,\&\,Sw)\,\&\,Gy]$ 7 **UG**   **错！**

你也*不能*使用 **UG** 绑定行 7 的变量 y，因为这个变量已经在行 5 经过 **EI** 证明变成了自由变量：

11. $\forall y\,[(Tx\,\&\,Sa)\,\&\,Gy]$ 7 **UG**   **错！**

最后，你不能使用 **UG** 约束行 8 的变量 z，因为这个变量被未被释放的 **AP** 所证明：

12. $\forall z\,[Hz]$ 8 **UG**   **错！**

第18章

良好的关系和积极的同一性

本章提要

⊛ 认识关系表达式

⊛ 认识同一性

⊛ 使用关系和同一性写证明

在语句逻辑（SL）中，你只是使用一个字母——一个常量——来表示一个基本的命题。例如，你可以这样表达"巴伯是树木养护专家"：

B （语句逻辑翻译）

在量词逻辑（QL）中，你用两个字母的组合来表示同样的语句，其中一个字母表示属性常量，另一个是个体常量。例如：

Tb

这种方法非常有效。但是，假设你想把"巴伯雇用了马蒂"

翻译为量词逻辑，就会发现这个语句中出现的人不止有一个，所以需要一种方式来表示二者之间的关系。

幸好，有了量词逻辑，你可以轻易表达这些更复杂的想法。在本章中，我会讨论量词逻辑中的关系和同一性。*关系*能让你表达不止有一个关键元素的命题，*同一性*可以让你处理这样的情况：关键元素与替代元素具有同一性，替代元素是唯一合适的其他表达。最后，我会告诉你这些新概念是如何融入量词逻辑的。

认识关系

276

目前为止，你一直使用的是一元表达式：命题和命题形式只有一个个体常量或变量。举例来说，以下命题：

Na

只有一个个体常量*a*。同样，这种命题形式：

Nx

只有一个变量*x*。

在这个部分，我会扩展你对表达式的认识，使之不只包含一个个体常量或变量。

定义和运用关系

一个关系表达式不止有一个个体常量或变量。

了解过一元表达式的基础定义（请参阅第15章）后，你很容易就可以定义关系表达式。例如，你可以这样定义一个一元表达式：

设 $Nx = x$ 爱多管闲事

接着，你可以将"阿尔卡迪爱多管闲事"这个语句翻译为：

Na

但是，假设你面对的是以下这种语句：

阿尔卡迪比鲍里斯更爱管闲事。

在这种情况下，你可以首先定义以下关系表达式：

设 $Nxy = x$ 比 y 更爱管闲事

接着，你可以使用这个表达式将上述语句翻译为：

Nab

同样，你可以将这个语句：

鲍里斯比阿尔卡迪更爱管闲事。

翻译为：

Nba

在关系表达式中，个体常量或变量的顺序至关重要——不要打乱它们的顺序！

连接关系表达式

你可以使用五个语句逻辑运算符（~、&、∨、→或↔）来连接关系命题和命题形式，就像连接一元表达式一样。（关于区分命题和命题形式的更多内容，请参阅第15章。）

当你把一个自然语言语句翻译为关系表达式之后，它就像一元表达式一样，成了一个不可分割的单元。因此，你可以按照同样的规则使用五个逻辑运算符。

例如，假如你想说：

凯特比克里斯托弗高，但克里斯托弗比宝拉高。

首先，你要先定义常量：

设 k＝凯特

设 c＝克里斯托弗

设 p＝宝拉

接着，你要定义适当的关系表达式：

设 $Txy = x$ 比 y 高

现在，你可以这样翻译上述语句：

Tkc & Tcp

同样，你可以将这个命题：

如果凯特比克里斯多弗高，那么她也比宝拉高。

翻译为：

$Tkc \rightarrow Tkp$

278

使用带有关系的量词

你可以像处理一元表达式一样，使用两个量词（∀和∃）来连接关系命题和命题形式。

使用带有关系的量词与在一元表达式中使用量词没有本质区别。

例如，假设你想将以下语句翻译为量词逻辑语言：

每个人都喜欢巧克力。

首先，你要先定义关系表达式：

设 $Lxy = x$ 喜欢 y

之后，定义个体常量：

设 $c = $ 巧克力

现在，你可以将上述语句翻译为：

$\forall x [Lxc]$

同样，假设你面对的是这个表达式：

有人把多莉介绍给了杰克。

这一次，你需要定义一个关系表达式，且表达式需要三个个体变量：

设 $Ixyz = x$ 把 y 介绍给了 z

使用多莉和杰克的拼音首字母作为个体常量，并用量词 $\exists$ 对变量 x 进行约束，你可以这样翻译上述语句：

$\exists x [Ixdj]$

你可以把以下语句：

杰克把多莉介绍给了所有人。

翻译为：

$\forall x\,[Ijdx]$

请注意，你在这里仍然可以使用变量x，尽管关系表达式中在这个位置使用的是y。只要你对变量的量化是正确的，对变量的选择并不重要。

279

运用多个量词

由于关系有不止一个变量，所以就出现了一种可能性，命题中可能会出现不止一个量词。例如，你可以将这个命题：

每个人都把某个人介绍给了杰克。

翻译为：

$\forall x\exists y\,[Ixyj]$

对这个命题进行分解，你会发现，它的意思是："对于所有x，存在一个这样的y，即x会把y介绍给杰克。"

同样，如果你想将这个语句翻译为量词逻辑语言：

杰克将有的人介绍给了所有人。

你可以写出这个命题：

$\forall x\exists y\,[Ijyx]$

这个命题的意思是："对于所有 x，存在一个 y，杰克会将 y 介绍给 x。"

请注意量词的顺序。如果将量词的顺序从 $\forall x \exists y$ 转换到 $\exists y \forall x$，那么即使方括号里的内容保持不变，命题的含义也会改变。

以下分别是以 $\forall x \exists y$ 和 $\exists y \forall x$ 为开头时命题的含义：

✓ 一般而言，$\forall x \exists y$ 表示"对于所有 x，存在一个这样的 y……"，也就是说 y 可能会因为两个不同的 x 而不同。

✓ 从另一个方面看，$\exists y \forall x$ 表示"存在一个这样的 y，对于所有 x……"，也就是说对于所有 x，y 都是一样的。

280

为了让这种区别更明显一些，我定义了一个新的属性常量：

设 $Mxy = x$ 与 y 结婚

现在，假设我想表达"所有人都结婚了"的意思，我可以把这个语句翻译为：

$\forall x \exists y\, [Mxy]$

这个命题表面的意思是"对于所有 x，存在一个这样的 y，x 与 y 结婚"。

但是，假设我颠倒了量词：

$\exists y \forall x\, [Mxy]$

现在，这个命题表达的意思是"存在一个这样的 y，对于所有x，都与y结了婚"。在这种表达中，我的意思是所有人都与*同*一个人结了婚。这绝对不是我最初要表达的意思。

在表达数学思想方面，多个量词非常有用。例如，假设你想表达这种想法：自然数（1、2、3……）是无穷多的。你可以通过定义一个关系表达式来表达这种含义：

设 $Gxy = x$ 比 y 大

现在，你可以通过说明对于每一个数字，都存在一个比它大的数字，来表达自然数的无限性：

$\forall x \exists y \, [Gyx]$

换言之，"对于所有x，存在一个这样的y，即y比x更大"。

用关系写证明

你在写证明时，关系表达式与一元表达式基本相同。它们作为离散的、不可分割的单元，可以使用语句逻辑中的18条规则（请参阅第9和第10章）进行操作。

量词否定（**QN**）和四条量词规则在关系表达式方面的应用与在一元表达式中相同（我在第17章中讲到了逻辑学中这些美妙的结果）。主要的区别在于，现在你写的证明或许要涉及带有多个量词的命题。

281

运用带有多个量词的QN

在处理多个量词时，**QN**的使用方法与处理单个量词时相同。（如需复习关于如何运用**QN**的内容，请参阅第17章。）你只需要明白自己在改变哪个量词。

例如，有一个新的命题：

设 $Pxy = x$ 给了 y 一个礼物

假设你想证明以下论证：

前提：

每个人都给了至少一个人一份礼物。

结论：

没有人没给其他人礼物。

你可以使用量词逻辑写出以下论证：

$\forall x \exists y\,[Pxy] : \sim\!\exists x \forall y \sim\![Pxy]$

1. $\forall x \exists y\,[Pxy]$ **P**

2. $\sim\!\underline{\exists x}\,\sim\!\exists y\,[Pxy]$ **1 QN**

我为行2的第一个量词添加了下划线，因为这是由行1变化而来的重点。请注意，我在这个量词前添加了一个~运算符，将量词从 $\forall x$ 改成了 $\exists x$，还在这个量词之后添加了一个~运算符。

3. $\sim\exists x \sim\sim\forall y \sim[Pxy]$ 2 **QN**

4. $\sim\exists x \forall y \sim[Pxy]$ 3 **DN**

在第3行，第二个量词是从行2变化而来的重点。同样，我在这个量词的前面和后面都添加了~运算符，并将之从∃y变为∀y。为了保证证明清晰，我又添加了一行，使用了双重否定规则（**DN**）。

将四条量词规则应用于多个量词

当把四条量词规则——**UI**、**EG**、**EI**和**UG**（请参阅第17章）——应用于多个量词时，就会出现一个重要的限制情况：你只能删除第一个（最左边的）量词，或者添加新的量词至第一个的位置。

在实际操作中，这种限制意味着你必须做到以下两点：

✓ 由外到内分解命题。

✓ 由内至外构建命题。

例如，请看以下这个证明：

$\forall x\forall y\,[Jxy \rightarrow Kyx],\ \exists x \sim\exists y\,[Kyx] : \exists x\forall y\,[\sim\!Jxy]$

1. $\forall x\forall y\,[Jxy \rightarrow Kyx]$ **P**

2. $\exists x \sim\exists y\,[Kyx]$ **P**

首先，你要在第二个前提中快速切换量词，将~运算符移到右边，请它让路：

3. $\exists x \forall y \sim [Kyx]$ **2 QN**

但是，这个前提还有一个量词 $\exists$，所以我必须运用存在列举（**EI**）。我需要在 x 在证明中变成自由量之前尽快完成这个步骤（关于 **EI** 的更多内容，请参阅第 17 章）。因此，我现在要由外到内将之分解：

4. $\forall y \sim [Kyx]$ **3 EI**

5. $\sim Kyx$ **4 UI**

现在，我来处理第一个前提，也将其由外而内进行拆解：

6. $\forall y [Jxy \rightarrow Kyx]$ **1 UI**

7. $Jxy \rightarrow Kyx$ **6 UI**

下一步非常明显：

8. $\sim Jxy$ **5、7 MT**

现在是由内至外构建结论的时候：

9. $\forall y [\sim Jxy]$ **8 UG**

283

关于自指命题

关于关系证明的几个细微之处其实并不在本书的讲解范围内。其中很多问题是由*自指命题*引起的。这种命题是具有重复个体常量的关系表达式。

例如，给定命题"杰克喜欢所有人"——$\forall x\ [Ljx]$——你可以使用 **UI** 推断出命题"杰克喜欢自己"——Ljj。

自指命题是使量词逻辑表达完全的必要条件，但你需要在证明中仔细留意。

- -

这种全称概括（**UG**）的使用是有效的，因为在第4行，变量y仍然是约束变量。最后，你可以使用存在概括（**EG**）来完成证明。

10. $\exists x\ \forall y\ [\sim Jxy]$　　　　　　　　　　　　　**9 EG**

识别同一性

请看以下两个语句：

乔治·华盛顿曾是美国总统。

乔治·华盛顿是美国第一任总统。

你可以很轻松地将第一个语句翻译成量词逻辑语言，即：

Pg

乍看之下，你或许认为自己可以用同样的方法处理第二个语句。但实际上，你不能这样做，因为这两个语句尽管看起来很相似，实际上却有很大不同。

第一条语句在描述华盛顿时，提出了一种*属性*，这种属性也可能是其他人具有的（比如亚伯拉罕·林肯）。所以你可以使用一个*属性常量*，轻松地将语句翻译为量词逻辑语言。（关于属性常量的内容，请参阅第15章。）

然而，第二个语句是从*同一性*的角度出发来描述华盛顿，即他是美国绝无仅有的第一任总统。要将这个语句翻译为量词逻辑命题语言，你需要新的内容，也就是表达特性的方法。我会在接下来的小节中把特性彻底讲清楚。

284
专业知识

间接话语和同一性

*特性*意味着你可以在不改变意义的情况下，自由地将一个语句替换为另一个。这个想法有一些有趣的例外情况。例如，请看以下两个语句：

萨利认为亚伯拉罕·林肯是第一位美国总统。

萨利认为亚伯拉罕·林肯是乔治·华盛顿。

显然，上述语句表达的含义并不一样。第一个语句可能是真的，但第二个肯定是假的。

正因如此，量词逻辑无法处理包含*间接话语*的语句，比如：

埃尔顿希望玛丽已经支付了煤气费用。

老板坚持要求每个人都准时到场。

我们知道克拉丽莎在撒谎。

太阳每天早上都会升起，这是必然的。

关于非古典逻辑对这类话语的讨论，请参阅第21章。

不过，请记住，就量词逻辑而言，一旦你在两个常量中定义了一个特性，就相当于认同一个常量可以替代另一个。

认识同一性

*同一性*表明，两个不同的个体常量表示的是相同的含义。也就是说，二者在量词逻辑中是可以互换的。

"乔治·华盛顿是美国第一任总统"这句话是什么意思？根本上说，你提到*乔治·华盛顿*的时候，都可以用*美国第一任总统*来替代，反之亦然。

在量词逻辑中，你可以这样表达同一性（假设 *g* 表示乔治·华盛顿，*f* 表示美国第一任总统）：

$g = f$

你也可以将同一性与量词一起使用：

$\exists x \, [x = f]$

这个命题的翻译是："存在一个这样的 *x*，使得 *x* 是美国第一任总统。"更简单而言，就是："美国第一任总统存在"。

285

利用同一性写证明

量词逻辑包含两条专门用于处理同一性的规则。这两条规则非常容易理解，也易于操作。通过我给出的例子，你很快就会明白。

同一性规则（ID）

ID 只是从形式上对证明中用一个常量替换另一个常量的情形做出了规定，且这些常量的同一性已经被证明。

你在证明中构建过 $x = y$ 后，可以使用 **ID** 用 x 代替 y（或者用 y 代替 x）来重写证明的任意一行。

以下是需要同一性的论证：

前提：

每个人都应该受到尊重。

史蒂夫·艾伦是一个人。

史蒂夫·艾伦是《今夜秀》的初代主持人。

结论：

《今夜秀》的初代主持人应该受到尊重。

下面是上述语句通过量词逻辑语言的翻译：

$\forall x [Px \rightarrow Dx], Ps, s = o : Do$

这个论证的证明非常直接：

1. $\forall x\,[Px \rightarrow Dx]$ **P**

2. Ps **P**

3. $s = o$ **P**

4. $Ps \rightarrow Ds$ 1 **UI**

5. Ds 2、4 **MP**

6. Do 5 **ID**

我在最后一步使用了 **ID**，用 s 替代了 o。在大多数情况下，在你需要使用 **ID** 的时候，很早就可以发现机会。

同一自反（IR）

IR 比 **ID** 更容易理解，它告诉你，无论你需要证明什么，都可以假设一切与自己相同。

通过 **IR**，你可以在证明中的任何步骤插入 $\forall x\,[x = x]$。

$\forall x\,[x = x]$ 这个命题翻译为英文之后就是："对于所有 x，x 与 x 相同。"更简单而言，就是："所有事物都与其本身相同"。

286

IR 规则是你几乎不会用到的规则之一，除非教授在考试中的一个证明题中明确指出需要使用它（可能性极低）。举例来说，请看以下证明：

$\forall x\,[((x = m) \vee (x = n)) \rightarrow Tx] : Tm\ \&\ Tn$

1. $\forall x\,[((x = m) \vee (x = n)) \rightarrow Tx]$ **P**

2. $((m = m) \vee (m = n)) \rightarrow Tm$ 1 **UI**

3. $((n = m) \lor (n = n)) \to Tn$ 1 **UI**

我通过 **UI** 使用两种不同的方式分解了前提：在行2，我将变量 x 改为常量 m；在行3，我将 x 改为 n。现在，你可以使用 **IR** 规则了：

4. $\forall x\, [x = x]$ **IR**

IR 就像一个额外的前提，所以运用这条规则时，你不需要写明行号。使用过 **IR** 之后，你可以使用 **UI** 得到你需要的同一性命题：

5. $m = m$ 4 **UI**

6. $n = n$ 4 **UI**

这一次，我通过 **UI** 使用两种不同的方式分解了行4，还是先将 x 改为 m，再将 x 改为 n。

现在，一切准备就绪，你只需要使用语句逻辑的推理规则就可以完成证明：

7. $(m = m) \lor (m = n)$ 5 **Add**

8. $(n = m) \lor (n = n)$ 6 **Add**

9. Tm 2、7 **MP**

10. Tn 3、8 **MP**

11. $Tm \,\&\, Tn$ 9、10 **Conj**

第19章

培育大量树

本章提要

● 将真值树方法扩展到量词逻辑命题中

● 认识非终止真值树

在第8章中，我讲解了如何在语句逻辑中使用真值树实现不同目标。在本章中，你会学到这个方法如何被扩展应用于量词逻辑。和语句逻辑一样，量词逻辑中的真值树通常比证明更简单。你运用这种方法的时候不需要太多思考——只要直来直去就好。（可惜）我要事先提醒你，量词逻辑的真值树有其局限性。

在这个章节中，我会告诉你如何充分利用真值树这种方法来解决量词逻辑中的问题。我还会为你讲到一个重要的缺陷——非终止真值树。

将真值树知识应用于量词逻辑

关于构建语句逻辑真值树的一切知识也适用于构建量词逻辑的真值树。在这个小节，我会给出一个关于量词逻辑的例子，帮你理解整个过程。如果遇到不熟悉的内容而无法推进，请翻回第8章复习。

运用语句逻辑中的分解规则

假设你想验证以下三个命题是否具有一致性：

$Ma \lor \sim Tb$

$\sim Ma \,\&\, Lc$

$\sim Tb$

288　　与语句逻辑的真值树一样，判断命题是否一致的第一步是用三个命题构建真值树的主干：

$$Ma \lor \sim Tb$$
$$\sim Ma \,\&\, Lc$$

请注意，由于第三个命题已经无法被进一步分解，所以我将它圈住了。

现在，我可以使用语句逻辑的分解规则来构建真值树。我从第二条命题开始，因为它是一个单分支命题：

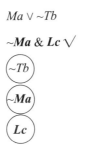

$$Ma \lor {\sim}Tb$$
$${\sim}Ma \,\&\, Lc \ \checkmark$$

分解了 ～ Ma & Lc 命题之后，我在后面做了标记，表示已经完成处理。此外，我同样圈住了完全分解之后的命题。现在，唯一没有被标记或圈住的是第一个命题：

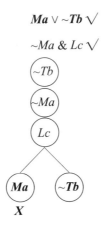

$$Ma \lor {\sim}Tb \ \checkmark$$
$${\sim}Ma \,\&\, Lc \ \checkmark$$

现在，每一个命题都已经被标记或圈住了，因此真值树已经完成。

289

请注意，我封闭了以 *Ma* 为结尾的分支，并在最下面写了一个X。和语句逻辑的真值树一样，关闭这个分支的原因非常简单：从树干的起点走到这个分支的终点，你会经过 ~*Ma* 和 *Ma*。因为这个命题及其否定不可能同时为真，因此这个分支被封闭了。这是这个分支被封闭的唯一原因。

但是以 ~*Tb* 为结尾的分支就没有这种矛盾，所以我留下它，保持开放的状态。和语句逻辑的真值树一样，由于这个真值树至少有一个开放的分支，所以这组命题具有一致性。

添加 UI、EI 和 QN

对于带有量词的命题，你需要加入第17章中关于量词逻辑的量词规则。在分解真值树时，你可以使用全称列举（**UI**）和存在列举（**EI**）。此外，你可以使用量词否定（**QN**）去除量词前的 ~ 运算符。

以下是带有一个前提的论证，我会用真值树来验证它的有效性：

$$\sim\!\exists x\,[Gx \,\&\, \sim\!Nx] : \forall x\,[Gx \rightarrow Nx]$$

和之前一样，第一个步骤是用前提和结论的否定来构建真值树的主干：

$$\sim\exists x \, [Gx \, \& \sim Nx]$$

$$\sim\forall x \, [Gx \rightarrow Nx]$$

两个命题都否定了量词，使用 **QN** 去掉量词前的~运算符。（请注意，你在使用真值树时，不用像在证明中一样标注 **QN**、**UI** 或 **EI** 等解释。）在此处，我同时完成了两个步骤，节约空间：

$$\sim\exists x \, [Gx \, \& \sim Nx] \, \checkmark$$
$$\sim\forall x \, [Gx \rightarrow Nx] \, \checkmark$$
$$\pmb{\forall x \sim [Gx \, \& \sim Nx]}$$
$$\pmb{\exists x \sim [Gx \rightarrow Nx]}$$

现在，你已经可以使用 **UI** 和 **EI** 了。不过，请记得 **EI** 的使用限制：如同在量词逻辑证明中，你可以使用 **EI** 释放一个尚未被释放的变量，使之成为自由变量。因此，在这个例子中，你必须在使用 **UI** 之前使用 **EI**：

$$\sim\exists x \, [Gx \, \& \sim Nx] \, \checkmark$$
$$\sim\forall x \, [Gx \rightarrow Nx] \, \checkmark$$
$$\forall x \sim [Gx \, \& \sim Nx]$$
$$\exists x \sim [Gx \rightarrow Nx]$$
$$\sim [Gx \rightarrow Nx]$$
$$\sim [Gx \, \& \sim Nx]$$

（右侧页边标注）

使用 **UI** 时，不要标记你刚刚分解的命题。我会在本章稍后的部分告诉你原因，现在你只需要记住这条规则：使用 **EI** 时，要像之前一样标记被分解的命题，但使用 **UI** 时不需要标记它。

现在，你可以使用语句逻辑真值树的规则分解命题。可能的话，从单分支命题开始：

$$\sim\exists x\,[Gx\,\&\,\sim Nx]\;\surd$$

$$\sim\forall x\,[Gx\rightarrow Nx]\;\surd$$

$$\forall x\sim[Gx\,\&\,\sim Nx]$$

$$\exists x\sim[Gx\rightarrow Nx]\;\surd$$

$$\sim[Gx\rightarrow Nx]\;\surd$$

$$\sim[Gx\,\&\,\sim Nx]$$

$$\boxed{Gx}$$

$$\boxed{\sim Nx}$$

最后，你可以拆解双分支命题：

$$\sim\exists x\,[Gx\,\&\,\sim Nx]\;\surd$$

$$\sim\forall x\,[Gx\rightarrow Nx]\;\surd$$

$$\forall x\sim[Gx\,\&\,\sim Nx]$$

$$\exists x\sim[Gx\rightarrow Nx]\;\surd$$

$$\sim[Gx\rightarrow Nx]\;\surd$$

$$\sim[Gx\,\&\,\sim Nx]\;\surd$$

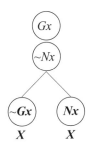

由于两条分支都会导致矛盾情况的出现，因此最后两个分支都被X封闭了。由于每个分支都被封闭了，所以真值树已经完成，论证也被证明是有效的。

多次使用UI

在上一小节的例子中，我告诉过你，使用**UI**分解一个命题时，你绝对*不用*标记它。我说过会给出解释，以下就是。

使用**UI**分解∀命题时，你有无限多的常量可以选择。所以，你不用标记这个命题，因为或许你之后还会用到它。

例如，请看以下这个论证：

∀x [Hx → Jx], Ha & Hb : Ja & Jb

和之前一样构建主干：

292

$$∀x [Hx → Jx]$$

Ha & Hb

~(**Ja & Jb**)

我知道我需要使用 **UI** 来分解第一个前提，但我有很多选择。我可以将之分解为 $Hx \to Jx$，或者 $Ha \to Ja$，或者是 $Hb \to Jb$，或者是其他无限个可能的命题。你会在这个例子中看到，我或许需要进行很多次这样的分解才能完成真值树，因此我必须保持∀命题是未被标记的状态，才能根据需要再次分解它。

对于第一次分解，我想沿着一个看似有希望的方向前进，因此我进行分解的命题中包含在真值树其他命题中也出现的常量。我首先从常量 a 入手：

$$\forall x\,[Hx \to Jx]$$
$$Ha\;\&\;Hb$$
$$\sim(Ja\;\&\;Jb)$$
$$\boldsymbol{Ha \to Ja}$$

我*没有标记*刚刚分解的前提，现在接着进行下一个步骤：

$$\forall x\,[Hx \to Jx]$$
$$Ha\;\&\;Hb\;\checkmark$$
$$\sim(Ja\;\&\;Jb)$$
$$Ha \to Ja$$

这一次，我像之前一样标记了命题。现在，我必须分解双分支命题：

$$\forall x \, [Hx \to Jx]$$

$$Ha \, \& \, Hb \, \surd$$

$$\sim(Ja \, \& \, Jb)$$

$$Ha \to Ja \, \surd$$

幸运的是，其中一个分支被封闭了。于是，我继续下一个步骤：

$$\forall x \, [Hx \to Jx]$$

$$Ha \, \& \, Hb \, \surd$$

$$\sim(Ja \, \& \, Jb) \, \surd$$

$$Ha \to Ja \, \surd$$

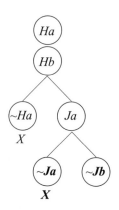

294

进行到这里，你或许会认为真值树已经完成。不过，请记住，只有在以下情况下，真值树才算完成：

✓ 每个项目都已经被标记或被圈住

✓ 每个分支都已经被封闭

如果对这些规则感到陌生，请参阅第8章的内容。下面是最重要的一点：这棵真值树之所以还没有完成，是因为我用了**UI**分解第一个命题时并没有标记它。所以，我现在要通过另一种方式来分解这个命题，以便完成真值树。

在这种情况下，我使用了真值树中出现的另一个常量——常量*b*——来分解没有被标记的∨命题：

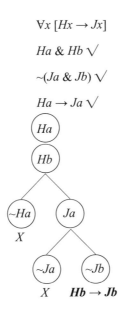

请注意，这是我第二次（或者是第三次、第一百次）使用 **UI** 分解第一条命题，我之前之所以*没有标记*这个命题，就是因为之后有可能再次用到它。现在，我只需要进行最后一次分解就完成了：

$$\forall x\,[Hx \to Jx]$$

$$Ha\ \&\ Hb\ \checkmark$$

$$\sim(Ja\ \&\ Jb)\ \checkmark$$

$$Ha \to Ja\ \checkmark$$

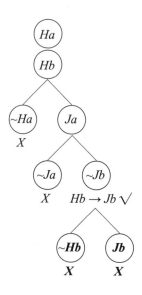

通过最后一次分解，每个分支都已经封闭，也就表明我完成了真值树。因为所有分支都被封闭，所以你知道论证是有效的。

非终结真值树

语句逻辑的真值树是我最喜欢的逻辑工具，因为你不需要很聪明就可以运用。你只需要按照正确的步骤操作，就肯定能得到正确的答案。

不幸的是，量词逻辑的真值树往往会有些偏离规则。在某些情况下，一棵真值树会不断生长，永远不会停止。这种类型的树被称为*非终结真值树*（或*无限真值树*）。若说它的存在让人有些沮丧，那不如说它会让一切变得有趣。

你已经知道，完成一棵真值树只有两种方法：要么每个命题都已经被标记或被圈住，要么每个分支都已经被X封闭。但是，在量词逻辑中，你并不总是能完成一棵真值树。

为了说明这一点，我会将以下语句翻译为量词逻辑语言，之后使用真值树进行验证：

自然数不是无限的。

这是一个*假*命题，因为自然数（1、2、3……）可以一直数下去，所以它们是无限的。但是，在命题中，你可以这样用量词逻辑表达。首先，我会先确定论域：

论域：自然数

接着，我会定义一种关系：

$Lxy = x$ 比 y 小

我要表达的是，无论我选择哪个数字 x，它都小于另一个数字 y，之后我再否定它。我是这样写命题的：

$\sim \forall x \exists y \, [Lxy]$

这个命题读作："对于所有 x，存在一个这样的 y，x 总小于

y，这是不可能的。"或者，不太正式的表达是："自然数不是无限的。"

假设我想验证这个命题是否为重言命题。它最好不是重言命题，因为我已经有了使之为假的赋值。

正如我在第8章讲到的，使用真值树来验证一个命题是否为重言命题，就首先要否定这个命题，并将之作为真值树的主干。当你完成这棵树，如果至少还有一个开放的分支，那么这个命题就不是重言命题，它要么是矛盾命题，要么是偶真命题。

因此，我的第一步是否定命题，之后将其作为真值树的主干，最后使用 **UI** 将其分解。请记得，不要在这时标记命题。为了节约空间，我会一次完成这两个步骤：

$$\forall x \exists y \, [Lxy]$$
$$\exists y \, [Lxy]$$

297

接下来，我会用 **EI** 分解新的命题：

$$\forall x \exists y \, [Lxy]$$
$$\exists y \, [Lxy] \, \surd$$
$$Lxz$$

目前为止，我分解了命题，将变量变为 z，希望能通过对第一个命题再次应用 **UI**，之后好摆脱这个变量。

进行到这个步骤，真值树还没有完成，因为有一个分支是开放的，且存在还没有被标记的命题。但是，我仍然有机会通过巧妙地对第一个命题再次应用 **UI**，来封闭这个分支。而且，由于变量 z 现在也出现了，所以我会在分解中使用这个常量：

$$\forall x \exists y\, [Lxy]$$
$$\exists y\, [Lxy] \checkmark$$

$$\boxed{Lxz}$$

$$\exists y\, [Lzy]$$

现在，我要再次应用 **EI**：

$$\forall x \exists y\, [Lxy]$$
$$\exists y\, [Lxy] \checkmark$$

$$\boxed{Lxz}$$

$$\exists y\, [Lzy] \checkmark$$

$$\boxed{Lzw}$$

这一次，我引入了变量 w，但这并不是重点。事实上，无论是通过封闭分支还是标记第一个命题的方式，你都没有办法完成这棵树。此处出现的就是非终结真值树。

由于这棵真值树不可以被完成，所以你不能由此得知正在被检验的命题是否是重言命题。非终结真值树的存在告诉我们，在语句逻辑中屡试不爽的真值树在量词逻辑中的作用会受到限制。

298

逻辑学的现代发展

或许那是个有效的论证，但我们还是得把球拿出来。

在本部分……

逻辑学或许始于亚里士多德，但绝对不会以他为终点。第五部分将带你领略逻辑学的最新进展，讨论20世纪以来的逻辑学。

在第20章，你会看到逻辑学如何在硬件和软件两个层面影响了计算机。第21章介绍了一些非古典逻辑学的例子——这些逻辑形式的出发点与我在本书其他部分讨论的逻辑形式的假设有所不同。我还会说明逻辑学中看似显而易见的内容与逻辑学的可能性之间惊人的差异。最后，第22章研究了悖论对逻辑提出的挑战，以及逻辑中的一致性和完整性问题如何启发了21世纪最重要的数学发现。

计算机逻辑

本章提要

● 认识最早出现的计算机

● 认识逻辑在现代计算机中的作用

计算机被视作20世纪最重要的发明（好吧，或许是除了自动滴滤咖啡机之外最重要的）。计算机和其他发明——例如飞机、收音机、电视机或核能发电机——之间的不同之处就在于其多功能性。

仔细想想，作为工具，大多数机器只是完成人类不喜欢做的重复性工作——而且，实话实说，一般而言，机器比人类做得更好。从开罐器到洗车机，长久以来，机器都是在模仿人类的动作，并在此基础上加以改进。

因此，可以这样说，一直以来，人们都在想是否可以建造某种机器，完成人类必须日复一日重复进行的*脑力劳动*。从某种意义上说，加法机和收银机就是为此而发明的。但是，这些发明的作用其实也比较有限。如同你无法用开罐器洗车一样，加法机也无法帮你完成乘除法，更不用说微积分了。

不过，有些有远见的人看到了一种可能性，即一台机器或许可以实现无限多的功能。

在这一章中，我将向你展示逻辑学在计算机设计中的作用。我会从计算机的缘起——查尔斯·巴贝奇和艾达·洛夫莱斯的工作说起。接着，我会讲解阿兰·图灵是如何说明计算机可以进行人类可以完成的所有计算的——至少他从理论上表明可以。最后，我会重点讨论逻辑形式在硬件和软件层面对计算机的奠基性作用。

早期计算机

尽管建造第一台电子计算机的工作始于20世纪40年代，但对其的认识和设计早在一个多世纪之前就开始了。最初，计算机只是一个疯狂的想法，从未真正落地，但之后却成为历史上最重要的发明之一。

巴贝奇设计了初代计算机

查尔斯·巴贝奇（1791—1871年）被认为是计算机的发明者。尽管他的两个模型——差分机以及之后的分析机——都是由机械驱动而非电力驱动，但它们仍是非常复杂的机器。此外，与当时其他很多发明相比，这些机器与计算机之间的相似点更多。

巴贝奇于19世纪20年代开始研究差分机。可惜，尽管他完成了设计，但机器一直未能得以建造。据说，这一项目之所以没能完成，是因为资金困难以及巴贝奇与其他人在这个项目上的冲突。（不过，我敢肯定，现代计算机工程师们也会遇到这些困难。）

直到1991年，第一个也是唯一按照巴贝奇的计划完成的差分机才得以面世。当时，建造者们完全没有超出巴贝奇所处时代的技术范围。他们发现，这台机器可以按照计划工作，精准完成复杂的数学运算。

放下自己建造差分机的计划后，巴贝奇就开始了另一个更雄心勃勃的项目——设计分析机。这个项目融合了他在差分机上学到的所有技能，并将其向前推进了一步。分析机的主要改进是可以通过穿扎卡片进行编程，因此比差分机更通用，也更方便。巴贝奇的朋友艾达·洛夫莱斯也是一位数学家，在分析机的设计方面，她也做出了很大贡献。此外，她还完成了几个程序，希望在分析机建成之时，可以在其上运行这些程序。

图灵和他的通用图灵机

1871年，查尔斯·巴贝奇去世，之后他的设计被尘封了数十年，直到另一位目光长远的人——阿兰·图灵（1912—1954

年）——从另一个角度思考了机械化计算这一理念。

图灵认为有必要确切说明计算的含义，也就是几个世纪以来，人类一直通过算法完成的工作。算法是简单的机械程序，可以通过有限的步骤得到期望的结果。例如，两个数字相乘的程序就是一种算法。只要你能正确地按照步骤操作，最终就能得到正确的结果，无论用于运算的数字有多大。

图灵发现，算法可以被分解为足够小的步骤，所以可以通过一台极其简单的机器完成操作。他将这种机器称为通用图灵机（UTM）。

和巴贝奇不一样，图灵从未期望自己的机器会真的问世。相反，这是一个理论模型，只能从原理上进行描述，但无法真的实现。然而，通用图灵机的基本功能会用在之后所有计算机上。换言之，对于每一台计算机而言，无论如何设计，其计算能力与其他计算机的都毫无差别。

对通用图灵机的理解

通用图灵机包含一条任意长度的纸带，纸带上有很多方格。每个方格都包含一个有限符号集合中的单个符号。纸带被放置在滚轮上，每向前移动一个方格，都会经过指针。这时，指针就会读取该方格中的符号。在某些情况下，符号也会被擦除，被新写入的不同符号替代。

假如你想写一个程序，让两个数字相乘。那你首先会在纸带上写下两个数字，之后将乘法符号写在二者中间：

```
                    ∨
| | | | | | | | |7|5|8|X|6|3| | | | | | | | | | |
```

这些数字是程序的*初始条件*。程序运行完之后，结果是这样的：

```
                    ∨
| | | | | | | | |7|5|8|X|6|3|=|4|7|7|5|4| | | | | | |
```

图灵制定了一套从开始到结束的可运行步骤。这些步骤就构成了所谓的*程序*。一个程序由一个状态列表组成，告诉机器根据指针读取的内容需要采取怎样的*行动*。根据所处的状态，机器能够执行不同的具体行动。行动的一般形式包括：

1.可以选择将方格中的符号改为不同的符号。

2.有选择地改变机器所处的状态。

3.向左或向右移动一个方格。

例如，机器处于1号状态时，指针读取的是数字7，那么它的动作可能是：

1.保持7不变。

2.将机器从1号状态改为10号状态。

3.向右移动一个方格。

然而，当机器处于2号状态时，指针同样读取到数字7，那

304

么动作可能是：

1. 将7变为8。

2. 保持状态不变。

3. 向左移动一个方格。

尽管这些工作看似简单，但图灵告诉我们的是，复杂的计算也可能通过这种方式完成。更重要的是，他证明了，通过这种方式进行*任何*计算都是可能的。也就是说，任何人类可以学会的计算方法，都可以通过对通用图灵机编程来完成。

将通用图灵机与逻辑学相联系

但是，你可能会问，通用图灵机与逻辑学有什么关系？为了理解这种联系，你要注意，机器的参数可以让对某些类型命题真值的判断变得简单。例如，在乘法例子的开始，以下语句为真：

机器处于1号状态时，指针读取到的是7。

根据这个语句的真值，机器执行了适当的动作，从而重置了机器，使以下语句为真：

机器处于10号状态时，指针读取到的是5。

逻辑学是描述机器在某一时刻状态的理想工具。正如你会在下一节中看到的，计算机科学家在设计软件和硬件时都应用了逻辑学的描述能力。

现代计算机

巴贝奇和图灵——计算机的先驱——通过自己早期的想法和理论为现代计算机的发展创造了条件。此外，随着电力的普及，计算机的另一大进展很快便出现了。建造于20世纪40年代的ENIAC（电子数字积分计算机）是第一台电子计算机。很快，其改良模型纷纷出现。

（迄今为止）所有的计算机，包括你的家用电脑和笔记本305电脑，都可以从两个层面讨论其功能：

√ **硬件**：计算机的物理结构。
√ **软件**：在计算机上运行的程序。

正如我在这个小节说明的，逻辑学在硬件和软件两个层面都发挥着不可或缺的作用。

硬件和逻辑门

一个*真值函数*接受一个或两个输入值后会得到一个输出值。输入值和输出值的真值可能不同（**T**或**F**）。（要想复习真值函数的内容，请参阅第13章。）

语句逻辑的五个运算符都是真值函数，其中三个——~运算符、&运算符和∨运算符——就足以构建每一个可能的真值函数（请参阅第13章）。此外，|运算符（谢费尔竖线）本身也足以构建每一个可能的真值函数。

从最基本的层面来看，计算机电路模仿了真值函数。然而，计算机使用的并不是**T**和**F**这两个真值，而是布尔代数中的1和0（请参阅第14章）。为了纪念乔治·布尔，只取这两个值的变量被称为*布尔变量*。电路中，电流经过某个特定的部分时，其取值为1，没有电流通过时，其取值为0。

逻辑门的类型

*逻辑门*是对运算符的模仿，能让电流以预定的方式通过电路。六种常见的逻辑门是"非门""且门""或门""与非门""或非门"和"异或门"。

举例来说，以下是"非门"的演示图：

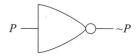

$$P \quad\quad\quad\quad \sim P$$

在布尔代数中，"非门"将输入值0改为输出值1，将输入值1改为输出值0。换言之，如电流流入时门打开了，那么电流流出时门就会关闭；如电流流入时门是关闭的，则电流流出时门会打开。

"非门"是唯一只有一个输入值的门。这与语句逻辑中唯一的一元运算符——~运算符——一样。（我所说的一元是指~运算符位于一个常量之前，而非位于*两个*常量之间。）其余的门都有两个输入值。请看"和门"和"或门"的图示：

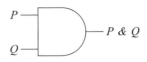

"和"门只有在其两个输入电流的来源都打开时才会允许其输出电流通过，否则，其输出电流会保持关闭的状态。此外，你或许已经猜到了，"或"门会在任何一个来源有电流输入时打开，输出电流，否则输出保持关闭。

尽管"非门""且门"和"或门"足以模仿所有可能的语句逻辑真值函数，但在实践过程中，使用更多种类的构建模块会有很大帮助。以下三个门也很常用：

✓ 与非门：其英文 NAND 是"not and"的缩写，作用类似于|运算符（请参阅第13章）。只有当其输入值都是1时，其输出值才是0，否则，它的输出值为1。

✓ 或非门：其英文 XOR 读作"ex-or"，是*排他性或*的简称。这个门类似于我在第13章中提到过的排他性或函数，也就是说，如其两个输入值恰好都为1，其输出值也为1，否则，其输出值为0。

√ **异或门**：其英文NOR是"not or"的缩写，只有两个输入端都关闭时，它才会打开输出电流，否则，输出电流保持关闭。

计算机与逻辑门

逻辑门是计算机CPU（处理器）的组成部分，是计算机中处理数据的部分。数据储存在内存设备中，会根据需要被移入或移出CPU，但计算机中真正的"思考"是在CPU中进行的。

正如图灵的成就表明的（请参阅前文"图灵和他的通用图灵机"一节），一系列简单的基础数据操作就足以计算一切可能被计算的内容。逻辑门的存在为复制通用图灵机提供了足够的基本功能。

无论你是否相信，本章之前说到的查尔斯·巴贝奇的分析机，即在穿孔卡片上运行的程序，其计算能力与现今最先进的计算机相比既没有更强，也没有更差。当然，和巴贝奇的模型相比，现在的计算机内存更大，且所有进程都以闪电般的速度进行。不过，从原则上讲，这两种机器都足以进行每一种可能的数学计算。

软件和计算机语言

仅仅是计算机硬件就比任何你想得到的机器要复杂。尽管如此，无论计算机的基本构造多么复杂，它依旧局限于按照人的设计执行操作——这方面它和其他机器毫无差别。

有些应用程序只需要这些受限的能力。例如，用于汽车、手表和家用电器的计算机电路，它们作为内置元件，在调控机器方面就表现出色。但是，如果你想用宝马车的电路运行洗碗机——或者只是另一种汽车——结果都会让你失望。

那么，为什么你的苹果电脑或者个人电脑无法执行无穷无尽的任务？当然，原因就在于软件。

*软件*是告诉硬件要执行何种任务的计算机程序。所有软件都是用众多*计算机语言*编写的，比如Java、C++、Visual Basic、COBOL和Ada语言（为纪念艾达·洛夫莱斯而命名，我在本章之前的部分提到过）。尽管所有计算机语言在句法上各不相同，且各有优势和劣势，但它们都有一个共同点：逻辑。

和语句逻辑一样，计算机语言能让你声明可以对其赋值的变量和常量。例如，假如你想声明"month"这个变量，将其初始值设置为10。以下是用几种不同语言写出的计算机代码行：

✓ **Java**：int month = 10

✓ **Visual Basic**：Dim Month as Integer = 10

✓ **PL/I**：DLC MONTH FIXED BINARY（31，0）INIT（10）

如上所述，每种语言的句法都不相同，但主要思想是一样的。有了可以操作的变量后，你就可以创建验证某个条件为真或假的命题——之后根据结果进行下一步操作。

例如，你想在日期当且仅当是10月9日时发送一条信息。以下是你用三种语言写出的if语句，以测试月和日是否正确，并在结果正确时执行相应动作：

√ **Java**：

If（month == 10 && day == 9）

    message = "Happy Leif Ericson Day!"

√ **Visual Basic**：

If Month = 10 And Day = 9 Then _

    Message = "Happy Leif Ericson Day!"

√ **PL/I**：

IF MONTH = 10 & DAY = 9 THEN

    MESSAGE = 'Happy Leif Ericson Day!'

同样，不同的语言会使用不同的句法，但含义基本相同。

你可以看到，编程语言的结构是如何让你通过计算机以更精简的方式完成使用通用图灵机时不得不通过极烦琐步骤才能完成的工作。然而，这两种计算机背后的基本理念是相通的：

1.设置初始条件。

2.验证当前条件，并根据需要做出适当改变。

3.根据需要重复步骤2，直至完成工作。

第21章

大胆的命题：非古典逻辑

本章提要

- 介绍多值逻辑和模糊逻辑的可能性
- 认识模态逻辑、高阶逻辑和次协调逻辑
- 体会量子逻辑的奥秘

对大多数人而言，"如果2 + 2 = 5会怎么样"这个问题非常荒谬。我的意思是，没错，在很多情况下问自己"如果……会怎么样"确实是毫无意义，因为你已经知道那不可能是真的。例如，请思考这个问题："如果绿色的小火星人把飞碟降落在我面前的草坪上还开走了我的车会怎么样？"

但是，对于逻辑学家而言，这些"会怎么样"的问题可谓大胆的命题——是非常吸引人的挑战，且其之所以吸引人就在于其非常荒谬。到20世纪初期，逻辑学已经得以简化，变成由被称为"公理"的基本假设组成的简短清单。（关于逻辑学中公理的内容，请参阅第22章。）这些公理被认为是不证自明的，一旦接受了这些公理，逻辑学中的其他内容会自然随之出现。

但如果你不接受它们会怎么样？如果，换句话说，你像糕点师改变蛋糕配方中的某个成分那样改变了公理，会怎么样？

当然，糕点师在改变成分时必须谨慎选择。例如，用糖代替泡打粉会让蛋糕无法长高，用大蒜代替巧克力可能会做出让你的狗都嫌弃的蛋糕。

同样，逻辑学家在改变公理时也要谨慎选择。即使小小的改变也会导致充满矛盾的逻辑系统。此外，即使系统具有一致性，它或许也是无足轻重的、枯燥无趣的或毫无用处的——如同逻辑学的大蒜蛋糕。但即便考虑到了这些注意事项，有些特立独行的人仍然创立了其他的逻辑系统。

310　　　欢迎来到*非古典逻辑*的世界，这是对两千多年来*古典逻辑*（包括我在本书中讨论的基本内容）的现代回应。在这一章节中，我会介绍几种非古典逻辑体系。这些体系不仅会挑战你对真假的认识，而且还可能因其在现实世界中的巨大作用而令你惊讶。

拥抱更多的可能性

在第一章中，我介绍了*排中律*——这条定律告诉我们，命题要么为真，要么为假，不会出现任何中间地带。这是逻辑学的一个重要假设，几千年来一直适用于逻辑学。

我介绍这个法则时明确指出：世界上的一切并非都是这样整齐划一的。也不必如此。假如哈里和一群小孩子站在一起，那"哈里很高"这个语句可能为真，但如果他是站在波士顿凯尔特人队中间，那语句或许就为假。

通常，逻辑学家都认同，这种黑白分明的情况是逻辑学的一个局限性所在。逻辑学并不会处理灰色地带，所以如果你希望这个语句为真，就必须认同对"*高*"这个字的定义。举例来说，你可以把身高六英尺或以上的人定义为"*高*"，因而将其他人定义为"*不高*"。

从亚里士多德到20世纪，排中律一直是逻辑学的基石之一。如果想在逻辑学方面取得进步，那这个定律就是你要接受的必要假设之一。然而，在1917年，一个名为扬·卢卡西维茨的人开始设想，如果在逻辑中加入第三个值会怎样呢？请阅读以下章节，看看卢卡西维茨的问题会为他自己——以及整个逻辑学——带来什么。

三值逻辑

扬·卢卡西维茨决定看看，如果在逻辑中加入第三个值，且这个值既非真也非假，会发生什么。他将这个值称为"*可能*"，指出它可以被分配给那些真值不确定的语句，例如：

布鲁克林明天会下雨。

医生们总有一天会找到治疗普通感冒的方法。

其他星球上存在生命。

可能性似乎介于真与假之间。正因如此，卢卡西维茨自一开始就引入了布尔代数表达法，用1表示真，用0表示假。（关于布尔代数的更多内容，请参阅第14章。）接着，他添加了第三个值，也就是 $\frac{1}{2}$，用于表示"可能"。

由此，*三值逻辑*出现了。三值逻辑使用的运算符与古典逻辑学使用的一样，但运算符的定义有所改变，将新出现的值纳入其中。例如，以下是 $\sim x$ 的真值表：

x	$\sim x$
1	0
$\frac{1}{2}$	$\frac{1}{2}$
0	1

当你在例子中使用这个可能的值时，就很好理解了：

设 $P=$ 布鲁克林明天会下雨

如果P的真值为 $\frac{1}{2}$——也就是说，有可能下雨——那么布鲁克林明天不下雨也是一种可能。因此，$\sim P$ 的值也是 $\frac{1}{2}$。

通过类似的推理，你可以算出包含一个或多个子命题的 & 命题和 ∨ 命题的真值。这些命题的真值为"可能"。例如：

乔治·华盛顿要么是第一位总统，要么布鲁克林明天会下雨。

这个命题为真（第一部分为真，所以其他部分的真值并不重要），所以它的值是1。

多值逻辑

中间值的大门被打开之后，你可以创建一个具有多个中间值的逻辑系统——实际上，你想要多少个值都可以。例如，你可以想象有11个值的系统，从0到1，每次增加1/10。以下就是*多值逻辑*的例子。

| 0 | $\frac{1}{10}$ | $\frac{2}{10}$ | $\frac{3}{10}$ | $\frac{4}{10}$ | $\frac{5}{10}$ | $\frac{6}{10}$ | $\frac{7}{10}$ | $\frac{8}{10}$ | $\frac{9}{10}$ | 1 |

你要如何利用这个系统计算命题的真值？在多值逻辑中，312规则非常简单：

✓ **~规则**：$\sim x$表示$1-x$。

✓ **&规则**：$x \& y$表示选择较小的值。

✓ **∨规则**：$x \lor y$表示选择较大的值。

这三条规则看似奇怪，但是确实有用。而且，你也可以和三值逻辑以及布尔代数一起运用。例如：

$\sim 2/10 = 8/10$ **~规则**

$3/10 \mathbin{\&} 8/10 = 3/10$ **& 规则**

$1/10 \lor 6/10 = 6/10$ **∨规则**

$7/10 \mathbin{\&} 7/10 = 7/10$ **& 规则**

$9/10 \lor 9/10 = 9/10$ **∨规则**

你甚至可以使用语句逻辑等价规则中的**Impl**和**Equiv**规则（关于等价规则，请参阅第10章），将另外两个语句逻辑运算符加进来。

√ **Impl** : $x \rightarrow y = {\sim}x \lor y$

√ **Equiv** : $x \leftrightarrow y = (x \rightarrow y) \mathbin{\&} (y \rightarrow x)$

通过这些多值逻辑的规则，你可以按照步骤计算任何表达式的值，就和写证明时一样。请看以下例子：

$4/10 \leftrightarrow 3/10$

$= (4/10 \rightarrow 3/10) \mathbin{\&} (3/10 \rightarrow 4/10)$ **Equiv**

$= ({\sim}4/10 \lor 3/10) \mathbin{\&} ({\sim}3/10 \lor 4/10)$ **Impl**

$= (6/10 \lor 3/10) \mathbin{\&} (7/10 \lor 4/10)$ **~规则**

$= 6/10 \mathbin{\&} 7/10$ **∨规则**

$= 6/10$ **& 规则**

扬·卢卡西维茨专注于系统语法，但将语义留待解释。（关于句法和语义的详细内容，请参阅第14章。）换言之，多值逻辑的计算完全基于规则，但结果的含义可以进行解释。（我会在

313

下面的"模糊逻辑"一节描述几种你可能会用到的解释结果的方式。）

模糊逻辑

至于通过这种方式描述未来可能发生事件的有效性，有些批评多值逻辑的人会提出质疑。他们认为，概率论更适合展望未来诸多事件。（概率论也计算可能性，只是使用了另一种不同的计算方法。）

这种批评有一定道理。例如，如果布鲁克林下雨的概率为3/10，达拉斯下雨的概率是7/10，通过概率论就可以以乘法计算两地同时下雨的概率：

$$3/10 \times 7/10 = 21/100$$

但多值逻辑会将这个值计算为3/10。由于概率论已经非常成熟，这种差异会让人对多值逻辑的实用性产生怀疑。

然而，在20世纪60年代，数学家拉特飞·扎德看到了多值逻辑的潜力，因为它表示的不是什么可能为真，而是什么*部分为真*。

请看以下语句：

我饿了。

你吃过一顿大餐之后，这个语句的真值很可能为假。不过，如果你之后几个小时都没有吃东西，那很可能这个语句的真值又会为真。然而，大多数人并不会体验到这种黑白分明的变化，而是会体验到灰色的不明朗状态。也就是说，人们发现，随着时间的推移，语句会变得更真（或更假）。

实际上，大部分所谓的反义词——高或矮、冷或热、快乐或悲伤、天真或成熟等等——并没有清晰的分界线。相反，它们是持续状态两端的情况，将微妙的变化连接起来。在大多数情况下，这些类型的"灰度"从某种程度上看是主观的。

面对这些问题，扎德给出的回答是*模糊逻辑*。它是多值逻辑的延伸。和多值逻辑一样，模糊逻辑用0表示完全假，用1表示完全真，二者之间的中间值用于表示真的程度。但是，和多值逻辑不同的是，0和1之间可以出现各种不同的值。

314 **新电视的预期价格**

为了更好地理解模糊逻辑，你可以假设唐娜和杰克这对夫妇准备买一台全新的电视机摆放在客厅。唐娜觉得500美元左右的中型电视机就好，但杰克想要的是巨大的等离子屏电视机，价格约为2000美元。当然，他们到了商店之后，争执随之而来。如果你从二值逻辑的角度看待两个人的分歧，那他们永远都无法做出决定。

但是，两个人开始讨论问题，显然，他们最初的想法都有一定灵活调整的空间。

如在多值逻辑中一样，模糊逻辑中的&命题会选取两个值中较小的一个，∨命题则会选取二者中较大的那个。因此，这个问题需要一个&命题：唐娜*和*杰克必须就要花费的金额达成一致。

简单的注记或许会很有帮助：

设 $D(x)$ = 唐娜对 x 美元的真值

设 $J(x)$ = 杰克对 x 美元的真值

现在，你可以设置命题，捕捉两个人对某个特定价格的综合反应：

$D(x)$ & $J(x)$

因此，销售员向他们推荐500美元以内的电视机时，他从唐娜那里得到的是1，从杰克那里得到的是0：

$D(500)$ & $J(500) = 1$ & $0 = 0$

接着，销售员推荐2000美元以上的电视机时，他从唐娜那里得到的是0，从杰克那里得到的是1：

$D(2000)$ & $J(2000) = 0$ & $1 = 0$

这时，销售人员发现了中间范围，于是僵局被打破了。唐娜和杰克做出了妥协，决定购买1100美元的投影电视机，因为他们都觉得这个选择性价比最高：

$D(1100)$ & $J(1100) = 0.75$ & $0.75 = 0.75$

赢得选票

当然，并不是所有的问题都可以通过&命题解决。在某些情况下，你可能会发现∨命题才是关键。即便如此，我们也可以使用模糊逻辑处理。

假如你是一名政治家，需要从市议会再得到一张票，推动土地使用法案的通过。有两个议员丽塔和豪尔赫还在考虑，他们想在投票之前看看你准备在学校操场建设项目上投入多少。丽塔希望你能投入5000美元左右，豪尔赫希望你投入25000美元左右。

由于你需要一张选票，那就可以像这样构建一个∨命题：

$$R(x) \lor J(x)$$

最初，你觉得各退一步或许可以，所以希望通过15000美元这个价格来弥合分歧：

$$R(15000) \lor J(15000) = 0.1 \lor 0.1 = 0.1$$

这并不是一个很好的结果。在这种情况下，两位议员都不会开心，因此可能都会对你的法案投反对票。但是，你可以同时尝试5000美元和25000美元：

$$R(5000) \lor J(5000) = 1 \lor 0 = 1$$
$$R(25000) \lor J(25000) = 0 \lor 1 = 1$$

这是多么大的差别啊！你可以选择一个，让至少一个议员满意，这样也就能确保获得胜利了。

进入新模态

像多值逻辑一样，模态逻辑试图处理的不仅仅是真和假，还有可能。出于这个原因，模态逻辑引入了两个新的运算符：*可能性算子和必要性算子*。

$\Diamond x = x$ 是可能的

$\Box x = x$ 是必要的

例如：

设 $C =$ 圆形是圆的

那么 $\Diamond C$ 表示"圆形可能是圆的"，$\Box C$ 表示"圆形必须是圆的"。

从逻辑角度看，两种模态运算符有如下关联：

$\Box x = \sim \Diamond \sim x$

例如，语句"鬼魂有可能是真实的"等同于语句"鬼魂没有必要是真实的"。

316

模态逻辑的一个重点内容就是*必然真*和*偶然真*之间的区别。为了理解这种区别，请看以下举例：

设 S = 布鲁克林昨天下雪了

假设布鲁克林昨天真的下雪了，那么以下两个命题都为真：

S   真

S∨~S   真

尽管两个命题为真，但在真值类型方面却存在差异。第一个命题是*偶然真*，其真实性取决于实际发生的情况，也就是说，存在另一种情况出现的可能。甚至天气预报不够准确也有可能。

然而，第二个命题是*必然真*。也就是说，无论昨天布鲁克林的天气如何，从逻辑上看，这个命题必然为真。

在我加上必然性算子后，二者之间的不同会变得更加清晰一些：

□S   假

□S∨~S   真

在这种情况下，第一个命题是说："昨天布鲁克林下雪是必然的。"在模态逻辑中，这个命题是错误的，因为可能存在昨天没有下雪这种情况。从另一方面看，第二个命题表达的是："昨天布鲁克林要么下雪了，要么没下雪，这是必然的。"这个命题为真，因为它强调了独立于现实世界事件的更高水平的真实性。

处理间接话语命题

模态逻辑是逻辑学的尝试之一，试图将无法被翻译为语句逻辑和量词逻辑的*间接话语命题*纳入其中。*道义逻辑*让你能够处理关于义务和许可的命题。例如：

遇到红灯，你必须停车。

遇到黄灯，你可以通行。

同样，*认知逻辑*让你能够处理与知识和信仰有关的命题。例如：

阿尼知道贝丝正在等他。

阿尼相信贝丝正在等他。

将逻辑提升到更高的等级

回顾一下，量词逻辑包括个体常量、个体变量和属性常量，但是并没有属性变量。因此，你可以对个体进行量化，但不能对属性进行量化。例如，你可以将以下语句：

所有银行家都很富有。

表示为：

$\forall x\,[Bx \rightarrow Rx]$

具体而言，这个命题的意思是，任何银行家都具有"富有"这个属性。

然而，当你关注属性本身之后，可能会想从逻辑的角度对其进行讨论。例如，假设你正在招聘助理，想找一个友好、聪明、乐观的人。在量词逻辑中，你很容易就能为这些属性定义常量：

设 *F* = *x* 很友好

设 *I* = *x* 很聪明

设 *U* = *x* 很乐观

318

这样，你可以将下面这个语句：

纳蒂亚很聪明，且杰森很乐观。

表达为：

In & Uj

然而，你无法使用量词逻辑表达以下语句：

纳蒂亚拥有杰森拥有的每一个属性。

二阶逻辑（也被称为*二阶谓词逻辑*）让你可以通过量化属性变量而非仅仅是个体变量，处理关于个体所拥有的属性的命题。例如，假如 *X* 表示某种属性，那么有了这个变量，你就可以将之前的命题表示为：

$\forall X [Xj \rightarrow Xn]$

这个命题读作："对于每一种属性X，如果杰森有属性X，那么纳蒂亚也有属性X。"

你也可以对个体变量进行量化。例如，请看以下命题：

有人拥有杰森拥有的每一种属性。

你可以将这个命题表示为：

$\forall X \exists y [Xj \rightarrow Xy]$

这个表达式读作："对于每一种属性X，都存在一个个体y，即如果杰森拥有属性X，那么y同样也有属性X。"

超越一致性

从某种意义上看，*次协调逻辑*是多值逻辑的反面。在多值逻辑中，命题或许*既非真也非假*。在次协调逻辑中，命题可以*既为真也为假*。也就是说，每个命题都至少有一个真值，但或许也同时有两个真值：**T**和/或**F**。

换言之，以下命题可能为真：

319

$x \,\&\, \sim x$

也就是说，次协调逻辑能让你打破排中律，让某个命题既为真也为假。（关于排中律的更多内容，请参阅第1章。）

次协调逻辑与经典逻辑之间的这一本质区别也为一条重要的推理规则——选言三段论（**DS**）——带来了更多波澜。为了帮助你复习，你可以参阅第9章，并思考以下常量：

设 A ＝肯住在阿尔布开克

设 S ＝肯住在圣达菲

通过古典逻辑，你可以通过 **DS** 实现如下推论：

$A \vee S, \sim A : S$

这个论证的意思是，如果肯要么是住在阿尔布开克，要么是住在圣达菲，那么如果他不是住在阿尔布开克，就是住在圣达菲。

然而，在次协调逻辑中，这个推论并不成立。尽管在次协调逻辑中，**DS** 的失败或许最初听起来很奇怪，但仔细想想，就会明白背后的原因。

无论听起来有多奇怪，但是在次协调逻辑中，A 和 $\sim A$ 均为真这种假设可以存在。也就是说，肯可以既*住在*也*不住在*阿尔布开克。在这种情况下，命题 $A \vee S$ 在 S 为假的情况下也为真。此外，如我刚刚提到的，命题 $\sim A$ 也为真。所以，两个命题均为真，但命题 S 为假。换言之，这两个前提为真，且结论为假，因此，**DS** 在次协调逻辑中是一个无效的论证。

如此一来，尽管从定义上看，次协调逻辑并不具有一致性，但实际上仍具有一致性。或者，用另一种说法来讲，次协调逻辑既具有一致性，也具有不一致性——如果你仔细思考一下，这就是对整体思想的概括。或者也不是吧。

实现量子飞跃

你见过骗子艺术家表演骗术吗？他先拿出一颗豌豆放在桌子上，然后将豌豆扣在核桃壳下面。接着，他会再拿出两个空壳放在刚才的核桃壳旁边，随后巧妙地在桌子上移动这三个核桃壳。如果你最后能猜出来豌豆藏在哪个核桃壳下面，你就赢了。

这个聪明的把戏看似容易，却让很多人的钱有去无回。通常情况下，骗子艺术家的手法非常娴熟，可以将豌豆先移动到自己的手中，接着再不声不响地换到另一个核桃壳下面。

亚原子粒子似乎也是按照宇宙的骗术运作，这种游戏很容易描述，但却不容易理解。粒子是宇宙中一切事物的构成要素——你、我，还有这本书都不例外。此外，科学家们对宇宙在亚微层面的运作方式了解得越多，就越觉得它奇怪。

量子逻辑简介

对于宇宙在最细微层面的运作方式，最奇怪的方面之一就在于逻辑本身会被打破。尽管有些理论物理学家们正在努力寻找答案，但任谁都猜不到这种情况*为什么*会发生。不过，发生的*事情*都得以记录，由*量子逻辑*进行描述。

我向你介绍量子逻辑时，你要记住两件事：

√ 量子逻辑是科学，不是科幻小说——无数科学实验都表明，它是万物运行的方式。

√ 它只是尚未被解释通而已。

因此，正如我所讲述的，不要担心你错过了世界上其他人都理解的东西。他们和你一样，并不明白宇宙*为何*以这种方式运作。因此，只要你专注于发生的*事情*，就一定没事。

321

骗术游戏

假设一场骗术游戏只用到两个核桃壳，并使用了亚原子粒子，也就是我说的"*豌豆*"。在这个领域中，量子逻辑掌控一切。现在，我们从以下命题为真出发：

命题 1：豌豆在桌子上，或许在左边的壳下面，或许在右边的壳下面。

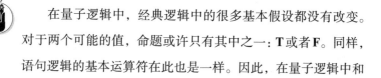

在量子逻辑中，经典逻辑中的很多基本假设都没有改变。对于两个可能的值，命题或许只有其中之一：**T**或者**F**。同样，语句逻辑的基本运算符在此也是一样。因此，在量子逻辑中和在语句逻辑中一样，你可以如图21-1这样设置变量：

豌豆在两个壳中 　　　豌豆不在左边 　　　豌豆不在右边
的一个下面 　　　　　的壳下面 　　　　　的壳下面

图21-1 一个让人费心思的骗术游戏

设 P = 豌豆在桌子上

设 Q = 豌豆在左边的壳下面

设 R = 豌豆在右边的壳下面

有了这个结构，你可以写出一个命题，之后将之转换为符号。例如，命题1翻译成量子逻辑之后是：

$P \& (Q \vee R)$

目前为止，没有任何问题：到这个步骤，一切都与语句逻辑中的内容相同。现在，如果你使用的是语句逻辑，那就可以使用分配律（请参阅第10章），写出一个等价的命题。但是在量子逻辑中，分配律并不适用，所以你不能把前面的命题写成：

$(P \vee Q) \& (P \& R)$　　　　　　　　　　　错！

不过，在你准备把这个语句搁置一旁之前，请注意，它也可以这样表达：

322

命题2： 要么豌豆在桌子上，它在左边的壳下面，要么豌豆在桌子上，它在右边的壳下面。

换言之，命题1和命题2或许并不一定等价，其中一个也并不一定包含另一个。因此，命题1可能为真，命题2可能为假。也就是说，豌豆在两个壳中的其中一个下面是真的，但它既不在左边的壳下面，也不在右边的壳下面。

从这个例子中，你可以看出，量子逻辑从根本上与语句逻辑相矛盾。它也与一切看似可能的、正常的、理智的东西相矛盾。但情况就是如此。组成宇宙的粒子遵循的就是这些定律。很奇怪，对吧？

第22章

悖论和公理系统

本章提要

● 了解集合论和罗素悖论

● 理解语句逻辑公理系统如何满足要求

● 认识一致性和完备性

● 用哥德尔的不完备定理对数学加以限制

请思考以下语句：

这个语句为假。

如果这个语句为真，那它必然是假的。然而，如果它是假的，那么它必然也是真的。这个问题被称为"*说谎者悖论*"，可以追溯到古希腊时代。

乍看之下，这个悖论似乎只是突发奇想。但是，这样的悖论以各种各样的形式不断出现，给逻辑学家们制造了不少麻烦，激励他们寻找解决的方法。

在这一章中，我会讲到罗素悖论（说谎者悖论的修正）。它迫使逻辑学家们对集合论和逻辑学的基础进行了彻底重构。由此，人们展开了对《数学原理》的讨论。这本书试图以一套被称为公理的假设为基础，构建集合论、逻辑学乃至数学的全部内容。此外，你也会看到，逻辑学如何与数学确定性的终极验证相对抗。最后，我在介绍哥德尔不完备定理时，会让你对逻辑可证明内容的极限有所认识。

在集合论中构建逻辑学

19世纪末期，戈特洛布·弗雷格对逻辑学的构建依赖于格奥尔格·康托尔相对先进的成果，即"集合论"。集合论在组织现实世界中的对象方面，提供了一种相当简单的方法，但同时提供了一种统一的方式来定义数学对象，如按照其数学属性区分数字等。

在这个小节，我会说明集合论为何是逻辑学的自然基础，以及这一基础受到了怎样的撼动，最后又是如何重新稳固确立的。

准备就绪

集合论处理的是集合，这毫无意外。集合只是事物的总体。例如：

设 S ＝我拥有的所有衬衫的集合

设 H ＝你拥有的所有帽子的集合

只有当你能清楚分辨出什么在集合中、什么不在集合中时，才能够正确定义一个集合。

一个特定集合中的项目被称为该集合的"元素"。例如，我现在穿的衬衫就是集合 S 的元素，你最喜欢的帽子（假设存在这个帽子）就是集合 H 的一个元素。

集合可以包含其他集合，这被称为"子集"。例如：

设 B ＝我拥有的所有蓝色衬衫的集合

设 L ＝我拥有的放在洗衣篮中的所有衬衫的集合

由此，B 和 L 都是 S 的子集。也就是说，属于这两个集合中的元素也属于集合 S。

尽管集合论看似非常简单，但实际上，在表达逻辑思想方面，这种工具非常强大。

例如，请思考以下语句：

我所有的蓝色衬衫都在洗衣篮里。

这句话用量词逻辑（QL）很好表达：

$$\forall x\,[Bx \to Lx]$$

如下图所示，当且仅当集合 B 是集合 L 的子集时，以上命题为真：

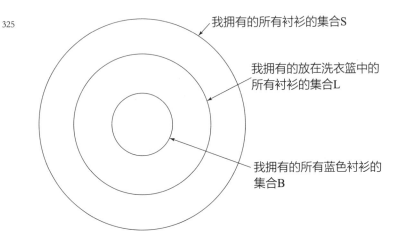

我拥有的所有衬衫的集合S

我拥有的放在洗衣篮中的
所有衬衫的集合L

我拥有的所有蓝色衬衫的
集合B

    虽然集合论和逻辑学表面上看似有所不同，但实际上都表达了类似的理念。正因如此，弗雷格才将逻辑学正式建立在集合论这个非常坚实的基础上。只要集合论不存在矛盾，人们就可以假定逻辑学具有一致性。集合论非常简单，甚至到了看似不可动摇的地步。

悖论带来的麻烦：集合论中的缺陷

    只有天才才能发现集合论的不足之处。这个天才就是伯特兰·罗素。为了纪念他，这个缺陷被称为"*罗素悖论*"。这个悖论的核心在于*自指*的概念。例如，说谎者悖论其实就是自指悖论：问题的根源在于，这个句子说的是关于其本身的内容。

集合论面临着类似的问题，因为一个集合有可能将自己包含在内，作为元素。然而，大部分时候，集合并不会将自己作为元素。以上一小节衬衫和帽子的例子为例，你会发现集合 S 只包含衬衫，集合 H 只包含帽子。但是，请思考这个集合：

设 X = 本章中提到的所有集合的集合

集合 X 显然包括集合 S、H、B 和 L。但是，它也包含*自身*，因为集合 X 也是本章中出现的集合。

这本身并不是一个问题，但很可能导致一个问题。请思考，326如果你这样定义集合，会出现怎样的情况：

设 Z = 所有不包含自身的集合的集合

在这个例子中，集合 S、H、B 和 L 都是集合 Z 的元素，但集合 X 却不是。以下是真正的问题所在：

集合 Z 是其本身的元素吗？

这个问题就类似于说谎者悖论：如果集合 Z 是其本身的元素，那么根据定义，它*不是*本身的元素。如果集合 Z *不是*本身的元素，那么根据定义，它*就是*其本身的元素。

通过《数学原理》寻求解答

罗素悖论（请参阅前一小节）不仅仅让人十分困惑。（据说，弗雷格认为自己的成果全部毁于一旦因而备受打击。）这个悖论实际上迫使逻辑学家们通过不同的方式重塑集合论和逻辑学。问题的关键就在于，如何保留最初这个体系中大部分有用的、描述性的内容，同时避免在不知不觉中引起悖论。

为了解决这个悖论，同时为数学打造坚实的基础，在20世纪的第一个十年间，伯特兰·罗素和阿尔弗雷德·诺斯·怀特海完成了《数学原理》一书。这部数学巨著是第一次将数学的全部内容作为形式公理系统进行描述的全面尝试——以少量假设为真的命题为基础构建数学思想体系。

公理系统的核心是由几个简单命题组成的简短列表，这些命题被称为"公理"。公理通过具体定义的方式进行组合，由此得出更大的命题集合，这些命题被称为"定理"。罗素和怀特海仔细地筛选了自己的公理，使之符合以下几个目的：

✓ 创建一个强大的系统，足以推导关于数学的复杂命题，使之成为定理。

✓ 避免所有不一致性，如罗素悖论。

✓ 表明所有可能的数学真理可以作为定理得以推导。

在第一个目标的实现上，罗素和怀特海无疑取得了成功。此外，他们的体系也消除了自指的悖论，比如罗素悖论。然而，在避免*所有*不一致性，进而提供一种方法可以推导*所有*数学内容方面，《数学原理》的作用还有待观察。

327

尽管《数学原理》的公理集合的确解决了罗素悖论，但是在实践中，它也有不灵活的地方，所以没有受到数学家们的青睐。相反，另一套公理集合，即*策梅洛–弗兰克尔集合论*（ZF公理），将集合与由宽泛定义的对象组成的"*类别*"区分开来，解决了这个问题。

现在，*集合论*通常指的是以 ZF 公理为基础的几个集合论中的一个。此外，更简单的集合论确实存在，且目的并非避免此类悖论。这些集合论被统称为"朴素集合论"。

认识公理系统如何运作是本章的主要目的之一。我会在接下来的章节中更详细地进行解释。

为语句逻辑创建公理系统

为了让你更好地理解定理是如何从语句逻辑中推导的，本节内容会告诉你罗素和怀特海为《数学原理》打造的公理系统的基本结构。

简而言之，一个正式的公理系统需要满足四个要求。这些要求都是在集合层面提出的，因为在逻辑学和其他正式的数学中，一切都是以集合为单位。正因如此，我才会在"在集合论中构建逻辑"一节强调清除集合论中的错误。

这四个要求如下：

✓ **要求1：一组符号**

✓ **要求2**：一组规则，决定哪些字符串属于合式公式（WFF）

✓ **要求3**：一套公理

✓ **要求4**：一套用于组合公理和/或定理继而创建新定理的规则

考虑到这些要求，你会发现语句逻辑其实是符合公理系统的定义的。由于语句逻辑包含一组符号——运算符、常量和括号（请参阅第4章），所以满足要求1。此外，根据合式公式的规则（请参阅第14章），语句逻辑满足要求2。

以下是《数学原理》列出的满足要求3的四条语句逻辑公理：

1. $(x \lor x) \to x$

2. $x \to (x \lor y)$

3. $(x \lor y) \to (y \lor x)$

4. $(x \lor y) \to ((z \lor x) \to (z \lor y))$

至于要求4，请看以下两条用于构造新语句逻辑定理的规则：

✓ **替换规则**：在每种情况下，你都可以使用一个常量或整个命题来替换某个变量，只需保证前后一致。

例如，对公理1的两个可能的替换是：

$(P \lor P) \to P$

$((P \,\&\, Q) \lor (P \,\&\, Q)) \to (P \,\&\, Q)$

✓ **肯定前件（MP）**：如果你已知 $x \to y$ 和 x 都是定理，那么你可以认为 y 也是定理。更多关于肯定前件的内容，请参阅第

9章。

从这个简短的规则清单中，你可以推导出语句逻辑的所有推理规则，也就是我在第三部分讲过的那些。这说明，尽管公理清单很短，但由此推导定理的能力却很强大。

一致性和完备性的证明

随着语句逻辑作为公理系统的形式化，两个关于语句逻辑的重要证明出现了：在语句逻辑中，每个定理都是一个重言命题，且每个重言命题都是定理。也就是说，定理和重言命题在语句逻辑中是等价的。

在本书中，你会下意识地选择真值表和证明来得出关于语句逻辑命题的结论。已知每个定理是重言命题且每个重言命题都是定理之后，你就可以将句法方法（证明）以及语义方法（真值表）应用于具体的问题。（在验证某个特定的定理是否为重言命题时，你可以简单地制作一张真值表，之后用我在第6章提到的方法对其进行检验。）

不过，当你退后一步，就会意识到，语句逻辑中的定理和重言命题之间的等价并非想当然的。举例来说，为什么一个定理不会被证明不是重言命题呢？或者反过来讲，为什么不会有一个重言命题无法用上一节中有限的公理和规则作为定理得以生成呢？

第一个问题讨论的是语句逻辑的一致性，第二个问题讨论的是语句逻辑的完备性，我会在之后的内容中分别讲解。

语句逻辑和量词逻辑的一致性和完备性

1921年，数学家埃米尔·普思特证明了语句逻辑既是一致的，也是完备的。当且仅当一个公理系统中产生的每个定理都是重言命题时，这个系统才会是一致的。当且仅当一个公理系统中的每个重言命题都可以作为一条定理时，这个系统才会是完备的。

尽管不一致性是公理系统面临的威胁，甚至可能对最精心构建的系统（如格特洛夫·弗雷格的逻辑）造成破坏，但完备性更像是一个遥不可及的目标。换言之，尽管不一致性让数学家和逻辑学家必须时刻保持谨慎，但完备性很难平白无故就实现。

事实上，完备性作为数学不言而喻的目标，可以追溯到古希腊时期。例如，欧几里得被尊称为几何学的创始人，但其实在他之前，对几何学的研究已经进行了数百年，甚至数千年。（关于欧几里得的更多内容，请参阅第2章。）欧几里得最伟大的洞见是，几何可以建立在五条公理之上，由此出发，所有几何方面的真命题都可以作为定理得以推导。

对于逻辑学而言，埃米尔·普思特的证明出现后的十年，是黄金收获期。1928年，大卫·希尔伯特和威廉·阿克曼证明了量词逻辑是一致的。接着，1931年，库尔特·哥德尔证明了量词逻辑的完备性。此外，这一重要成果也是他的博士论文，成为20世纪最伟大的数学家之一的首份成果。

利用希尔伯特计划使逻辑和数学形式化

时至20世纪20年代，逻辑学和数学已经得到足够发展，可以精准检验每个数学真理是否可以作为定理出现。在倡导将逻辑学和数学完全形式化方面，数学家大卫·希尔伯特发挥了巨大作用。这种形式化后来被称为"*希尔伯特计划*"。

希尔伯特发现，自亚里士多德和欧几里得时代以来，哲学家们和数学家们一直梦寐以求的愿望有了实现的可能：独立的公理系统，清除了所有不一致，且可以用于表达和计算所有逻辑和数学真理。

希尔伯特计划强调的是将数学全部置于严格的公理条件下。所有的逻辑假设必须使用形式化的语言明确说明，不能有任何模糊之处。(《数学原理》就是对这种形式化进行尝试的例子，希尔伯特对它进行了深入研究。) 以此为基础，数学证明的直观概念本身可以被形式化，从而形成了*证明论*。

330

皮亚诺公理

《数学原理》的公理和逻辑学公理之间的一大重要差异就

在于:《数学原理》中的公理非常强大,可以推导出数学方面的复杂命题。(关于《数学原理》的更多内容,请参阅"通过《数学原理》寻求解答"一节。)

《数学原理》的公理让我们能够推导出作为高等数学基础的数论的五条基本公理——由数学家朱塞佩·皮亚诺提出:

1.零是自然数。

2.如果a是一个自然数,那么a的后继数也是自然数。

3.零不是任何自然数的后继数。

4.对于两个自然数,如其后继数相等,那么二者也相等。

5.如果集合S包含零及任何自然数的后继数,那么每个自然数都属于集合S。(这被称为"归纳公理"。)

1931年,哥德尔证明了《数学原理》这一强大到足以推导出皮亚诺公理(以及数学模型)的公理系统注定是不一致或不完备的。在更广义的层面上,他证明了任何强大到足以建立数学模型的公理系统同样注定如此。

希尔伯特致力于不断寻求对公理系统的一致性和完备性证明。如果用海上的一艘船来形容一个公理系统的话,那么可以说一致性意味着船不会沉,完备性则意味着这艘船能够载你驶向你想去的任何地方。

哥德尔不完备定理

量词逻辑既是一致的，也是完备的，对此的证明让数学家们对希尔伯特计划的成功感到乐观。但讽刺的是，证明了量词逻辑完备性的那个人，很快就会证明希尔伯特计划永远不会成功。

1931年，库尔特·哥德尔在一篇影响深远的论文中提出了"不完备定理"，指出任何公理系统都不可能同时拥有以下三种属性：

- ✓ **一致性**：系统中的每个定理，都是该系统意欲建模的领域中的重言命题。
- ✓ **完备性**：系统意欲建模的领域中的每个重言命题都是该系统中的定理。
- ✓ **数学建模的能力**：系统可以作为一种数学模型加以应用。

331

哥德尔定理的重要性

这个定理被普遍认为是20世纪最重要的数学成果。它之所以令人震惊，就是因为对数学所能实现的目的进行了限制——更确切而言，对公理系统能够对数学进行描述的程度进行了限制。此外，哥德尔不完备定理具有反叛性，证明希尔伯特计划的目标（请参阅上一小节的内容）无法实现。

有趣的是，哥德尔在证明自己的猜想时采用了一种与说谎者悖论和罗素悖论相同的策略：自指。但是，哥德尔没有被悖论所迷惑，反而利用了悖论。他的策略以这样的事实为基础，即如果系统有足够的表现力来模拟复杂的数学，那就也有足够的表现力来模拟自己——这是一个非常棘手的任务。

哥德尔的证明

证明伊始，哥德尔首先表明了如何为系统中的每一串符号分配一个独特的数字，也就是"*哥德尔数*"。这种编号的范式不仅让哥德尔能够对随机的字符串进行编号，也可以对命题、定理，甚至是整个论证，以及有效性或其他内容进行编号。例如，所有字符串都可以被表达出来：

$4 + 9 = 13$

$4 + 9 = 1962$

$\forall x \, \exists y \, [x + y = 3]$

$= 48 <+ 33 -= 7 =$

由于哥德尔的编号是在字符串层面进行的，因此，基本上任何可以通过系统表达的内容都可以被编号，包括上面最后一个毫无意义的字符串。

接下来，他对如何利用系统构建一种特殊命题进行了说明。这些命题被称为"元命题"，指代其他命题。例如：

命题"4 + 9 = 13"是一个定理。

命题"4 + 9 = 13"不是一个定理。

命题"4 + 9 = 13"包括字符"3"。

存在一个证明，表明命题"4 + 9 = 13"是一个定理。

这些元命题本身也是命题，每个都有自己的哥德尔数。由此一来，一个元命题就可以指代另一个元命题，甚至可以指代其本身。例如：

不存在一个证明，表明本命题是一个定理。

332

实际上，上述命题中的悖论比表面可以看到的更复杂，因为哥德尔提出的这个命题可以保证其在语义层面是一个重言命题。（这种保证背后的数学原理很难解释，所以请直接相信我说的话就好。）再考虑这些情况：

✓ 如果该命题可以被推导为一个定理，那么它就不是一个定理，所以该命题的矛盾命题也可以被推导为一个定理，让整个系统自此不一致。

✓ 如果命题不能被推导为一个定理，那么整个系统自此就不完备。

如果这听上去比较复杂，那是因为它确实很复杂。而且我讲到的内容也不过是皮毛而已。能理解哥德尔的成就已经让人着迷，但至于进一步理解他*如何*做到的，那只能说，绝大部分数学家对此的认识也非常粗浅。

思考这一切的意义

自从哥德尔发表了自己的证明，破坏了公理系统在表达数学真理方面的有用性，人们就对其在哲学层面的意义产生了分歧。

从某种角度来看，哥德尔不完备定理是对莱布尼茨二百余年来那个梦想——发现一个足够强大的逻辑系统，能够通过计算解决法律、政治和道德方面的问题——的回应。（关于莱布尼茨的更多内容，请参阅第2章。）哥德尔对此明确做出了"不可能！你无法做到！"的回答。由于逻辑学不足以构筑完备的数学模型，那么自然而然也无法提供强有力的工具，通过单纯的计算来解决道德问题。

你或许会认为，哥德尔的证明意味着理性思维在理解宇宙方面能力有限。尽管思维具有局限性，哥德尔的结果并没有证明这些局限性的存在。这个证明只是表明，公理系统在建模其他类型的现象方面存在限制。但是，思维的能力或许远超任何公理系统或图灵机。

对哥德尔的成果，另一个常见的反应是认为他的证明意味着对人工智能的限制，这或许也有些草率。毕竟，人类的智能在当前的时空中已经发展得相当好。为什么其他形式的智能，甚至人工智能，就不能沿着类似的路线发展？

与20世纪其他不可思议的科学成果（比如相对论和量子力学）一样，哥德尔的证明回答了一组问题，同时也带来了一组新的问题，且这些新问题更引人关注。

来自作者的"十大"榜单

在本部分……

　　谁会不喜欢各种"十大"榜单呢？好吧，我当然希望你能喜欢这个部分。在这里你会看到三个"十大"榜单，它们会让你了解逻辑学方面的趣味知识——有些或许对你通过下一次考试大有助益！

　　第23章是我最喜欢的十条逻辑学名言，来自各个时代的思想家和心思清明的人。第24章是我心目中的十大逻辑学家。第25章则是通过逻辑学考试的十大技巧。

第23章

十大逻辑学名言

本章提要

● 请给我500美元的逻辑学名言，谢谢

● 看待逻辑学的多种角度

好吧，我其实在本章列出了11条名言——可是，谁会真的去数呢？这些名言值得深入思考，让我们从不同角度看待逻辑学。

逻辑是智慧的开始，而非终点。

——伦纳德·尼莫伊　美国演员

（《星际迷航》中斯波克的台词）

逻辑：这是思维和推理的艺术，严格按照人类误解的局限和无能进行。

——安布罗斯·比尔斯　美国作家/讽刺作家

逻辑学就是思想的解剖学。

——约翰·洛克　17世纪英国哲学家

纯粹的逻辑是精神的毁灭。

——安托万·德·圣埃克苏佩里　法国作家

逻辑是带着自信犯错的艺术。

——约瑟夫·伍德·克鲁奇　美国自然学家/作家

逻辑如利剑——利用它的人必将因它而亡。

——塞缪尔·巴特勒　英国小说家/散文家

只有在你不知逻辑为何物时发现了真理，才能用逻辑找到真理。

——G.K.切斯特顿　英国作家

逻辑只会让你从A到B。想象力可以带你走遍天下。

——阿尔伯特·爱因斯坦　德国物理学家

逻辑自有其道，我们要做的就是看它如何前进。

——路德维希·维特根斯坦　奥地利哲学家

逻辑就在逻辑学家的眼中。

——格洛丽亚·斯坦尼姆　美国活动家/作家

你可以用逻辑来证明所有。这就是逻辑的力量，也是它的缺陷。

——凯特·穆尔格鲁　美国演员

（《星际迷航：航海家号》中

凯瑟琳·詹韦船长的台词）

第24章
十大逻辑学家

本章提要

- 认识亚里士多德如何改变了一切

- 了解大家如何改变了逻辑

- 认识逻辑的演化

这部分是我对"逻辑名人堂"的提名。很多伟大的思想家未能名列其中，否则这个名单会超级长。以下是我心目中的十大逻辑学家。

亚里士多德（公元前384—前322年）

亚里士多德是逻辑学的创立者。在他之前，哲学家们（如苏格拉底和柏拉图）以及数学家们（如毕达哥拉斯和泰勒斯）都提出过关于不同主题的论证，不过，亚里士多德是第一个研究论证本身结构的人。

在关于逻辑学的六篇哲学著作中，亚里士多德确定了逻辑学的基本概念，这些文章后来被整理成册，名为《工具论》。他将命题定义为有真假的语句（关于命题的更多内容，请参阅第1章和第3章）。此外，亚里士多德还研究了有效的论证结构，即"三段论"（请参阅第2章）。其中包含前提，以及必然会得出的结论。亚里士多德去世后的几个世纪中，他关于逻辑学的著作经常被人研究和评论，但很少被人超越。（关于亚里士多德的更多内容，请参阅第2章。）

戈特弗里德·莱布尼茨（1646—1716年）

戈特弗里德·莱布尼茨是名副其实的文艺复兴人士，他是理性时代的第一位哲学家，首先发现了逻辑学作为一种计算工具的潜力。他希望逻辑计算有朝一日可以与数学并驾齐驱，甚至想出了逻辑学符号表达的雏形，比形式逻辑的出现提前了200多年。（关于莱布尼茨的更多内容，请参阅第2章。）

338
乔治·布尔（1815—1864年）

乔治·布尔创立了布尔代数，是形式逻辑的原型。布尔代数是第一个使用纯计算来确定命题真值的逻辑系统。布尔用1表示真，用0表示假。时至今日，计算机科学家仍然使用布尔代数的变量作为对象，且只取这两个真值。（关于布尔的更多内容，请参阅第2章。关于布尔代数的更多内容，请参阅第14章。）

刘易斯·卡罗尔（1832—1898年）

尽管他是因身为《爱丽丝梦游仙境》的作者而出名，但作为英国剑桥大学的数学教授，刘易斯·卡罗尔（原名查尔斯·道奇森）也写过多本关于逻辑学的书。他很喜欢逻辑谜题，以下是他最喜欢的谜题之一：

小宝宝们都不讲逻辑。

没有人会鄙视能对付鳄鱼的人。

不讲逻辑的人会被人鄙视。

此处要达到的目标是使用三个前提得到一个合乎逻辑的结论，在这个例子中就是"小宝宝们不能对付鳄鱼"。

平心而论，或许卡罗尔不应该出现在这个名单上——他对逻辑学的贡献基本上是娱乐性的。不过，话说回来，他也是一个逻辑学家，而且绝对算得上大人物。所以从逻辑上看，我们可以得出这样的结论，他是逻辑学方面的知名人士。

乔治·康托尔（1845—1918年）

乔治·康托尔是集合论的创立者。集合论是逻辑学的基础，也可以说是数学所有其他内容的基础。（关于康托尔的更多内容，请参阅第2章。关于集合论的更多内容，请参阅第22章。）此外，他也是第一个将无限作为可计算的实体而非神秘的幻影而融入数学的人。由于康托尔取得的众多成就，他可以入围19世纪最伟大数学家的名单。

戈特洛夫·弗雷格（1848—1925年）

戈特洛布·弗雷格是形式逻辑的创立者，他以布尔、康托尔和其他人的成果为基础，开发了第一套之后可分别被视作语句逻辑和量词逻辑的逻辑系统。他提出的逻辑包括五个逻辑运算符：*非*、*且*、*或*、*如果*以及*当且仅当*。此外，他的逻辑学还包括表示"*所有*"以及"*存在*"的符号。关于弗雷格和他对逻辑学的贡献，请参阅第2章。

伯特兰·罗素（1872—1970年）

在将近100年的人生历程中，伯特兰·罗素取得了很多显著成就，如罗素悖论以及与阿尔弗雷德·怀特海合著《数学原理》等。

罗素悖论使弗雷格的逻辑学和康托尔的集合论得以重新表述——这两个基础系统此前都被认为是不可撼动的。《数学原理》是罗素通过逻辑学完美的一致性和完备性来构建数学的尝试。关于罗素及其在逻辑学和数学方面的历史地位，请参阅第2章。

大卫·希尔伯特（1862—1943年）

大卫·希尔伯特对逻辑学和数学产生了巨大影响。他主张将数学的全部内容严格地还原为公理（不言而喻的真理）和定理（可以从公理中得到逻辑证明的命题）。这一数学趋势后来被称为"希尔伯特计划"，其目标是为数学建立一个既一致又完备的公理系统——也就是只会生成所有可能的真定理且不会生成假定理的系统。

尽管库尔特·哥德尔证明了希尔伯特计划无法真正实现，但希尔伯特对数理逻辑发展做出的贡献不可否认。（关于希尔伯特的更多内容，请参阅第22章。）

库尔特·哥德尔（1906—1978年）

哥德尔证明了逻辑以其最强大的形式（量词逻辑），在数学上是既一致又完备的。一致性表明逻辑中并不存在矛盾。完备性意味着真正的逻辑命题可以通过句法方式得以证明。（有关句法证明的内容，请参阅第7章。）

然而，哥德尔之所以闻名于世，是因为他证明了数学作为一个整体，*不具有*一致性和完备性。他认为，任何不存在矛盾的数学系统必然都包含真命题，但其为真这一点无法通过该系统的公理得以证明。这一发现标志着希尔伯特计划的终结，被公认为20世纪最重要的数学成果。关于哥德尔的重要成果，请参阅第2章和第22章。

阿兰·图灵（1912—1954年）

阿兰·图灵证明，人类进行的所有计算都可以由具有一组指定的简单功能的计算机完成。这些功能包括检验某类条件为真还是为假，并根据结果采取行动。

图灵将这种计算机称为通用图灵机（UTM）。由于每台现代计算机都是通用图灵机，且逻辑是所有通用图灵机处理数据的核心，所以逻辑是计算机科学的基石之一。（关于逻辑及计算机科学共同发挥作用的内容，请参阅第20章。）

第25章

逻辑学考试通关的十个提示

本章提要

- 找到帮助你有效应对逻辑学考试的技巧

- 想出脱离困境的最便捷方法

- 认识检查答案和承认错误的重要性

好了，我来猜猜看——离逻辑学期末大考还有八个小时，你正在疯狂阅读本书的内容，对吗？不用担心。这个简短的章节会讲到十个技巧，帮助你在考试中表现出色。请继续阅读——得多少分就看你自己了！

深呼吸

坐下来等着教授发考卷时，深吸一口气，然后慢慢数五下，之后慢慢呼出。接着重复一次。这就是你要做的事情。这样重复一分钟左右（不要超过一分钟——你应该也不想换气过度），你会发现自己已经平静了很多。

浏览整份试卷

浏览试卷只需要一分钟，但通篇浏览过后，你的大脑就会在潜意识中尽可能提早处理问题。这样，在考试的过程中，有些问题可能就自然而然更容易解决。

这个小技巧还能让你发现有用的线索。例如，第3道题或许让你定义一个在第5、6、7道题出现的术语。

342　用简单的问题热身

为什么不先用一个简单的问题热身呢？运动员都知道热身运动非常重要，可以达到活动筋骨的目的。而且，我敢保证，只要在纸上写下几笔，马上就会觉得好一些。

逐栏填写真值表

填写真值表时，你可以选择用简单或者困难的方式进行。简单的方法是逐列填写，如我在第6章介绍过的那样。

如果你想逐行填写，就要不停转换，而且要花更多时间才能达到同样的效果。

如果无法继续，就把所有东西都写下来

由于证明在书上看起来总是非常规整，所以有些学生认为自己在动笔之前，就必须先思考清楚。

但是，写证明是一个混乱的过程，所以就算写得乱七八糟也没关系。你可以用横线纸写下每一条你想到的可能的路径。

在"啊哈！"这一重大时刻到来时，把证明整齐地誊写在你要交上去的那页纸上。

真的束手无措，就跳过吧

这种情况会发生：答案近在眼前，但你就是想不到。时间飞速流逝，你的心怦怦乱跳，手心冒汗，打湿了笔杆。

如果你是爱祈祷的人，这可是个好时机。但是，请记住，自助者，人恒助之。所以我要告诉你：继续吧！

错过一个问题，总比因为束手无策导致后面五个问题都没完成要好。如果有时间，你随时可以回头看。或许这样一来，答案自然就出现了。

时间很紧张的话，就先完成枯燥的内容

一般而言，真值表和真值树都是非常直接的方法，总能让你缓慢而稳定地得到结果。从另一个角度看，快速表往往是更有创造性的方法：如果你很有洞察力，很快就可以利用它完成题目，但它无法保证你一定能得到结果。

因此，教授认真地大声提醒你"最后十分钟"时，先把那些对你来说并不重要的证明放在一边，拿出多半场考试你都不想碰的枯燥的真值表。考试接近尾声时，如果你使用真值表而不是盯着难以捉摸的证明，就更有可能取得进展。

检查答案

我知道，在有些圈子里，考试时检查答案被认为是一种古板的、传统的美德——就像随身带着有图案的手帕或者走进大楼时摘下帽子一样。

但是，想想你上次没有检查答案就交卷的后果。你在这样省下来的七八分钟里真的做了什么重要的事情吗？没有，你或许只是将这些宝贵的时间花在了和朋友们在大厅讨论考试上面。

难道你不觉得烦心吗？考完试，拿回判了分的试卷之后，才看到被圈住的地方，才发现犯了不少愚蠢的错误。

好吧，我在这里说一下。但是，即使你只是检查出一个只有三分的小错误，也可能将成绩提到更高的等级。况且检查出5分、10分甚至20分的错误也不是什么稀罕事。

承认错误

我知道这个建议与你所有的生存本能背道而驰，但这正是我让你承认错误的原因。

例如，请看这个悲惨的故事：为了在某个复杂证明中证明$(P \& Q)$，你已经抓耳挠腮了半小时。这时，教授说时间快到了，你也进行到了证明最后一行，却发现自己证明的是$\sim(P \& Q)$。天呐！要是你有时间，你可以逐行检查，找出错误，可惜你缺的就是时间。

你的第一反应——或许教授不会注意到，她会给我满

344

分——这绝无可能。（你的第二个反应——退学，出家为尼——这或许也不是什么好主意。）如果你就把错误留在那儿不管，教授会认为你不知道命题及其否定的区别。

其实，你可以把错误圈起来，在旁边写一下："我知道这是错的，但没时间改了。"现在，教授看到这一行，就会另外得到一些信息。如果你只是犯了一个小错误，比如忘记了~运算符，或许她只会扣你一两分。就算你犯了大错，教授也已经知道你并不是完全没有思路，而且你也很诚实。无论是什么情况，你都已经赢了！

坚持到底

努力答题，直到教授最后不得不把笔从你手中抽走。在最后几分钟里，你肯定还能得到几分，而且教授会看到分外努力的你。

致谢

非常感谢约翰威立国际出版集团的凯茜·考克斯（Kathy Cox）、迈克·贝克（Mike Baker）、达伦·麦斯（Darren Meiss）、伊丽莎白·雷（Elizabeth Rea）和杰西卡·史密斯（Jessica Smith），感谢你们极具洞察力的指导。是你们造就了本书。

感谢圣约翰大学的肯尼斯·沃尔夫教授（Professor Kenneth Wolfe）、斯坦福大学的达科·萨拉纳克教授（Professor Darko Sarenac）以及威廉·帕特森大学的戴维·纳辛教授（Professor David Nacin），感谢你们对本书宝贵的技术评审。此外，还要感谢斯坦福大学爱德华·黑特尔教授（Professor Edward Haertel）的鼓励与帮助。感谢你们对本书的润色。

最后，我还要感谢塔米·泽拉雷利（Tami Zegarelli）、迈克尔·科诺普科（Michael Konopko）、戴维·菲斯特（David Feaster）、芭芭拉·贝克·霍尔施泰因博士（Dr. Barbara Becker Holstein）、阿斯伯里公园桑塞特兰丁餐厅的朋友以及旧金山多洛雷斯公园咖啡馆的各位伙伴所提供的鼓舞人心的帮助。感谢你们令本书充满乐趣。

关键词表

argument 论证

validation 有效性

soundness 可靠性

proof 证明

direct proof 直接证明

conditional proof 条件证明

indirect proof 间接证明

statement 命题

validation 有效性

consistency 一致性

equivalence 等价性

tautology statement 重言命题

contradiction statement 矛盾命题

contingent statement 偶真命题

antecedent 前件

consequent 后件

logic operator 逻辑运算符

main operators 主运算符

evaluation 赋值

syllogistic logic 三段论

the square of oppositions 逻辑方阵
/对当方阵

Laws of Thought 思维定律

Law of identity 同一律

Law of excluded middle 排中律

Law of non-contradiction 矛盾律

WFF（well-formed formula）合式
公式

true value 真值

truth table 真值表

quick table 快速表

truth tree 真值树

syntax 句法

semantics 语义

statement constants 语句常量

statement variables 语句变量

classic logic 古典逻辑

sentential logic（SL）语句逻辑

quantifier logic（QL）量词逻辑

non-classical logic 非古典逻辑

multi-valued logic 多值逻辑

fuzzy logic 模糊逻辑

modal logic 模态逻辑

paraconsistent logic 次协调逻辑

quantum logic 量子逻辑

deontic logic 道义逻辑

epistemic logic 认知逻辑

the domain of discourse 论域

quantifier 量词

∀ 全称量词

∃ 存在量词

eight implication rules in SL 语句
逻辑中的八条蕴涵规则

MP 肯定前件

MT 否定后件

Conj 连接

Simp 简化

Add 加法

DS 选言三段论

HS 假言三段论

CD 构造性二难

ten equivalence rules in SL 语句逻
辑中的十条等价规则

DN 双重否定律

Contra 换质换位律

Impl 蕴涵律

Exp 提取律

Comm 交换律

Assoc 结合律

Dist 分配律

DeM 德摩根定律

Taut 恒真律

Equiv 等价律

four quantifier rules in QL 量词逻
辑中的四条量词规则

UG 全称概括

EG 存在概括

UI 全称列举

EI 存在列举

ID 同一性规则

QN 量词否定

identity element 单位元

annihilator 零化子

deduction 演绎推理

induction 归纳推理

relational expressions 关系表达式

formal logic 形式逻辑

Boolean algebra 布尔代数

axiomatic System 公理系统

set theory 集合论

set 集合

subset 子集

Russell's Paradox 罗素悖论

Gödel's proof 哥德尔证明

Gödel's Incompleteness Theorem 哥

德尔不完备定理

图书在版编目（CIP）数据

逻辑学入门 /（美）马克·泽拉雷利（Mark Zegarelli）
著；韩阳译. -- 太原：山西人民出版社，2023.8
ISBN 978-7-203-12931-8

Ⅰ.①逻… Ⅱ.①马… ②韩… Ⅲ.①逻辑学—通俗
读物 Ⅳ.①B81-49

中国国家版本馆 CIP 数据核字（2023）第 137196 号

著作权合同登记号：图字 04-2023-012 号

逻辑学入门

著　　者：	（美）马克·泽拉雷利（Mark Zegarelli）
译　　者：	韩　阳
责任编辑：	郭向南
复　　审：	高　雷
终　　审：	梁晋华
装帧设计：	陆红强

出 版 者：山西出版传媒集团·山西人民出版社
地　　址：太原市建设南路 21 号
邮　　编：030012
发行营销：0351-4922220　4955996　4956039　4922127（传真）
天猫官网：https://sxrmcbs.tmall.com　电话：0351-4922159
E-mail：sxskcb@163.com　发行部
　　　　　sxskcb@126.com　总编室
网　　址：www.sxskcb.com

经 销 者：山西出版传媒集团·山西人民出版社
承 印 厂：北京汇林印务有限公司

开　　本：880mm×1230mm　1/32
印　　张：16
字　　数：330 千字
版　　次：2023 年 8 月　第 1 版
印　　次：2023 年 12 月　第 2 次印刷
书　　号：ISBN 978-7-203-12931-8
定　　价：88.00 元